GOUGÈRES MOUSSE D'AVOCAT AUX
ÉCREVISSES **ŒUF COCOTTE AU FOIE
GRAS ET GIROLLES** PETITS PAINS
DE POMME DE TERRE POITRINE DE
COCHON, PAIN DE MIE... NT
YAOURT-CONCOMBRE R AU
POTIRON ET LARD CROUSTILLANT
RIZ DÉSTRUCTURÉ AUX MOULES, JUS
SAFRANÉ SEMOULE DE BLÉ AU PAPRIKA
ET BOULETTES DE BŒUF ÉPICÉES
SOURIS D'AGNEAU BRAISÉE, GRATIN
DE MACARONIS TARTE CHAMPIGNONS,
LARD, ARTICHAUT TERRINE DE FOIE
GRAS TRADITIONNELLE TIAN AUX
SARDINES ET PESTO À LA MENTHE
TRAVERS DE VEAU CARAMÉLISÉS
BOUILLABAISSE DE GIROLLES, PISTOU
DE PLANTAIN CAILLE CONIQUE
CÔTE DE BŒUF DU MÉZENC, SAUCE
SSAMJANG, CHAMPIGNONS AU
VINAIGRE ET FILS DE POMME DE TERRE
DAURADE À LA JAPONAISE GELÉE DE
CAVIAR À LA CRÈME DE CHOU-FLEUR

프랑스 스타 셰프 15인의
퀴지니에 레시피 컬렉션

SECRETS DE CUISINIERS

BnCworld

이 책을 사용하는 방법

요리의 완벽한 매뉴얼이라고 할 수 있는 이 책은
요리에 사용한 재료를 기준으로 6개의 챕터로 나누어
다음과 같이 목차를 구성했습니다.

- 채소와 버섯
- 쌀, 면, 밀가루
- 조개와 갑각류
- 생선
- 달걀, 푸아그라, 가금류
- 양, 소, 돼지

각 챕터에서는 독자가 원하는 항목을 더 쉽게
찾을 수 있도록 레시피를 음식의 형태(수프와 크림, 면,
쌀과 리소토 등)와 재료(감자, 양, 조개 등)에 따라
구성했습니다.

또한 레시피는 수준에 따라 다음의 3가지로
구성했습니다.

- 초급 레시피
- 중급 레시피
- 고급 레시피

각 레시피 서두에는 요리에 도움이 되는
실용적인 정보를 표기했습니다.

- 분량
- 준비 및 조리시간
- 필요한 도구
- 소믈리에 추천 와인

풍부한 첨부자료

정보 검색을 돕는 다양한 색인

편 집 자 의 말

『프랑스 스타 셰프 15인의 퀴지니에 레시피 컬렉션(Secrets de cuisiniers)』은 프랑스 최고 셰프들의 레시피와 기술, 노하우를 보다 많은 이들과 나누고자 하는 열망에서 기획되었습니다. 이는 2016년에 발행한『프랑스 스타 파티시에 7인의 베스트 레시피 컬렉션(Secrets de pâtissiers)』과 같은 이유입니다. 편집자로서 우리는 이 책이 현존하는 프랑스 최고 요리사들의 작품을 계승하고 열정, 품격, 그리고 엄격함의 가치를 담은 완벽한 예라고 자부합니다.

이 책은 단계별로 상세하게 설명한 레시피와 셰프들의 팁, 노하우 등을 통해 독자들이 성공적으로 요리를 완성할 수 있도록 도울 것입니다. 이를 위해 다양한 수준(초급, 중급, 고급)의 135개 레시피를 선별하였고, 15명 셰프들의 대표 레시피 50개와 부이용, 육수, 반죽, 퓌메 등 17개의 필수 기초 레시피를 실었습니다.

프레데릭 앙통부터 폴 보퀴즈, 피에르 상 부아예, 아르노 동켈레, 알랭 뒤카스, 미셸 게라르, 마르크 에베를랑, 스테파니 르 켈렉, 레지스&자크 부자(父子), 티에리 막스, 안-소피 픽, 장-프랑수아 피에주, 엠마뉘엘 르노, 조엘 로뷔숑, 기 사부아까지, 최고의 셰프들과 함께 요리를 마스터 해보세요.

부록에 실은 재료와 도구, 조리기술용어에 대한 설명이 레시피를 이해하는 데 도움이 될 것입니다. 이 책을 구성하는 모든 요소가 온전히 전달되어 여러분이 좋은 요리사로 거듭날 수 있기를 기원합니다. 자르고, 다지고, 졸이고 또 볶으며 즐겁게 맛을 보세요!

자, 이제 요리를 시작해볼까요?

목　차

채 소 와　버 섯

쌀 ,　면 ,　밀 가 루

조 개 와　갑 각 류

생 선

달 걀 , 푸 아 그 라 , 가 금 류

양 , 소 , 돼 지

부 록

채 소 와 버 섯

초 급 레 시 피

샐러드와 콩디망
Crudité & condiments

4인분

준비 ○ 45분
조리 ○ 10분

도구

핸드블렌더
블렌더
만돌린 채칼
과도

소믈리에 추천 와인

스파클링와인 : 크레망 드 부르고뉴
Crémant de Bourgogne
로제와인 : 코토 바루아 앙 프로방스
Coteaux-varois-en-provence

올리브 소스
Sauce olive

달걀 ○ 1개
노른자 ○ 1개
올리브 퓌레 ○ 100g
올리브유 ○ 100㎖
와인 식초 ○ 10㎖
소금 ○ **적당량**
통후추 ○ **적당량**

마요거트 소스
Sauce mayogourt

노른자 ○ 1개
디종 머스터드 ○ 1작은술 (5g)
땅콩유 ○ 100㎖
플레인 요거트 ○ 125g
소금 ○ **적당량**
통후추 ○ **적당량**

호두와 고르곤졸라 콩디망
Condiment noix / gorgonzola

호두 ○ 50g
고르곤졸라 치즈 ○ 100g
올리브유 ○ 50㎖
화이트 발사믹 식초 ○ 10㎖
소금 ○ **적당량**
통후추 ○ **적당량**

채소
Légumes

셀러리 ○ ½줄기
줄기 달린 작은 당근 ○ 4개
펜넬 ○ 1개
래디시 ○ 12개
아티초크 (바이올렛) ○ 2개
레몬즙 ○ 1큰술 (15g)
주키니호박 또는 애호박 (꽃 포함) ○ 4개

쪽파 ○ 4개
그린아스파라거스 ○ 2개
화이트아스파라거스 ○ 2개
라디치오 ○ 1개
야생치커리 ○ 1줄기
루콜라 ○ 1줌
로메인 ○ 1개
엔다이브 ○ 1개

01.

올리브 소스

1 끓는 물에 달걀 1개를 넣고 10분 동안 익힌 다음 찬물에 헹구어 식힌다. **2** 껍질을 벗겨 노른자만 분리해 날달걀 상태의 다른 노른자가 담긴 볼에 넣고 섞는다(흰자는 사용하지 않는다). **3** ②에 올리브 퓌레를 넣고 섞은 다음 올리브유를 조금씩 넣으면서 다시 섞는다. **4** 와인 식초를 넣고 너무 되면 찬물 1큰술을 넣어 농도를 조절한 다음 소금과 후추로 간을 한다.

02.

마요거트 소스

1 볼에 모든 재료를 넣고 핸드블렌더를 이용해 섞는다. **2** 소금과 후추로 간을 한다.

03.

호두와 고르곤졸라 콩디망

1 블렌더에 호두를 넣고 가루가 될 때까지 간다. **2** ①에 큼지막하게 썬 고르곤졸라 치즈를 넣고 블렌더로 섞으면서 올리브유를 넣는다. **3** 화이트 발사믹 식초를 넣고 소금과 후추로 간을 한다.

04.

채소

1 모든 채소를 씻는다. **2** 셀러리는 겉껍질을 벗겨 가로로 2등분하고 밑부분을 둥글게 다듬는다. **3** ②를 다시 세로로 2등분해 만돌린 채칼로 얇게 슬라이스 한다. **4** 당근은 껍질을 벗겨 세로로 2등분하고 다시 가로로 2등분한다. **5** 펜넬을 ＋자로 썬 다음 만돌린 채칼을 이용해 슬라이스 한다.

1 과도를 이용해 래디시의 빨간 밑부분을 잘라내고 2등분한다. **2** 아티초크는 잎을 제거한 다음 레몬즙을 섞은 물에 담가둔다.

05.

06.

1 호박꽃은 채썬다. **2** 주키니호박(또는 애호박)은 세로로 2등분한 다음 길쭉하게 썬다. **3** 쪽파는 적당한 길이로 어슷 썬다. **4** 그린아스파라거스는 표면에 붙어있는 삼각형 모양의 껍질을 제거하고 화이트아스파라거스와 함께 얇게 슬라이스 한다. **5** 라디치오, 야생치커리, 루콜라의 잎은 떼어내 모아둔다. **6** 로메인은 적당한 크기로 뜯어낸다. **7** 엔다이브를 깃털 모양으로 손질한다. **8** 하얀색 접시에 모든 채소를 조화롭게 올린다. **9** 소스는 작은 종지에 따로 담아 내놓는다.

생으로 먹을 수 있는 채소라면 뭐든지 괜찮으니 시장에서 파는 계절은 제철채소를 이용해 다양하게 응용해 보세요.

초 급   레 시 피

사과, 아티초크, 비트 카르파치오
Carpaccio de pomme, artichaut et betterrave

4인분

준비 ∘ 25분

도구

에코놈 칼
만돌린 채칼
슬라이스용 칼
붓

큰 아티초크 ∘ **2개**
레몬 ∘ **1개**
적색 비트 ∘ **1개**
생아몬드 ∘ **20개**
사과(핑크레이디 또는 스타킹 델리셔스) ∘ **4개**

파마산 치즈 ∘ **100g**
쪽파 ∘ **2개**(또는 골파* 1개)
올리브유 ∘ **적당량**
플뢰르 드 셀 ∘ **적당량**
통후추 ∘ **적당량**

1 아티초크는 밑동을 칼로 짧게 자르고 잎을 벗겨낸 다음 몸통을 돌려 깎는다. 2 레몬을 반으로 썰어 아티초크 속잎에 대고 문지른다. 남은 레몬 반쪽은 채 썬 아티초크를 위해 남겨둔다. 3 문지르고 남은 레몬을 찬물이 담긴 볼에 다 짜내고 손질한 아티초크를 담근다.

———

아티초크를 손질하기 전에 장갑을 끼거나 손을 레몬으로 충분히 적셔서 아티초크가 갈색으로 변하지 않게 해주세요.

01.

02.

에코놈 칼로 비트 껍질을 벗긴 다음 찬물이 담긴 다른 볼에 담가 놓는다.

생아몬드를 반으로 갈라 겉껍질과 속껍질을 벗긴다.

03.

04.

1 아티초크는 밑부분을 잡고 수술 부분을 당겨 제거한 다음 만돌린 채칼로 얇게 썰어 레몬으로 문지른다. **2** 비트를 물에서 꺼내 만돌린 채칼로 얇게 썬다. **3** 사과를 씻어 물기를 제거하고 씨를 파낸 다음 만돌린 채칼로 아주 얇게 자른다.

만돌린 채칼에 칼날 조절 기능이 있다면 사과같이 부드러운 것은 중간 두께로, 비트같이 단단한 것은 얇은 두께로 자르세요.

05.

1 질 좋은 올리브유를 접시 4개에 넉넉히 뿌리고 붓으로 균일하게 펴 바른다. **2** 접시에 얇게 자른 사과 1장을 깔고 비트를 조금 겹쳐 깐 다음 그 위에 아티초크를 깐다. **3** 같은 방식으로 한 방향으로 조금씩 겹치면서 번갈아 깔고 마지막 장은 첫 장 밑으로 집어넣어 로자스* 모양을 만든다. **4** 모든 접시에 같은 방식으로 플래이팅 한다.

* 로자스(rosaces) : 가운데 꼭짓점을 기준으로 곡선으로 뻗친 원형의 문양. 보통 장미나 별을 모티프로 한다.

06.

1 파마산 치즈를 에코놈 칼로 얇게 잘라 05 위에 뿌린다. **2** 쪽파의 흰 부분과 연한 녹색 부분을 칼로 아주 얇게 어슷 썰어 ① 위에 뿌린다. **3** 올리브유, 플뢰르 드 셀, 후추를 뿌리고 마지막으로 아몬드 조각을 올려 완성한다.

사과와 아티초크, 비트를 같은 크기와 같은 방향으로 놓으세요. 같은 지름으로 자르면 훨씬 예쁜 카르파치오가 될 거예요.

초 급 레 시 피

리옹식 샐러드
Salade lyonnaise

4인분

준비 ○ 30분
조리 ○ 1시간 5분

도구

빵칼
과도
거품국자
핸드블렌더
유산지

샐러드
Salade

훈제 슬라이스 베이컨 ○ 8장
마늘 ○ 1쪽
미니바게트 ○ ½개
올리브유 ○ **적당량**
프리제(컬리 엔다이브) ○ 1개
메추리알 ○ 12개
와인 식초 ○ 2큰술

소스
Sauce

양파 ○ 1개 (120g)
마늘 ○ 1쪽
달걀 ○ 1개
셰리 식초 ○ 30㎖
올리브유 ○ **적당량**
가는소금 ○ **적당량**
통후추 ○ **적당량**

01.

샐러드

1 오븐을 150℃로 예열한다. **2** 도마에 훈제 슬라이스 베이컨을 펼쳐 놓고 비계와 뼈를 제거해 오븐팬에 올린 다음 유산지로 덮는다. **3** 오븐에 넣고 15분 동안 굽는다.

02.

1 미니바게트를 아주 얇게 어슷 썬다. **2** 마늘 껍질을 벗기고 심을 제거한 다음 바게트에 마늘향이 배도록 문지른다. **3** 그릴팬에 바게트를 올리고 올리브유를 뿌린다. **4** 프리제를 작게 찢어 씻은 다음 물기를 뺀다.

03.

1 작은 칼로 메추리알 껍질 윗부분을 잘라내고 쓰러지지 않게 알맞은 용기에 세워 놓는다. **2** 냄비에 물을 넣고 불에 올린 다음 끓기 시작하면 와인 식초를 붓고 숟가락으로 저어 작은 소용돌이를 만든다. **3** 소용돌이 안으로 메추리알을 붓고 30초에서 1분 동안 익힌다. **4** 거품국자로 메추리알을 건져 미리 준비해둔 찬물에 3분동안 담가 식힌 다음 물기를 제거하고 작은 가위나 티스푼으로 모양을 다듬는다. **5** 올리브유를 바른 접시에 메추리알을 펼쳐 놓는다.

메추리알이 신선하지 않으면 흰자가 노른자 주위에 응고되지 않고 물속에 실처럼 풀어질 수 있으니 주의하세요.

04.

1 01의 훈제 베이컨을 오븐에서 꺼내 키친타월을 깐 접시에 올려놓고 기름기를 뺀다. **2** 오븐에 미니바게트를 넣고 3분 동안 굽는다.

소스

1 양파는 껍질을 벗기고 8등분한다. **2** 마늘은 껍질을 벗겨 심을 제거하고 얇게 썬다. **3** 물 500㎖를 끓여 양파, 마늘, 소금 1꼬집을 넣고 20분 동안 익힌다. **4** 다른 냄비에 물을 넣고 불에 올린다. **5** 끓어오르면 달걀 1개를 넣고 5분 30초 동안 익힌 다음 건져내 조심스럽게 껍질을 벗긴다.

05.

06.

1 유리컵 바닥에 06의 소스를 채우고 그 위에 프리제와 쿠르통(구운 미니바게트) 1개를 얹는다. **2** 메추리알에 소금과 후추 간을 한 다음 3개를 올린다. **3** 훈제 베이컨을 2장 꽂고 쿠르통을 2개 더 꽂는다. **4** 프리제를 더 올리고 소스를 뿌려서 완성한다.

1 양파와 마늘을 건져내 폭이 좁고 깊은 용기에 옮긴다. **2** 핸드블렌더로 갈면서 셰리식초, 05의 달걀, 올리브유를 차례대로 넣는다. **3** 간을 한다.

이렇게 만든 마늘 소스는 냉장고에서 며칠 동안 보관 가능합니다.

07.

초 급 레 시 피

니스식 샐러드
Salade niçoise

4인분

준비 ○ **25분**
조리 ○ **3분**

도구

만돌린 채칼
에코놈 칼

샐러드
Salade

메추리알 ○ **6개**
토마토 ○ **2개**
레몬즙 ○ **적당량**
아티초크(바이올렛) ○ **2개**
오이 ○ **½개**
홍피망 ○ **1개**
셀러리 가운데 부분 ○ **1개**
펜넬 ○ **½개**
쪽파 ○ **4개**
참치 통조림 ○ **1통** (기름을 뺀 실제 무게 120g)
미니바게트 ○ **1개**
시판용 혼합 샐러드(메스클랭) ○ **200g**
기름에 절인 엔초비 ○ **8조각**
바질 ○ **1줄기** (작은 잎 12장)
완두콩 또는 알이 작은 잠두 ○ **200g**

비네그레트 (p.530 참고)
Vinaigrette

셰리 식초 ○ **3큰술**
발사믹 식초 ○ **1큰술**
올리브유 ○ **9큰술**
소금 ○ **적당량**
통후추 ○ **적당량**

01.

샐러드

냄비에 메추리알과 물을 넣고 끓어오르면
3분 동안 익힌 다음 찬물에 담가 식힌다.

02.

1 토마토는 꼭지를 따내고 칼로 ＋자를 그은 다음
끓는 물에 10초 동안 담갔다가 꺼내 찬물에 식힌다.
2 껍질을 벗기고 4등분하여 심과 씨를 제거하고 다
시 길게 2등분한다.

1 에코놈 칼로 홍피망 껍질을 벗기고 양끝
을 잘라 씨를 제거한 다음 세로로 4등분하
고 다시 길게 자른다. **2** 에코놈 칼로 셀러
리 껍질을 벗기고 4등분한다. **3** 셀러리의
노란 잎은 버리지 않고 보관해둔다.

03.

1 물이 든 작은 용기에 레몬즙 1큰술을 넣는다. **2** 아
티초크는 단단한 첫 번째 껍질을 떼어내고 몸통을 돌
려서 깎은 다음 줄기 부분의 껍질을 벗긴다. **3** 윗부분
을 ⅓ 잘라내고 레몬즙을 넣은 물에 담근다. **4** 오이는
6㎝ 길이로 자르고 다시 4등분한 다음 씨 부분을 제거
하고 길게 자른다.

04.

05.

메추리알을 작업대 위에 조심스럽게 굴려서 껍질을 벗기고 물에 씻어 얇은 막까지 제거한다.

06.

1 펜넬을 2등분해 두께 조절이 가능한 만돌린 채칼로 얇게 썰고 찬물에 담근다. **2** 쪽파는 10㎝ 길이로 잘라 어슷 썬다. **3** 참치 통조림을 열어 기름을 따라내고 살코기를 손으로 잘게 떼어낸다. **4** 아티초크를 물에서 건져 만돌린 채칼로 얇게 썰고 레몬즙을 뿌린다. **5** 미니바게트를 잘라 오븐에 굽는다.

08.

비네그레트

셰리 식초와 발사믹 식초를 섞어 소금과 후추로 간을 한 다음 올리브유를 넣고 거품기로 잘 섞는다.

07.

1 펜넬을 건져낸다. **2** 혼합 샐러드를 씻고 물기를 제거한 다음 접시 바닥에 깐다. **3** 엔초비와 작은 바질 잎, 미니바게트를 샐러드에 꽂는다. **4** 완두콩을 포함한 나머지 재료도 샐러드 위에 얹는다. **5** 비네그레트를 넉넉하게 뿌린다.

초급 레시피

FRÉDÉRIC ANTON

프레데릭 앙통

제가 유년시절에 즐겨 먹던 음식입니다. 매년 여름 어머니께서 마늘과 엔초비, 호박을 넣은 샐러드를 만드셔서 맛있게 먹었었죠. 저는 이 발사믹을 곁들인 소박한 호박샐러드의 행복한 맛을 재현하고 싶었습니다.

미모사 달걀, 엔초비, 호박을 이용한 샐러드
La courgette Préparée en salade, mimosa d'œuf et filet d'anchois

4인분

준비 ○ 20분
조리 ○ 20분

도구

시누아
고운체
블렌더
유산지

소믈리에 추천 와인

화이트와인 : 콜리우르 라르질 - 라 렉토리 2012
티에리 파르세
Collioure "L'Argile", domaine de la Rectorie, Thierry Parcé, 2012

호박
Courgettes

주키니호박 또는 애호박 ○ 2개 (개당 500g)
굵은소금 ○ 적당량

발사믹 식초
Vinaigrette balsamique

발사믹 식초 ○ 100㎖
디종 머스터드 ○ 20g
올리브유 ○ 300㎖
소금 ○ 적당량
후추 ○ 적당량

가니시
Garniture

달걀 ○ 2개
블랙올리브 ○ 40g
메추리알 ○ 6개
처빌 ○ ¼단
엔초비 ○ 70g (15개)
닭고기 부이용 ○ 80㎖ (p.550 참고)
레몬즙 ○ 적당량
케이퍼 ○ 10g
별꽃 잎 ○ 20송이

01.

호박

1 주키니호박(또는 애호박)을 깨끗이 씻어 1㎝ 두께로 길게 자른다. **2** 찬물을 준비한다. **3** 냄비에 별도의 물과 소금을 넣고 끓이다가 자른 호박을 넣고 6분 동안 익힌 다음 약간 아삭한 상태일 때 꺼내 준비해둔 찬물에 넣는다. **4** 열기가 식었으면 건져 올려 깨끗한 천으로 물기를 제거한다.

———

되도록이면 유기농 호박을 사용하세요.

02.

발사믹 식초

1 볼에 발사믹 식초와 소금을 넣고 소금이 녹을 때까지 거품기로 잘 섞은 다음 디종 머스터드와 올리브유를 넣고 다시 섞는다. **2** 후추를 뿌리고 시누아에 거른 다음 20㎖를 계량해 익힌 호박에 골고루 바르고 5분 동안 마리네이드 한다.

03.

가니시

1 끓는 물에 달걀 2개를 10분 동안 삶은 다음 찬물에 담가 바로 껍질을 까서 흰자와 노른자를 분리하고 고운체에 내린다. **2** 올리브는 씨를 제거하고 편으로 썬다. **3** 끓는 물에 메추리알을 4분 동안 삶고 껍질을 벗겨 각각 2등분한다. **4** 처빌을 곱게 다진다.

04.

1 엔초비, 닭고기 부이용, 레몬즙을 블렌더에 넣고 간다. **2** 작은 짤주머니 형태로 만유산지 안에 ①을 넣는다.

05.

마무리와 플레이팅

1 접시 가운데에 마리네이드 한 호박을 올린다. **2** 호박 위에 엔초비 퓌레를 짜고 체에 내린 흰자를 뿌린다. **3** 올리브, 케이퍼, 처빌, 마리네이드에 이용한 발사믹 식초를 섞은 다음 호박 전체를 덮듯이 붓는다. **4** 체에 내린 노른자와 별꽃 잎으로 장식하고 엔초비 퓌레를 뿌린다. **5** 메추리알을 올려 완성한다.

별꽃 대신 다른 허브를 사용해도 됩니다.

중 급 레 시 피

자몽, 새우, 여름 아보카도로 만든 티앙*
Tian d'été avocats, crevettes, pamplemousses

4인분

준비 ◦ 30분
조리 ◦ 11분

도구

슬라이스용 칼
과도
프라이팬
나무 꼬챙이

소믈리에 추천 와인

프로방스산(産) 화이트와인 :
코토 드 피에르베르
Coteaux-de-pierrevert

익힌 큰새우 ◦ **8마리**
아보카도 ◦ **4개**(개당 200g)
레몬즙 ◦ **½개 분량**
자몽(루비레드) ◦ **2개**
양파 ◦ **1개**
올리브유 ◦ **적당량**
가는소금 ◦ **적당량**

백후추 ◦ **적당량**
플뢰르 드 셀 ◦ **적당량**
거칠게 간 후추 ◦ **적당량**
칵테일 소스 ◦ **150g**(p.533 참고)

* 티앙(tian) : 테라코타 용기에 다양한 재료를 넣어
  찐 요리

준비하기

1 큰새우는 머리와 껍질을 제거하고 등 쪽에 길이 1.5cm, 깊이 2㎜의 칼집을 낸다. **2** 얇은 나무 꼬챙이로 검정색 내장을 제거한다. **3** 세로로 2등분해 보관한다.

큰새우를 선호하는 이유는 준비 과정에서도 손이 덜 가고 미관상으로도 좋기 때문입니다.

01.

02.

1 칼로 아보카도를 2등분하고 과육이 상하지 않도록 조심스럽게 씨를 빼낸다. **2** 숟가락을 껍질과 과육 사이로 집어넣어 껍질을 제거한다. **3** 과육에 레몬즙을 뿌리고 약 5~6㎜ 두께로 썬다.

아보카도는 잘 익은 것을 사용하세요. 단단하면 실온에 며칠 놓아둡니다.

03.

1 자몽 껍질을 벗기고 양 끝부분을 자른 다음 곡선 모양대로 칼을 집어넣어 과육만 발라낸다. **2** 발라낸 과육은 따로 보관하고 나머지 부분은 꾹 짜서 즙을 만들어 놓는다. **3** 양파는 껍질을 벗겨 2등분하고 작게 깍둑 썬다.

04.

굽기

1 오븐을 210℃로 예열한다. **2** 코팅 프라이팬에 올리브유 1큰술을 둘러 달 군 다음 아보카도를 1분 30초 동안 강 불로 볶고 소금과 후추 간을 해 접시에 올린다.

———

강불에 아보카도를 볶아서 색을 선명 하게 내는 과정입니다.

05.

1 코팅 프라이팬에 올리브유 1큰술을 둘러 03의 양 파를 넣고 소금과 후추 간을 한 다음 1분 동안 강불 로 잘 섞으면서 볶는다. 접시에 담은 아보카도 위 에 볶은 양파를 뿌린다. **2** 같은 방식으로 03의 자 몽 과육을 강불로 30초 동안 볶는다. 자몽은 다른 접시에 담는다.

06.

1 양파가 뿌려진 아보카도 3쪽을 오븐용 접시에 한쪽부터 올린다. **2** 볶은 자몽 과육과 큰새우를 올린다. **3** 같은 과정을 반복해 접시를 채우고 자 몽즙을 뿌린다. **4** 오븐에 8분 동안 익히고 플뢰르 드 셀, 거칠게 간 후추를 뿌린다. **5** 칵테일 소스를 뿌리고 차거나 미지근한 상태로 먹는다.

ANNE-SOPHIE PIC

안 - 소 피   픽

토마토와 모차렐라의 클래식한 조합도 얼마든지 매혹적으로 재구성이 가능합니다.
이 레시피는 2012년 9월, 파리의 담 드 픽(Dame de Pic) 레스토랑 오픈을 위해
만들었습니다. 토마토, 버팔로 모차렐라, 바질 등 모두 클래식한 재료지만
다른 텍스처로 구성해 훌륭한 맛을 느끼게 해주죠. 마티니크 지방의 숙성 럼과
바닐라는 토마토의 맛을 증폭시켜 새롭고 풍부한 아로마를 느끼게 해줍니다.

컬러풀 미니토마토 그리고 버팔로 모차렐라 크림, 토마토 에멀션, 타히티산(産) 바닐라로 우려낸 숙성 럼

Les petites tomates de couleurs, crémeux de mozzarella di bufala, émulsion à la tomate et vieux rhum, agricole légèrement infusée à la vanille de Tahiti

---

10인분

준비 ◦ 20분
조리 ◦ 40분
휴지 ◦ 17분

도구

시누아
블렌더
핸드블렌더
거름용 리넨
가스휘핑기

버팔로 모차렐라 크림
Crémeux de mozzarella di bufala

판젤라틴 ◦ 2.5g(약 1장)
우유 ◦ 190g
생크림 ◦ 155g
바질 ◦ 2g
버팔로 모차렐라 치즈 ◦ 155g
가는소금 ◦ 적당량

토마토워터
Eau de tomate

토마토 ◦ 12개
미네랄워터 ◦ 1ℓ
가는소금 ◦ 적당량

토마토 에멀션, 바닐라, 숙성 럼
Émulsion à la tomate, vanille et vieux rhum

토마토워터 ◦ 500㎖
바닐라파우더 ◦ 적당량
판젤라틴 ◦ 9g(약 4장)
숙성 럼 ◦ 적당량
가는소금 ◦ 적당량

각양각색의 미니토마토
Mini-tomates de couleurs

빨간색 미니토마토 ◦ 50g
노란색 미니토마토 ◦ 60g
가는소금 ◦ 50g
바닐라파우더 ◦ 1.5g
토마토파우더 ◦ 적당량
바질 ◦ 적당량

01.

버팔로 모차렐라 크림

1 찬물에 젤라틴을 담가 불린 다음 물기를 제거한다.
2 냄비에 우유, 생크림을 넣고 끓인 다음 큼지막하게
썬 바질 잎을 넣고 15분 동안 우려낸다. **3** ②를 시누
아에 걸러 블렌더에 넣고 모차렐라 치즈를 넣은 다음
곱게 간다. **4** 1번 더 시누아에 거른 다음 젤라틴을 넣
고 잘 섞어 소금으로 간을 한다. **5** 오목한 접시 10개에
각각 50g씩 나누어 담고 차게 보관한다.

02.

토마토워터

1 토마토를 4등분해 큰 냄비에 넣는다. **2** 토마토가 잠길
정도로 미네랄워터를 넣고 소금 간을 한 다음 핸드블렌
더로 곱게 간다. **3** 약불로 천천히 끓인다. **4** 천에 거른다.

토마토 에멀션, 바닐라, 숙성 럼

1 02의 토마토워터를 데운 다음 바닐라파우더를 넣고 우려
낸다. **2** 찬물에 젤라틴을 담가 불린 다음 물기를 제거한다.
3 작은 냄비에 럼을 끓여 알코올을 증발시키고 ①의 토마토
워터, ②의 젤라틴을 넣은 다음 소금으로 간을 하고 시누아
에 거른다. **4** 차게 식혀 가스휘핑기에 넣고 질소가스를 충전
한다. **5** 가스휘핑기를 냉장 보관한다.

03.

04.

각양각색의 미니토마토

1 끓는 물에 미니토마토를 잠깐 넣었
다 건져서 바로 식힌다. **2** 껍질을 벗기
고 꼭지를 딴 다음 뒤집어 같은 높이로
정렬시킨다. **3** 가는소금과 바닐라파우
더를 섞어 미니토마토 위에 뿌리고 3분
동안 마리네이드 한다.

05.

플레이팅

1 미리 접시에 담아놓은 버팔로 모차렐라 크림
위에 빨간색, 노란색 미니토마토를 조화롭게 올
린다. **2** 가스휘핑기를 이용해 토마토 에멀션을
미니토마토 사이에 2㎝ 정도 크기로 짠다. **3** 토
마토파우더를 뿌리고 바질 잎을 얹어 장식한다.

토마토파우더는 사블롱 드 토마토(sablon de
tomate)라고도 불립니다.

ANNE-SOPHIE PIC

안 – 소 피 픽

비트나 당근은 제게 호기심과 각별한 관심을 불러일으킵니다.
맛의 조합이라는 도전에 몰두하게 하죠. 담음새라는 면에서도
단순하지만 매우 예쁜 재료입니다. 아삭한 생당근, 오렌지꽃 향의
요거트와 결합한 비네그레트, 그리고 마다가스카르 후추(Voatsiperifery)는
조화로운 풍미와 상쾌하고 정교한 텍스처를 느끼게 합니다.
요거트의 유지방은 당근에 벨벳과 같은 부드러움을 주며,
후추는 오렌지꽃의 효능을 높이고 향을 오래 지속시킵니다.

당근 즐레, 당근 무스, 당근 슬라이스를 곁들이고 오렌지꽃과 마다가스카르 후추로 향을 낸 요거트

La carotte et la fleur d'oranger, fine gelée et mousseux à la carotte, coulant de yaourt à la fleur d'oranger et Voatsiperifery

---

4인분

준비 ○ 20분
조리 ○ 8시간 + 30분
휴지 ○ 8시간 + 5시간

도구

시누아
요거트 메이커
블렌더
가스휘핑기
만돌린 채칼
모양틀 [지름 7㎝]

오렌지꽃 요거트
Yaourt à la fleur d'oranger

우유 ○ 1ℓ
오렌지꽃 ○ 30g
요거트 ○ 150g
전지분유 ○ 60g
오렌지꽃워터 ○ 12g

당근 즐레
Gelée de carotte

판젤라틴 ○ 6g[3장]
당근주스 ○ 200g
가는소금 ○ **적당량**

당근 무스
Émulsion de carotte

판젤라틴 ○ 10g[5장]
당근 ○ 500g
당근주스 ○ 200㎖
가는소금 ○ **적당량**

당근 슬라이스
Copeaux de carottes

줄기 달린 작은 당근 ◦ **4개**
보라색 당근 ◦ **2개**
노란색 당근 ◦ **2개**
흙당근 ◦ **1개**
화이트 발사믹 식초 ◦ **적당량**
가는소금 ◦ **적당량**

마무리와 플레이팅
Finition et dressage

요거트 ◦ **4개**
올리브유 ◦ **적당량**
졸인 당근주스(즙) ◦ **적당량**
마다가스카르 후추(Voatsiperifery) ◦ **적당량**
소금 ◦ **적당량**

01.

오렌지꽃 요거트 `하루 전`

1 볼에 차가운 우유와 오렌지꽃을 넣고 5시간 동안 우려낸다. **2** 시누아에 거른 다음 냄비에 끓여서 살균한다. **3** 중탕기에 넣고 56℃까지 식힌다.

02.

1 우유를 식히는 동안 작은 볼에 요거트, 전지분유, 오렌지꽃워터를 넣고 섞는다. **2** 56℃가 된 우유를 넣고 섞은 다음 시누아에 걸러 6~7개의 용기에 나눠 담는다. **3** 요거트 메이커에서 8시간 동안 발효시키고 식혀서 냉장고에 보관한다.

03.

당근 즐레 `당일`

1 찬물에 젤라틴을 담가 불린 다음 물기를 제거한다. **2** 냄비에 ⅓ 분량의 당근주스를 붓고 끓인 다음 젤라틴을 넣고 섞는다. **3** 나머지 당근주스를 모두 붓고 섞는다. **4** 소금 간을 한 다음 한 접시에 40g씩 붓고 냉장 보관한다.

———

당근주스를 만들 땐 되도록이면 흙당근을 사용하세요. 훨씬 달고 선명한 색감의 당근 즐레를 만들 수 있답니다.

당근 무스

1 찬물에 젤라틴을 담가 불린 다음 물기를 제거한다. **2** 당근 껍질을 벗기고 얇게 썬다. **3** 냄비에 당근주스와 얇게 썬 당근을 넣고 주스가 거의 졸여질 때까지 익힌다. **4** 핸드블렌더로 곱게 갈고 데운 다음 젤라틴을 넣고 잘 섞는다. **5** 소금 간을 한 다음 가스휘핑기에 넣고 질소가스를 충전해 냉장 보관한다.

04.

05.

당근 슬라이스

1 당근 껍질을 벗기고 만돌린 채칼로 길고 얇게 썬다. **2** 찬물에 10분 동안 담갔다가 꺼내 물기를 제거하고 화이트 발사믹 식초와 소금으로 간을 한다(아래 참고). **3** 냉장 보관한다.

———

화이트 발사믹 식초 50㎖와 올리브유 50㎖를 섞고 소금과 마다가스카르 후추로 간을 합니다.

마무리와 플레이팅

1 볼에 요거트 4개와 소금 1꼬집을 넣고 섞어 냉장 보관한다. 이때 요거트의 진한 농도가 풀어지지 않도록 많이 젓지 않는다. **2** 지름 7㎝의 모양틀을 이용해 접시에 담긴 당근 즐레의 가운데 부분을 파낸다.

06.

07.

1 모양틀을 제거하지 않은 상태에서 당근 즐레 위에 06의 요거트를 붓는다. **2** 가스휘핑기를 이용해 접시 가운데에 당근 무스를 돔 모양으로 올린다. **3** 당근 슬라이스를 조화롭게 꽂는다. **4** 졸인 당근주스와 올리브유를 요거트 위에 점 형태로 찍고 마지막으로 마다가스카르 후추를 뿌린다.

초 급 레 시 피

페스토 수프
Soupe au pistou

4인분

준비 ◦ 25분
조리 ◦ 1시간 15분
휴지 ◦ **하룻밤**

도구

요리용 냄비
푸드프로세서

소믈리에 추천 와인

프로방스산(産) 로제와인 : 방돌 로제
Bandol rosé

수프
Soupe

흰강낭콩 ◦ 100g
당근 ◦ 2개
작은 무 ◦ 2개
작은 애호박 ◦ 2개
그린빈 ◦ 100g
양파 ◦ 1개
셀러리 ◦ 1줄기
대파 ◦ 1줄기

근대 ◦ 4장
염장 삼겹살 (후추 양념) ◦ 150g
토마토 ◦ 3개
닭 뼈 육수 또는 채소 부이용 ◦ 2ℓ
(p.545 또는 p.528 참고)
마카로니 ◦ 100g
올리브유 ◦ **적당량**
굵은소금 ◦ **적당량**

페스토
Pistou

마늘 ◦ 2쪽
파마산 치즈 ◦ 30g
잣 ◦ 30g
바질 ◦ 1단
기름에 절인 엔초비 ◦ 1조각
올리브유 ◦ **적당량**
소금 ◦ **적당량**

01.

수프

`하루 전`

1 흰강낭콩은 물에 담가 냉장고에서 하룻밤 동안 보관한다.

`당일`

2 모든 채소를 물에 씻고 껍질을 벗긴다. **3** 당근은 어슷 썰고 다시 2등분한다. **4** 애호박과 무는 8㎜ 두께로 어슷 썰고 2등 분한다. **5** 그린빈은 꼭지를 따 4㎝ 길이로 자른다. **6** 양파 껍 질을 벗기고 작게 깍둑 썬다. **7** 대파와 셀러리 껍질을 벗기 고 편으로 얇게 썬다. **8** 근대는 노란 줄기를 제외한 잎 부분 을 얇게 썬다. **9** 삼겹살은 1㎝ 두께로 자른다.

토마토는 씻어서 4등분한 다음 칼날을 이용해 껍질을 벗긴다. 씨를 제거하고 깍둑 썬다.

02.

03.

1 큰 냄비에 올리브유를 두르고 삼겹살을 볶는다. **2** 당근, 셀러리, 대파, 양파를 넣고 소금 간을 한다. **3** 뚜껑을 덮은 채 이따금 주걱으로 저으면서 10분 동안 천천히 수분 이 충분히 빠져나오도록 익힌다.

04.

1 03에 토마토를 넣고 5분 동안 익힌 다음 닭 뼈 육수(또는 채소 부이용)와 흰강낭콩을 넣고 소금 간을 약간 한다. **2** 약불에서 35분 동안 익힌 다음 그린빈, 무, 호박, 마카로니를 넣는다. **3** 10분 동안 더 익히고 소금 간을 한 다음 마지막으로 근대를 넣고 2분 더 익힌다.

———

그린빈의 색이 변할 수 있으니 냄비에 뚜껑을 덮지 마세요.

05.

페스토

1 마늘을 반으로 갈라 심을 제거한다. **2** 파마산 치즈를 곱게 간다. **3** 푸드프로세서에 마늘, 잣, 소금 1작은술, 올리브유 3큰술, 갈아 놓은 파마산 치즈를 넣고 한꺼번에 간다. **4** 바질 잎을 큼지막하게 썰어 푸드프로세서에 넣고 엔초비 3개, 올리브유 3큰술을 넣고 다시 곱게 간다. **5** 준비된 수프를 접시에 옮기고 페스토를 수프 중간에 뿌리거나 용기에 따로 담는다.

초 급 레 시 피

파르망티에[*] 포타주
Potage Parmentier

6인분

준비 ◦ **15분**
조리 ◦ **30분**

도구

블렌더 또는 핸드블렌더
고운체

감자[아그리아[*]] ◦ **600g**
대파 흰 부분 ◦ **2줄기**
버터 ◦ **20g**
닭 뼈 육수 ◦ **750㎖**(p.545 참고)
우유 ◦ **200㎖**

생크림(crème fleurette) ◦ **150㎖**
처빌 ◦ **적당량**
가는소금 ◦ **적당량**
통후추 ◦ **적당량**

* 파르망티에(parmentier) : 으깬 감자가 주재료인
  음식에 공통적으로 사용하는 용어

* 아그리아(agria) : 감자튀김에 적합하도록
  개량시킨 독일 품종 감자로 전분기가 많고
  노란색이다.

01.

감자는 물에 씻어서 껍질을 벗긴 다음 길게 2등분하고 얇게 썬다.

02.

대파 흰 부분도 물에 씻어서 길게 2등분하고 다시 얇게 썬다.

03.

1 크고 깊은 냄비에 버터를 넣고 대파를 색이 나지 않게 천천히 볶는다. **2** 소금 ½작은술을 넣는다. **3** 대파가 부드러워지면 닭 뼈 육수와 우유를 넣는다.

04.

1 03의 냄비에 01의 감자, 소금, 후추를 넣고 끓어오르면 25분 동안 더 익힌다. **2** 생크림을 넣고 잘 저은 다음 핸드블렌더나 블렌더를 이용해 곱게 갈아 원하는 농도로 맞춘다.

1 04를 고운체에 거른다. **2** 먹기 직전에 따뜻하게 데워 접시에 붓고 처빌로 장식한다.

유리잔에 넣고 차게 먹어도 맛있어요. 고운체에 걸러 생크림만 넣으면 비시수아즈* 가 되는데, 생크림은 크렘 에페스(crème épaisse)* 를 사용하면 좀 더 새콤한 맛이 나요. 차게 먹을 때 가장 맛있답니다.

* 비시수아즈(vichyssoise) : 감자, 대파의 흰 부분, 양파, 닭 뼈 육수를 넣고 끓인 다음 생크림으로 농도를 맞추고 차이브를 곁들인 수프의 한 종류
* 크렘 에페스(crème épaisse) : 파스퇴르 살균을 거친 후 첨가제를 넣어 농도를 높인 크림

05.

중 급　레 시 피

완두콩 수프와 신선한 염소치즈 크로스티니*
Fine crème de petits pois, crostini de chèvre frais

4인분

준비 ○ **30분**
조리 ○ **35분**

도구

만돌린 채칼
주물냄비
블렌더
고운 시누아
소퇴즈 (곡선형 프라이팬)

소믈리에 추천 와인

루아르산(産) 화이트와인 : 상세르
Sancerre

껍질 제거한 완두콩 ○ **1kg**
미니양파* ○ **1단**
작은 래디시 ○ **20개**
올리브유 ○ **100㎖**
닭 뼈 육수 ○ **1ℓ** (p.545 참고)
버터 ○ **10g**

미니바게트 ○ **2개**
염소 치즈 ○ **120g**
소금 ○ **적당량**
후추 ○ **적당량**
플뢰르 드 셀 ○ **적당량**

* 크로스티니(crostini) : 주로 바게트나 단단한 빵을
  얇게 잘라 오븐에 노릇하게 구워 바삭하게 곁들여
  먹는 빵. 이탈리아어로 작은 토스트라는 뜻이다.

* 미니양파(oignons fanes) : 샬롯 크기의 작은
  양파 품종

1 완두콩은 꼬투리째 깨끗이 씻어 물기를 제거한다.
2 꼭지를 자르고 가운데 잎줄을 제거해 완두콩을 꺼
낸다. **3** 가장 작은 크기의 완두콩 4큰술 분량을 따로
모아둔다. **4** 꼬투리는 버리지 말고 모아서 얇게 썬다.

01.

02.

1 미니양파 줄기는 양파 끝부분에서 2㎝
만 남기고 자른다. **2** 미니양파를 4등분한
다. **3** 줄기 중 2개는 어슷하게 썰어 크로
스티니에 사용하고 나머지는 얇게 썬다.

03.

1 래디시 잎 중 크기가 가장 작은 12개를 잘라 따로
보관한다(장식용). **2** 래디시는 뿌리를 자른 다음 줄
기는 1㎝만 남기고 자른다. **3** 잘라낸 잎 뭉치는 씻
어서 말려 따로 보관한다(수프용). **4** 래디시에 붙어
있는 줄기 밑부분은 흙이 제거되도록 깨끗이 씻는
다. **5** 가장 작은 래디시 4개는 만돌린 채칼로 얇게
썰고 나머지 16개는 2등분한다.

1 주물냄비에 올리브유를 두르고 얇게 썬 양파 줄기를 2분 동안 볶는다. **2** 얇게 썬 완두콩 꼬투리를 넣고 강불로 3분 동안 볶는다. **3** 완두콩을 넣고 기본 간을 한 다음 2분 동안 더 볶는다. **4** 채소가 잠길 만큼 닭 뼈 육수를 붓고 끓어오르면 7분 동안 더 익힌다. **5** 불을 끄고 래디시 잎(수프용)을 넣어 5분 동안 휴지시킨다.

04.

05.

1 04를 블렌더에 넣고 윤기 나는 수프 형태가 될 때까지 곱게 간 다음 고운 시누아에 거른다. **2** 작은 프라이팬에 올리브유를 두르고 2등분한 래디시를 2분 동안 볶은 다음 닭 뼈 육수를 래디시 높이의 절반까지 채워 5~7분 동안 약불에 익힌다. **3** 같은 방법으로 미니양파를 볶고 닭 뼈 육수를 넣어 3분 동안 익힌 다음 4큰술 분량의 작은 완두콩을 넣고 5분 더 익힌 후 섞는다. **4** 버터와 올리브유를 넣고 농도를 맞춘다. **5** 미니바게트를 얇게 슬라이스 해 4조각을 오븐에 굽는다. **6** 염소 치즈와 올리브유를 섞어 바게트에 바른다. **7** 바게트 위에 소금과 후추를 뿌리고 얇게 썬 래디시, 어슷하게 썬 미니양파 줄기를 얹는다. **8** ④의 가니시를 오목한 접시 바닥에 깔고 얇게 썬 래디시와 보관해둔 작은 크기의 래디시 잎(장식용)을 얹은 다음 올리브유를 뿌린다. **9** ①의 따뜻한 수프를 붓고 플뢰르 드 셀로 간을 한다.

중급 레시피

PIERRE SANG BOYER

피에르 상 부아예

셀러리액(celeriac)은 단단한 껍질과 부드러운 속살을 지닌,
저와 닮은 채소입니다. 이 레시피는 아버지를 만족시켜야 했던
일종의 도전과제였습니다. 아버지는 셀러리와 펜넬 둘 다 싫어하셨거든요!
요리사로서의 제 목표는 여러 재료에 가치를 부여하고,
사람들에게 기쁨을 주는 것입니다.

셀러리액 펜넬 크림과 조개 육수 에멀션
Crème de céleri-rave et de fenouil, émulsion de coquillages

4인분

준비 ◦ **10분**
조리 ◦ **20분**

도구

주물냄비
핸드블렌더

펜넬 ◦ **1개**
셀러리액 ◦ **200g**
버터 ◦ **15g**
생크림(crème liquide) ◦ **400g**

맛조개 ◦ **8개**
샬롯 ◦ **1개**
올리브유 ◦ **50㎖**
드라이 화이트와인 ◦ **200㎖**
이탈리언 파슬리 ◦ **1줄기**
월계수 ◦ **2잎**
타임 ◦ **1줄기**
버터 ◦ **10g**

적양파 마리네이드 ◦ **1개**(p.557 참고)
고춧가루 ◦ **적당량**
펜넬 줄기 ◦ **적당량**
소금 ◦ **적당량**
후추 ◦ **적당량**

01.

셀러리액 펜넬 크림

1 셀러리액과 펜넬은 껍질을 벗기고 얇게 썬다. **2** 냄비에 버터를 두르고 펜넬과 셀러리액을 볶은 다음 생크림을 넣고 간을 한다. **3** 뚜껑을 덮은 채로 가끔 저으면서 10분 동안 약불에서 익힌다. **4** 셀러리액과 펜넬이 익어서 물러졌으면 블렌더로 곱게 갈아 퓌레를 만든다.

02.

맛조개

1 샬롯은 껍질을 벗겨 잘게 다진다. **2** 맛조개를 깨끗이 씻는다. **3** 주물냄비에 올리브유를 두르고 샬롯을 강불에 몇 분 동안 볶은 다음 화이트와인, 다진 이탈리언 파슬리, 월계수 잎, 타임을 넣는다. **4** 맛조개를 넣고 뚜껑을 덮은 채 맛조개가 입을 벌릴 때까지 강불에 익힌다.

맛조개는 수산시장에서 1년 내내 구입할 수 있지만 제철은 겨울이며 상하기 쉽기 때문에 구매 후에는 되도록 빨리 조리합니다.

03.

1 맛조개를 꺼낸 다음 냄비에 담긴 조개 육수에 버터를 넣고 핸드블렌더를 이용해 유화(에멀션)시켜 거품을 만든다. **2** 맛조개를 열어서 조갯살을 꺼낸다. **3** 조갯살에 소금, 후추, 고춧가루, 올리브유로 간을 한다.

플레이팅

1 오목한 볼에 01의 셀러리액-펜넬 크림을 넣고 그 위에 맛조개 살을 얹는다. **2** 조개 육수 에멀션 거품을 조심스럽게 올린다. **3** 소금과 후추 간을 하고 고춧가루를 뿌린다. **4** 미리 준비한 적양파 마리네이드(p.557 참고)와 펜넬 줄기로 장식한다.

04.

초 급 레 시 피

그라탱 도피누아*
Gratin dauphinois

4인분

준비 ○ 25분
조리 ○ 1시간

도구

고운 시누아
만돌린 채칼
슬라이스용 칼
거품국자
냄비

감자(모나리자*) ○ 800g
마늘 ○ 2쪽
우유 ○ 250㎖
생크림(crème fleurette) ○ 750㎖
타임 ○ 2줄기
월계수 ○ 1잎
녹인 버터 ○ 20g(그라탱 용기에 바르는 용도)

크렘 에페스* ○ 200㎖
노른자 ○ 2개
가는소금 ○ 적당량
백후추 ○ 적당량

* 도피누아(dauphinois) : 프랑스 도피네 지방의
  감자 그라탱
* 모나리자(monalisa) : 크고 길쭉한 모양의
  네덜란드 품종 감자로 특히 샐러드나
  통감자구이 등에 적합하다.
* 크렘 에페스(crème épaisse) : 파스퇴르 살균
  을 거친 후 첨가제를 넣어 농도를 높인 크림

01.

1 마늘 껍질을 벗기고 가운데 심을 제거한다. **2** 냄비에 마늘, 우유, 생크림, 타임, 월계수 잎을 넣고 소금 간을 해 15분 동안 끓인다. **3** 고운 시누아에 거른다.

02.

1 오븐을 170℃로 예열한다. **2** 감자는 껍질을 벗기고 씻어 물기를 제거한 다음 만돌린 채칼로 5mm 두께로 썬다. **3** 그라탱 용기에 녹인 버터를 바른다.

감자를 용기에 깔기 전에 녹인 버터를 먼저 발라야 합니다.

03.

1 그라탱 용기에 감자를 평평하게 깔고 소금 간을 한 다음 01의 소스를 붓는다. **2** ①을 반복해 그라탱 용기를 채운 다음 알루미늄포일로 싼다. **3** 오븐에 넣고 45분 동안 굽는다. **4** 칼끝으로 찔러 감자가 완전히 익었는지 확인한다.

———

오븐 안에서 그라탱 용기의 내용물이 넘칠 경우를 대비해 다른 넉넉한 크기의 용기를 밑에 받쳐두세요.

04.

1 그라탱을 굽는 동안 크렘 에페스와 노른자를 거품기로 섞고 소금과 후추 간을 한다. **2** 그라탱 표면에 ①을 바른다. **3** 오븐 온도를 200℃로 올리고 얇은 노란색 막이 생길 때까지 10분 동안 더 굽는다.

중 급 레 시 피

감자 뇨키와 아티초크
Gnocchis de pomme de terre aux artichauts poivrade

6인분

준비 ◦ 30분
조리 ◦ 45분 + 5분

도구

고운체
스크레이퍼
뜰채
프라이팬
에코놈 칼
과도

뇨키
Gnocchis

감자[모나리자*] ◦ 1.4kg
굵은소금A ◦ 500g
넛메그[육두구] ◦ 적당량
가는소금 ◦ 적당량
흰자 ◦ 1개
노른자 ◦ 2개
밀가루 ◦ 200g
덧가루용 밀가루 ◦ 적당량
굵은소금B ◦ 물 1ℓ당 12g
닭 뼈 육수 ◦ 200㎖ [p.545 참고]
버터 ◦ 40g

가니시
Garniture

아티초크[바이올렛] ◦ 1단
골파 ◦ 2개
올리브유 ◦ 40㎖
시금치 잎 ◦ 50g
가는소금 ◦ 적당량
통후추 ◦ 적당량

* 모나리자[monalisa] : 크고 길쭉한 모양의
  네덜란드 품종 감자로 특히 샐러드나
  통감자구이 등에 적합하다.

뇨키

1 오븐을 180℃로 예열한다. **2** 오븐팬에 유산지를 깔고 그 위에 1㎝ 두께로 굵은소금A를 깐다. **3** 감자를 솔로 문질러 씻은 다음 물기를 제거한다. **4** ② 위에 감자를 놓고 오븐에 45분 동안 익힌다.

01.

1 감자 껍질을 벗겨 고운체에 올리고 스크레이퍼로 눌러서 거른다. **2** 볼에 거른 감자를 넣고 넛메그를 뿌린 다음 소금 간을 한다. **3** 흰자와 노른자를 넣고 섞는다. **4** 밀가루를 조금씩 뿌리면서 손으로 감자 반죽을 치댄다.

———

감자는 따뜻할 때 반죽해야 달라붙지 않는 답니다.

02.

03. & 04.

1 작업대에 덧가루용 밀가루를 뿌리고 감자 반죽을 올려 긴 원기둥 모양으로 만든다. **2** 반죽을 3등분해 2개의 덩어리는 천을 덮어 따뜻하게 해둔다. **3** 나머지 반죽덩어리는 지름 1.5㎝의 두께로 굴려 2~3㎝ 길이로 자른 다음 손에 밀가루를 묻혀 손바닥으로 작은 공 모양을 만든다. **4** 뒤집은 포크 위에 대고 위아래로 굴려서 자국을 낸다. **5** 덧가루용 밀가루를 뿌린다. **6** 따로 빼 둔 2개의 반죽덩어리를 이용해 같은 방법으로 뇨키를 만든다. **7** 모양을 낸 뇨키는 유산지를 깐 팬에 놓는다.

05.

1 물에 굵은소금B를 넣고 끓어오르면 뇨키를 넣어 1~2분 동안 익힌다. **2** 뇨키가 떠오르면 뜰채로 건져낸다. 이때 뇨키는 약간 노란빛을 띠어야 한다. **3** 큰 냄비에 닭 뼈 육수와 작게 자른 버터를 넣고 끓여서 졸인다. **4** 익힌 뇨키를 넣고 표면에 광택이 날 때까지 익힌 다음 따뜻하게 보관한다.

06.

가니시

1 아티초크는 큰 잎을 떼어내고 과도를 이용해 돌려 깎은 다음 에코놈 칼로 단단한 부분과 녹색 부분을 제거한다. **2** 손질한 아티초크를 6~8조각이 되도록 수직으로 자른다. **3** 골파는 껍질을 벗기고 2등분한다.

07.

1 프라이팬에 올리브유를 두르고 아티초크와 골파를 색이 약간 날 때까지 볶는다. **2** 소금 2꼬집을 넣고 후추 간을 한 다음 섞는다. **3** 중불에 5분 동안 더 익힌다.

08.

1 접시에 아티초크, 골파, 뇨키를 놓는다. **2** 시금치 잎에 올리브유를 뿌려 광택을 내고 소금 간을 한다. **3** 뇨키 위에 시금치 잎을 올리고 바로 먹는다.

고 급 레 시 피

감자 라비올리
Ravioles de pomme de terre

4인분

준비 ◦ 1시간 20분
조리 ◦ 25분
휴지 ◦ 1시간

도구

뜰채
푸드밀
슬라이스용 칼
밀대
파스타 반죽기
붓
모양커터(지름 5, 6㎝)

라비올리 반죽
Pâte à ravioles

세몰리나 ◦ 150g
체 친 밀가루 ◦ 150g
달걀 ◦ 5개
소금 ◦ ½작은술
올리브유 ◦ 1큰술

감자 퓌레
Purée de pomme de terre

감자(퐁파두르*) ◦ 500g
굵은소금(감자 삶을 때 넣는 용도) ◦ 물 1ℓ 당 12g

파르스(라비올리 내용물)
Farce

버터 ◦ 50g
소금 ◦ ½작은술
흰자 ◦ 1개
노른자 ◦ 3개
세이지 ◦ 3잎
염장 삼겹살 ◦ 150g

마무리와 플레이팅
Finition et dressage

덧가루용 밀가루 ◦ 적당량
굵은소금 ◦ ½작은술
송아지 육수 ◦ 120㎖ (p.548 참고)
세이지 ◦ 1잎
시금치 ◦ 50g

* 퐁파두르(pompadour) : 길쭉한 모양의
  중간 크기 감자로, 프랑스 농림수산성에서
  최우수 품질의 식품에 부여하는
  적색라벨(label rouge)을 획득했다.

01.

라비올리 반죽

1 볼에 모든 재료를 넣고 반죽이 될 때까지 치댄 다음 둥글게 만든다. **2** 랩으로 잘 싸서 냉장고에 넣고 1시간 동안 휴지시킨다.

냉장고에서는 수일 동안 보관이 가능하고 냉동실에서는 훨씬 오래 보관할 수 있습니다. 바로 사용하려면 휴지시키는 시간을 미리 고려하세요.

02.

감자 퓌레

1 감자는 껍질을 벗기고 적당한 크기로 자른다. **2** 물에 굵은소금을 넣고 감자를 넣어 중불로 20분 동안 익힌다. **3** 끓이는 동안 표면에 뜬 거품을 제거한다. **4** 익은 감자를 건져내고 푸드밀을 이용해 퓌레로 만든 다음 350g을 따로 덜어낸다.

익은 감자를 너무 오래 놓아두면 수분이 증발해 감자가 퍽퍽해집니다.

03.

파르스 (라비올리 내용물)

1 아직 따뜻한 감자 퓌레에 소금 간을 하고 버터를 넣는다. **2** 흰자와 노른자를 넣고 잘 섞는다. **3** 세이지 잎의 가운데 단단한 잎맥을 잘라 잘게 다지고, 삼겹살을 작은 정사각형으로 자른다. **4** 감자 퓌레에 삼겹살과 세이지를 넣고 잘 섞는다.

04.

라비올리

1 작업대에 덧가루용 밀가루를 뿌린다. **2** 밀대로 반죽을 평평하게 편 다음 파스타 반죽기에 넣어 압착한다. 기계가 없으면 밀대로 얇게 편다. **3** 반죽을 여러 번 통과시켜 얇고 넓은 직사각형 모양으로 만든다.

처음에는 반죽이 파스타 반죽기를 통과할 정도의 두께로 밀어 펴고, 두께를 점차 얇게 조절하면서 통과시켜 주세요. 파스타 반죽기의 폭을 고려해서 폭보다 좁게 반죽을 밀어야 합니다.

1 직사각형 모양의 라비올리 면을 2장 준비한다. **2** 1장은 다른 면보다 1㎝ 넓게 만든다. **3** 짤주머니에 파르스(라비올리 내용물)를 채우고 작은 크기의 면 위에 지름 약 4㎝, 2열로 내용물을 짠다. **4** 붓에 물을 묻혀 두 번째 라비올리 면에 골고루 바르고 첫 번째 반죽 위에 덮는다.

———

면 위에 지름 4㎝의 원형틀을 놓고 파르스를 짜면 모양이 깔끔해져요.

05.

06.

1 지름 5㎝의 모양커터로 반죽을 가볍게 눌러 내부의 공기를 뺀다. **2** 손가락을 이용해 반죽끼리 잘 달라붙게 누른다. **3** 지름 6㎝의 모양커터로 누르고 돌려서 반죽을 자른다. **4** 불필요한 반죽을 제거하고 덧가루를 뿌린 팬에 라비올리를 올린다.

07.

1 냄비에 물과 굵은소금 1큰술을 넣고 끓인다. **2** 라비올리를 넣고 불을 줄여 3~4분 동안 알 덴테로 익힌다. **3** 면이 익을 동안 큰 프라이팬에 송아지 육수, 세이지를 넣고 따뜻하게 데운다. **4** 라비올리를 건져 ③에 넣고 송아지 육수로 코팅한다. **5** 접시에 라비올리를 올리고 따뜻한 송아지 육수를 뿌린 다음 시금치 잎으로 장식한다.

———

라비올리는 밀가루를 뿌려 두면 오랫동안 냉장 보관이 가능합니다. 주의할 점은 랩을 싸지 않고 서로 겹치지 않게 놓아야 해요.

초 급 레 시 피

아티초크 바리굴[*]
Artichauts en barigoule

4인분

준비 ○ 25분
조리 ○ 45분

도구

주물냄비
거품기
만돌린 채칼
유산지

소믈리에 추천 와인

프로방스산[産] 화이트와인 : 코토 바루아
Coteaux-varois

아티초크[바이올렛] ○ **7개**
레몬즙 ○ **½개 분량**
말린 염장 삼겹살[1㎝ 두께] ○ **1장**
양파 ○ **1개**
당근 ○ **1개**
적마늘 ○ **4쪽**
화이트와인 ○ **150㎖**
타임 ○ **4줄기**
월계수 ○ **1잎**
올리브유 ○ **100㎖**
닭 뼈 육수 ○ **200㎖** [p.545 참고]
올리브유 ○ **50㎖**
소금 ○ **적당량**

가니시
Garniture

얇게 썬 말린 염장 삼겹살 ○ **6장**
야생루콜라 ○ **80g**
미니바게트 ○ **½개**
적마늘 ○ **1쪽**
발사믹 식초 ○ **30㎖**
올리브유 ○ **50㎖**
플뢰르 드 셀 ○ **적당량**
통후추 ○ **적당량**

* 바리굴[barigoule] : 양파와 버섯을 주재료로
사용해 올리브유에 익힌 아티초크 조리법

01.

1 아티초크는 겉잎을 떼고 돌려 깎는다. 잎과 줄기 부분은 2㎝ 정도 남겨둔다. **2** 세로 방향으로 2등분하고 안의 수술도 제거한다. **3** 물에 레몬즙을 넣고 아티초크를 담근다.

레몬즙은 아티초크의 산화를 방지해 노란색을 유지할 수 있도록 합니다.

02.

1 삼겹살은 1㎝ 두께로 자른다. **2** 양파는 껍질을 벗기고 길게 썬다. **3** 당근은 껍질을 벗기고 씻은 다음 세로로 2등분하고 5㎜ 두께로 어슷하게 썬다.

03.

1 주물냄비에 올리브유를 두르고 삼겹살을 2분 동안 강불로 볶는다. **2** 양파와 당근, 적마늘을 껍질째 넣고 3분 동안 볶는다. **3** 아티초크를 10조각만 건져 물기를 제거하고 주물냄비에 넣은 다음 소금 간을 해 2분 동안 볶고 화이트와인으로 데글라세(p.567 참고) 한다. **4** 절반 정도의 양이 될 때까지 졸인다. **5** 타임, 월계수 잎을 넣고 데운 닭 뼈 육수를 조금씩 넣으면서 15~20분 동안 천천히 익힌다.

04.

가니시

1 오븐을 160℃로 예열한다. **2** 얇게 썬 삼겹살을 유산지 2장 사이에 넣고 오븐팬에 얹은 다음 그 위로 다른 오븐팬을 덮는다. **3** 바삭하게 익을 때까지 약 15분 동안 오븐에 구운 다음 키친타월에 올려 기름기를 제거한다.

05.

1 야생루콜라는 꼭지를 떼고 씻어서 물기를 제거한다. **2** 미니바게트에 마늘을 문지른 다음 바게트를 잘라서 둥근 쿠르통을 만든다. **3** 쿠르통에 소금을 뿌리고 160℃로 예열한 오븐에 넣어 5분 동안 굽는다. **4** 작은 볼에 발사믹 식초, 소금 2꼬집을 넣고 후추 간을 한 다음 올리브유를 조금씩 넣으면서 거품기로 잘 섞는다. **5** 03에서 남겨둔 아티초크를 만돌린 채칼을 이용해 얇게 썬다. **6** 접시에 야생루콜라와 얇게 썬 아티초크를 올리고 플뢰르 드 셀, 통후추, 발사믹 식초로 간을 한 다음 쿠르통과 04의 삼겹살을 곁들인다. **7** 주물냄비에 익힌 아티초크에 간을 하고 올리브유를 조금 넣어 농도를 맞춘다. **8** 냄비째로 테이블에 올린다.

초 급 레 시 피

라타투이
Ratatouille

6인분

준비 + 조리 ○ 1시간 30분

도구

에코놈 칼
주물냄비
체

소믈리에 추천 와인

프로방스산(産) 레드와인 : 코토 드 피에르베르
Coteaux-de-pierrevert

양파 ○ **1개**
가지 ○ **2개**
황피망 ○ **1개**
홍피망 ○ **2개**
작은 애호박 ○ **4개**
마늘 ○ **2쪽**

송이 토마토 ○ **6개** (개당 130g)
타임 ○ **1줄기**
바질 ○ **1단**
올리브유 ○ **150㎖**
소금 ○ **적당량**
통후추 ○ **적당량**

01.

1 양파는 껍질을 벗기고 작은 정사각형으로 자른다. **2** 가지는 꼭지를 따고 반대편 끝부분을 자른 다음 에코놈 칼을 이용해 껍질을 두껍게 벗겨 작은 정사각형으로 자른다. **3** 피망은 꼭지와 밑부분을 자르고 씨를 제거해 세로로 4등분한다. 에코놈 칼로 표면을 얇게 벗기고 작은 정사각형으로 자른다.

02.

1 애호박은 끝부분을 자르고 길게 2등분해 씨를 제거한 다음 작은 정사각형으로 자른다. **2** 마늘은 껍질을 벗기고 2등분해 심을 제거한 다음 곱게 다진다.

03.

1 토마토는 꼭지를 떼어내고 ＋자 모양으로 가볍게 칼집을 내 끓는 물에 10초 동안 담근 다음 꺼내 얼음물에 식힌다. 충분히 식혔으면 얼음물에서 꺼내 껍질을 벗긴다. **2** 세로 방향으로 2등분해 작은 숟가락으로 씨를 파낸 다음 작은 정사각형으로 자른다. **3** 바질은 깨끗이 씻어 조심스럽게 물기를 제거한다.

04.

1 주물냄비에 올리브유를 두르고 마늘, 양파, 피망 순으로 천천히 볶는다. **2** 소금 간을 한 다음 토마토를 넣고 약 30분 동안 천천히 익힌다. **3** 타임을 넣고 잘 섞어 따뜻하게 보관한다.

05.

1 넉넉한 크기의 프라이팬에 올리브유를 두른 다음 강불로 가지를 볶고 소금 간을 해 체에 받쳐둔다. **2** 애호박도 같은 방식으로 볶는다.

———

이렇게 따로 볶으면 아삭함이 유지되고 비타민 손실이 적어(볶는 시간이 짧기 때문에) 본래의 색감도 유지됩니다. 게다가 채소 내의 수분 증발도 수월하게 해줍니다.

06.

1 모든 채소를 주물냄비에 옮겨 담고 조심스럽게 저으며 아삭함이 약간 남을 정도까지 천천히 익힌다. **2** 올리브유와 바질을 섞는다.

———

이렇게 완성된 라타투이는 생선이나 고기에 곁들여 먹기 좋으며 프랑스식 달걀 오믈렛과도 잘 어울립니다. 따뜻하게, 또는 차갑게 드셔보세요.

초 급 레 시 피

호박, 토마토, 모차렐라를 곁들인 지중해식 티앙
Tian méditerranéen, courgettes, tomates, mozzarella

4인분

준비 ◦ 30분
조리 ◦ 30분

도구

과도
슬라이용 칼
미니 푸드프로세서
체
붓

소믈리에 추천 와인

프로방스산(産) 화이트와인 : 코토 바루와
Coutaux-varois

주키니호박 ◦ **3개**
작은 양파 ◦ **2개**(또는 큰 것 1개)
토마토 ◦ **4개**
모차렐라 치즈 ◦ **2개**(개당 125g)
마늘 ◦ **1쪽**
고수 ◦ **2줄기**
올리브유 ◦ **적당량**
소금 ◦ **적당량**
백후추 ◦ **적당량**
토마토 페이스트 ◦ **1큰술**

주키니호박은 깨끗이 씻어 물기를 제거한 다음 과도로
속을 파내듯이 동그랗게 자른다.

01.

02.

1 양파는 껍질을 벗겨 4등분한 다음 심지 부분은 따
로 보관하고 나머지는 주키니호박과 같은 크기로 자
른다. 남은 자투리는 잘게 다진다. **2** 토마토는 씻어
서 2등분해 꼭지를 제거하고 크기에 따라 다시 2등
분, 또는 3등분한 다음 과도의 칼날을 이용해 껍질
을 제거한다. **3** 토마토씨를 제거해 주스용으로 따
로 보관한다.

03.

1 둥근 모차렐라 치즈를 2등분하고 4㎜ 두께로 둥글게 자른다.
2 마늘은 껍질을 벗기고 2등분해 심을 제거한 다음 반쪽은 슬라
이스용 칼의 옆면을 이용해 으깨고 나머지 반쪽은 따로 보관한다.
3 고수는 깨끗이 씻어 물기를 제거하고 잎을 1장씩 뗀 다음 여러
장을 겹쳐 슬라이스용 칼로 얇게 채 썬다.

어린 물소 젖으로 만든 모차렐라(la mozzarella de bufflonne)
는 암소 젖으로 만든 모차렐라(la mozzarella de vache)보다 향
이 풍부하고 맛이 뛰어납니다.

04.

1 컨벡션오븐을 190℃로 예열한다. **2** 따로 보관해둔 마늘 반쪽을 오븐용 그라탱 용기 바닥에 문지르고 붓으로 올리브유 1큰술을 바른다. **3** 잘게 다진 양파 자투리를 고수와 함께 그라탱 용기 바닥에 깔고 얇게 편다.

05.

1 미니 푸드프로세서에 토마토씨와 껍질, 양파 심지, 올리브유 ½큰술, 물 ½큰술, 토마토 페이스트를 넣고 소금, 후추 간을 한 다음 곱게 간다. **2** 체에 걸러 양파와 고수가 깔린 그라탱 용기에 골고루 붓는다.

06.

1 그라탱 용기 둘레를 따라 호박을 조금씩 겹치도록 길이 방향으로 깐다. **2** 조각 썬 토마토, 모차렐라 치즈 슬라이스, 양파는 호박과 반대 방향으로 가운데 부분에 채운다. **3** 호박을 가운데에 세로로 1줄 올린다. **4** 바깥 부분에 깐 호박을 좀 더 촘촘하게 정리해 마무리한다. **5** 올리브유, 소금, 후추를 다시 뿌려 간을 하고 오븐에서 30분 동안 익힌다.

컨벡션오븐이 아닌 일반 오븐에서는 온도를 210℃로 올려서 익혀보세요.

중 급 레 시 피

호박 파르시
Courgette farcie

4인분

준비 ○ 40분
조리 ○ 40분

도구

만돌린 채칼
미니 스쿱
소퇴즈(곡선형 프라이팬)
스패튤러
주물냄비

소믈리에 추천 와인

프로방스산(産) 화이트와인 : 코토 덱상 프로방스
Coteaux d'Aix-en-Provence

호박
Courgettes

작고 가는 주키니호박 ○ 8개
올리브유 ○ 2큰술
닭 뼈 육수 ○ 100㎖ (p.545 참고)
레몬즙 ○ 1큰술
소금 ○ 적당량
후추 ○ 적당량

따뜻한 파르스 재료
Farce chaude

이탈리언 파슬리 ○ 1줄기
마조람 ○ 1줄기
파마산 치즈 ○ 50g
잣 ○ 1큰술
시금치 ○ 100g
올리브유 ○ 1큰술
리코타 치즈 ○ 50g
달걀 ○ 1개
소금 ○ 적당량
통후추 ○ 적당량

차가운 파르스 재료
Farce rafraîchie

쿠르제트 비올롱*호박 ○ 1개
올리브유 ○ 3큰술
레몬즙 ○ 1큰술
그린빈 ○ 1줌
호박꽃(수꽃) ○ 2개
그린아스파라거스 머리 부분 ○ 4개
깍지콩 ○ 1줌
아주 작은 완두콩 ○ 1줌
루콜라 ○ 1줌
쪽파 ○ 2줄기
플뢰르 드 셀 ○ 적당량
통후추 ○ 적당량

* 쿠르제트 비올롱(courgette violon) :
  작고 길고 약간 휘어진 선명한 녹색의 호박으로,
  프랑스 남부와 이탈리아에서 주로 생산한다.
  주키니호박으로 대체할 수 있다.

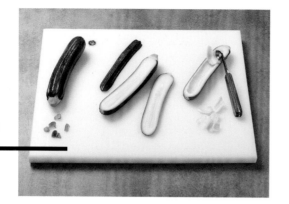

01.

호박

1 모든 채소와 허브는 깨끗이 씻고 물기를 제거한다.
2 주키니호박 8개는 만돌린 채칼을 이용해 길이 방향으로 ⅓만 남기고 얇게 썬다. **3** 남은 ⅓ 부분은 미니 스쿱으로 내용물을 파내 오목하게 만든다. **4** 얇게 썬 호박 슬라이스와 자투리는 곱게 다져 퓌레로 만든다.

02.

1 소퇴즈에 올리브유를 두르고 호박 양면에 색이 날 때까지 약 3분 동안 구운 다음 호박이 잠길 정도의 높이로 닭 뼈 육수를 붓고 뚜껑을 덮어 8~10분 동안 호박을 충분히 익힌다. **2** 익힌 호박은 식혀서 냉장 보관한다. **3** 호박을 익히면서 생긴 육수는 ¾만 남을 때까지 졸이고 올리브유를 넣은 다음 잘 섞는다. **4** 레몬즙, 소금, 후추로 간을 해 보관한다.

되도록이면 지름이 짧은 호박을 사용하세요.

따뜻한 파르스 재료

1 마조람과 이탤리언 파슬리 잎을 떼어내 곱게 다진다.
2 파마산 치즈를 곱게 간다. **3** 코팅 프라이팬에 잣을 가볍게 볶고 굵게 다진다. **4** 시금치는 줄기를 떼어내고 올리브유를 두른 소퇴즈에 볶은 다음 체에 넣고 물기를 제거해 칼로 곱게 다진다.

03.

04.

1 볼에 리코타 치즈, 달걀을 넣고 스패튤러로 섞은 다음 03 에서 전처리한 재료를 모두 넣는다. **2** 필요하면 후추 간을 하고 미리 익혀 놓은 4개의 호박에 따뜻한 파르스용 재료를 채워 넣어 오븐용 그라탱 용기에 넣는다. **3** 졸인 육수는 따로 보관한다.

———

시금치는 다지기 전에 물기를 꽉 짜주세요. 그렇지 않으면 파르스에 수분이 너무 많이 남게 됩니다.

차가운 파르스 재료

1 쿠르제트 비올롱 호박은 만돌린 채칼을 이용해 8조각으로 얇게 썰어 따로 보관하고 자투리는 얇게 썬다. **2** 주물냄비에 올리브유를 둘러 얇게 썬 호박 자투리를 넣고 소금 간을 해 뚜껑을 덮은 다음 포크로 찔렀을 때 완전히 으깨질 때까지 익힌다. **3** 충분히 식혀 후 추와 레몬즙을 뿌리고 나머지 4개의 호박에 차가운 파르스 재료를 채워 넣는다.

05.

마무리와 플레이팅

1 오븐을 180℃로 예열한다. **2** 먹기 10분 전에 따뜻하게 먹는 호박 파르스를 오븐에 넣고 익히는 중간에 04에서 미리 졸인 육수를 끼얹는다. **3** 흰색 접시에 따뜻한 호박 파르스와 차가운 호박 파르스를 각각 1개씩 올린다. **4** 익히면서 생긴 육수는 따로 담아 내놓아도 된다.

06.

1 끓는 소금물에 그린빈을 넣고 익힌 다음 1㎝ 길이로 자른다. **2** 호박꽃은 꼭지를 떼어내고 4등분한다. **3** 그린아스파라거스 머리 부분은 만돌린 채칼로 얇게 썬다. **4** 깍지콩과 완두콩의 껍질을 벗긴다. **5** 루콜라는 줄기 부분을 떼어내고 쪽파는 1㎝ 길이로 어슷하게 썬다. **6** 볼에 모든 채소 재료를 넣고 올리브유, 플뢰르 드 셀, 후추로 간을 한 다음 잘 섞어서 05의 차가운 호박 파르스에 보기 좋게 채운다.

07.

EMMANUEL RENAUT

엠마뉘엘 르노

나무와 풀이 서로 어우러진 진짜 정원의 모습을 표현하고 싶었습니다.
이 밀푀유는 저를 둘러싼 자연에 대한 서정시예요.
2004년에 열린 프랑스 조리 명장 콩쿠르(le concours de Meilleur Ouvrier de France)를
위해 만든 제품에서 영감을 얻었답니다.

채소 밀푀유
Millefeuille de légumes sans pâte tiède

6인분

준비 ○ 2시간
조리 ○ 10분
휴지 ○ 6시간

도구

블렌더
붓, 과도
소퇴즈 (곡선형 프라이팬)
만돌린 채칼
찜기
사각틀 (10×15cm)
스패튤러

소믈리에 추천 와인

벨뤼아르 2010 르 푀
Le Feu, domaine Belluard 2010

버섯 뒥셀
Duxelles de champignons

양송이버섯 ○ 250g
야생버섯 ○ 250g
[꾀꼬리버섯, 포르치니버섯, 느타리버섯, 턱수염버섯 등]
버터 ○ 50g

채소 밀푀유
Millefeuille de légumes

크고 단단한 감자 ○ 1kg
당근 ○ 1kg
시금치 ○ 300g
텃밭에서 키운 허브 ○ 1줌
[이탈리언 파슬리, 처빌, 타라곤, 차이브 등]
가는소금 ○ 적당량

플레이팅
Dressage

말돈 소금* ○ 적당량
헤이즐넛유 ○ 100㎖
허브 쿨리 ○ 100g (p.89 참고)
세이보리 비네그레트 ○ 1작은술 (p.555 참고)
텃밭에서 키운 허브 꽃 ○ 적당량
[양파꽃, 마늘꽃, 오레가노, 이탈리언 파슬리꽃, 처빌,
옥살리스, 차이브, 타라곤, 시소, 마리골드, 한련화,
서양 가새풀, 민트, 고수 등]

* 말돈 (maldon) 소금 : 영국 말돈 (몰든) 지역에서
  생산하는 최고급 소금으로, 입자가 크고
  각이 진 결정이 특징이다.

01.

버섯 뒥셀

1 버터 25g을 녹인 프라이팬에 얇게 썬 양송이버섯을 넣고 5분 동안 강불에서 볶는다. **2** 간을 하고 블렌더로 갈아 고운 퓌레로 만든다.

02.

1 야생버섯은 붓을 이용해 손질하고 흙이 묻은 부분은 과도로 제거한 다음 얇게 썬다. **2** 버터 25g을 녹인 프라이팬에 넣고 볶은 다음 양송이버섯 퓌레와 섞는다. **3** 소퇴즈에 넣고 45분 동안 약불로 천천히 익혀 수분을 증발시킨다.

03.

채소 밀푀유

감자와 당근은 껍질을 벗기고 만돌린 채칼
로 얇게 썬다.

특수한 만돌린 채칼을 사용하면 감자로
긴 띠 모양을 만들 수도 있지만 이 레시피
에선 얇게 썬 감자도 잘 어울립니다.

04.

1 찜기에 감자와 당근을 각각 따
로 넣고 5~7분 동안 감자는 완전
히, 당근은 부드럽게 익힌다. **2** 같
은 방법으로 시금치를 30초 동안
익힌다.

05.

1 10×15㎝의 사각틀에 당근을 조금씩 겹
쳐 깐다. **2** 스패튤러를 이용해 길이가 긴
당근을 잘라내 완전한 평면을 이루도록 만
든다. **3** 1겹씩 채소를 채울 때마다 소금 간
을 한다.

06.

1 당근 위에 감자를 서로 잘 달라붙도록 신경 쓰며 촘촘하지만 겹치지 않게 3겹으로 깐다. **2** 통시금치를 가운데에 깔고 반으로 자른 시금치를 4면 귀퉁이에 각을 맞춰 채운다. **3** 텃밭에서 따온 허브를 넉넉히 뿌린다.

07.

1 다시 감자를 3겹으로 깔고 그 위에 당근, 차게 식힌 버섯 뒥셀을 깐다. **2** 다시 감자를 3겹으로 깔고 그 위에 시금치를 깐다. **3** 텃밭 허브를 넉넉히 뿌린 다음 마지막으로 감자를 3겹 더 깔고 마무리한다. **4** 같은 크기의 틀이나 판을 채소 밀푀유 위에 덮고 최소 6시간 동안 무거운 물건으로 눌러 놓는다.

08.

플레이팅

4면 끝부분을 깔끔하게 자르고 다시 직
사각형으로 작게 자른 다음 찜기에 올
려 미지근하게 데운다.

1 접시에 허브 쿨리를 뿌리고 직사각형 모양의 채소 밀푀유를 1개 놓은 다음 허브와 꽃으로 장식한다. **2** 세이보리 비네그레트를 점을 찍듯이 찍어 넣고 헤이즐넛유와 말돈 소금을 뿌린다.

09.

허브 쿨리는 이탤리언 파슬리 100g에 시금치 100g과 삶은 육수를
조금 넣고 곱게 갈아서 만듭니다.

중급 레시피

EMMANUEL RENAUT

엠마뉘엘 르노

자연을 가장 잘 표현한 간단한 레시피입니다.

야생타임즙을 곁들인 포르치니버섯 푀이타주
Cèpe en feuilletage, jus au serpolet

6인분

준비 ○ 20분
조리 ○ 12분

도구

과도
붓

소믈리에 추천 와인

몽되즈 아르뱅 콩피당시엘
레 피스 드 샤를르 트로세 2011

Mondeuse Arbin Confidentiel,
domaine Les fils de Charles Trosser, 2011

포르치니버섯
Cèpes

작고 일정한 모양의 포르치니버섯 ○ 6개
테린 형태로 미리 익힌 푸아그라 ○ 60g
푀이테 반죽 ○ 400g(p.555 참고)
노른자 ○ 1개
가는소금 ○ 적당량

플레이팅
Dressage

야생타임즙 ○ 100㎖(p.555 참고)
전나무 ○ 1줄기
말돈 소금* ○ 적당량
통후추 ○ 적당량

* 말돈(maldon) 소금 : 영국 말돈(몰든) 지역에서
생산하는 최고급 소금으로, 입자가 크고
각이 진 결정이 특징이다.

01.

포르치니버섯

포르치니버섯에 있는 흙을 과도로 벗기고
붓으로 털어낸다.

———

되도록이면 냉장고에 보관한 적이 없는
포르치니버섯을 사용하세요.

02.

과도를 이용해 포르치니버섯 머리 밑부분에
푸아그라를 약간씩 넣는다.

03.

1 푀이테 반죽으로 포르치니버섯(머리 부분이 아래를
향하게)과 푸아그라를 감싸고 버섯 다리 부분을 가볍게
눌러 반죽이 잘 달라붙게 한다. **2** 버섯 다리 부분의 남는
반죽을 잘라내 모양이 보기 좋게 되도록 손질한다. **3** 포
르치니버섯을 뒤집는다.

———

푀이테 반죽은 미리 실온에 꺼내두어야 다루기 편하
지만 너무 오래 꺼내두면 건조해지기 쉽습니다.

04.

1 오븐을 180℃로 예열한다. **2** 포르치니버섯 머리와 같은 크기로 푀이테 반죽을 잘라 버섯 머리 부분에 올리고 아주 살짝 눌러서 반죽이 달라붙게 한다. **3** 소금 1꼬집, 물 약간, 노른자 1개를 섞어 만든 달걀물을 포르치니버섯을 감싼 푀이테 반죽에 골고루 바른다.

05.

플레이팅

1 오븐에 넣고 12분 동안 구워 푀이테 반죽에 황금색이 돌면 전원을 끄고 오븐에서 잠시 휴지시킨다. **2** 세로로 2등분해 소금과 야생타임즙으로 간을 한다. **3** 전나무 줄기로 장식한다.

───

오븐에 구우면 푀이타주를 썰었을 때 버섯 향이 더 두드러지고 반죽은 바삭해집니다.

RÉGIS & JACQUES MARCON

레지스 & 자크 마르콩

마르세유에 있는 오래된 항구에서 미셸과 함께 부야베스*를 먹다가
아이디어가 떠올랐어요. 저는 꾀꼬리버섯으로 부야베스를 표현하고 싶었습니다.
꾀꼬리버섯에서 나는 과일 향을 소스로 졸여서 설명하고 싶었지요.
이 요리는 6월에 만들면 더욱 좋답니다.
이 시기의 꾀꼬리버섯은 너무나 섬세한 살구 향을 내뿜거든요.

꾀꼬리버섯 부야베스와 질경이 페스토

Bouillabaisse de girolles, pistou de plantain

4인분

준비 ◦ 1시간
조리 ◦ 50분

도구

에코놈 칼
절구
거품기
스패튤러

햇감자 ◦ 20여 개
양파 ◦ 100g
마늘 ◦ 1쪽
대파 흰 부분 ◦ 100g
펜넬 ◦ 60g
잘 익은 토마토 ◦ 300g
홍합 ◦ 1kg
화이트와인 ◦ 100㎖
꾀꼬리버섯 ◦ 350g
올리브유 ◦ 50㎖
5㎝ 길이로 말린 오렌지껍질 ◦ 1개
사프란 ◦ 1꼬집
레몬 타임 ◦ 2줄기
닭고기 부이용 ◦ 250㎖ (p.553 참고)
소금 ◦ 적당량
후추 ◦ 적당량

루유*

Rouille

마늘 ◦ 1쪽
질경이 또는 바질 ◦ ½단
작은 감자 ◦ 1개
노른자 ◦ 1개
랭스 머스터드 ◦ 1작은술
사프란 ◦ 1꼬집
올리브유 ◦ 100㎖
소금 ◦ 적당량
통후추 ◦ 적당량

플레이팅

Dressage

쪽파 ◦ 1개
크루통 ◦ 4개

* 부야베스(Bouillabaisse) : 마르세유의 어부들이
  먹던 음식에서 유래한 생선 스튜

* 루유 : 부야베스 및 생선수프에 곁들여 먹는
  프로방스 지방의 소스

01.

1 햇감자와 루유용 감자를 깨끗이 씻어 껍질을 벗긴 다음 함께 냄비에 넣고 20분 동안 충분히 삶는다. **2** 칼끝으로 찔러 감자가 익었는지 확인하고 건져서 식힌다.

02.

1 마늘과 양파는 껍질을 벗겨 다진다. **2** 대파는 길이 방향으로 4등분해 씻고 물기를 제거한 다음 곱게 다진다. **3** 펜넬도 대파와 같은 방식으로 썬다.

───

채소를 안전하게 썰려면 구부린 손가락 부분에 칼날 옆부분을 스치듯 미끄러트려야 합니다.

03.

1 토마토는 끓는 물에 20초 동안 담갔다 꺼내 얼음물에 식힌다. **2** 껍질을 벗기고 2등분해 씨를 제거한 다음 작은 정사각형으로 자른다.

04.

홍합과 화이트와인을 냄비에 넣고
뚜껑을 덮어 3~5분 동안 끓인다.

05.

1 꾀꼬리버섯은 끝부분을 긁어 자른 다음 찬물에 빠르게 씻고 조심스럽게 물기를 제거한
다. **2** 냄비에 올리브유를 두르고 약불로 달군 다음 02의 양파, 대파, 펜넬을 넣고 천천히 저
으면서 볶는다. **3** 마늘과 토마토, 말린 오렌지 껍질과 레몬 타임을 넣는다.

익히는 도중 입을 벌리지 않는 홍합은 신선하지 않다는 뜻이기 때문에 사용하지 않는
것이 좋습니다.

06.

1 05의 냄비에 꾀꼬리버섯, 01의 삶은 햇감자, 닭고기 부이용을 넣고 소금, 후추 간을 한다. **2** 약간 부글거릴 정도로 10분 동안 끓이고 말린 오렌지 껍질과 레몬 타임을 꺼낸다.

07.

루유

1 작은 절구에 마늘과 질경이(또는 바질)를 함께 넣고 빻는다. **2** 01에서 미리 삶아놓은 루유용 감자를 작게 잘라 노른자, 머스터드와 함께 ①의 절구에 넣고 절굿공이로 잘 섞은 다음 사프란을 넣는다. **3** 올리브유를 조금씩 넣으면서 거품기로 섞고 간을 한다. **4** 크루통 4개에 바를 분량의 루유를 따로 담아 냉장 보관한다. **5** 절구에 담긴 나머지 루유에 06의 꾀꼬리버섯 부야베스 육수를 절반 정도 붓고 잘 섞어 유화(에멀션)시킨다.

08.

1 유화시킨 루유를 다시 부야베스 냄비에 붓고 04의 홍합을 넣는다. **2** 끓어오르지 않도록 약불에서 2분 동안 익히면서 스패튤러로 조심스럽게 젓는다.

플레이팅

1 따뜻하게 데운 오목한 접시에 꾀꼬리버섯 부야베스를 절반 높이로 채우고 얇게 썬 쪽파로 장식한다. **2** 따로 냉장 보관해둔 루유를 크루통에 발라 함께 내놓고 뜨거울 때 먹는다.

———

무스 효과를 주고 싶으면 핸드블렌더에 부야베스 육수를 약간만 넣고 갈아보세요. 그리고 조심스럽게 부야베스 위에 얹으면 됩니다.

09.

MARC HAEBERLIN

마르크 에베를랑

제철 재료로 요리하는 것이 바로 프랑스 미식의 기본입니다.
자! 여기 온전히 봄의 재료로 만든 레시피가 있습니다.
아스파라거스와 삿갓버섯의 맛과 구조의 결합은 경이로울 따름입니다.

신선한 삿갓버섯을 곁들인 아스파라거스 푀이테

Feuilleté d'asperges aux morilles fraîches

4인분

준비 ◦ 30분
조리 ◦ 50분

도구

제과용 밀대
붓
모양커터(높이 5cm)
명주실
고운체
뜰채
핸드블렌더

소믈리에 추천 와인

쥐라산(産) 뱅 존느, 샤사뉴-몽라셰,
샤토뇌프-뒤-파프 블랑
Un vin jaune du Jura, un chassagne-montra-
chet ou un châteauneuf-du-pape blanc

푀이타주
Feuilletage

덧가루용 밀가루 ◦ 20g
푀이테 반죽 ◦ 200g (p.553 참고)
노른자 ◦ 1개
생크림(crème fleurette) ◦ 1작은술

아스파라거스
Asperges

화이트아스파라거스 ◦ 1kg(20개)
굵은소금 ◦ 적당량

삿갓버섯
Morilles

삿갓버섯 ◦ 400g
샬롯 ◦ 1개
버터 ◦ 20g
소금 ◦ 적당량
후추 ◦ 적당량

소스와 플레이팅
Sauce et dressage

생크림(crème fleurette) ◦ 250㎖
뱅 존느 또는 드라이 셰리 식초 ◦ 2큰술
버터 ◦ 40g
처빌 ◦ 3~4줄기
소금 ◦ 적당량
통후추 ◦ 적당량

01.

푀이타주

1 오븐을 180℃로 예열한다. **2** 작업대에 덧가루용 밀가루를 뿌리고 제과용 밀대로 푀이테 반죽을 두께 3㎜, 길이 16×16㎝의 정사각형으로 밀어 편다. **3** 8×8㎝의 정사각형 4개가 되도록 자른다. **4** 볼에 노른자와 생크림을 넣고 거품기로 섞는다. **5** 붓을 이용해 4개의 푀이테 반죽 윗면에 ④를 골고루 바른다.

02.

1 푀이테 반죽 윗면에 2㎝ 간격의 대각선으로 홈이 파이지 않도록 가볍게 선을 여러 줄 긋고 유산지를 깔아놓은 오븐팬에 올린다. **2** 오븐팬 위에 5㎝ 높이의 모양커터를 놓고 그 위에 그릴을 걸쳐 올린 다음 오븐에서 18분 동안 굽는다. **3** 오븐에서 꺼내 그릴 위에 놓고 식힌다.

푀이타주는 차가운 상태에서 작업하지 않으면 반죽이 녹거나 모양이 변형됩니다. 그럴 경우에는 굽기 전에 냉장고에 넣고 휴지시켜 주세요. 5㎝ 높이로 그릴을 올리는 이유는 굽는 동안 푀이테 반죽이 과도하게 부풀어 오르는 것을 방지하기 위해서입니다.

아스파라거스

1 아스파라거스 머리 부분의 껍질을 아래로 4㎝까지 벗기고, 섬유질이 많고 두꺼운 아랫부분은 2번 정도 벗긴다. **2** 약 15㎝의 일정한 길이가 되도록 아랫부분을 잘라낸다. **3** 5개씩 나누어 명주실로 아래와 윗부분을 각각 비스듬하게 3번씩 돌려 묶는다. **4** 매듭을 2번 짓고 남는 실은 잘라낸다. **5** 냄비에 물과 소금을 넣은 다음 끓어오르면 아스파라거스를 넣고 16~18분 동안 익힌다. **6** 냄비를 불에서 내리고 아스파라거스는 따뜻한 물속에 그대로 보관한다.

화이트아스파라거스는 물 1ℓ당 16g의 굵은소금을, 그린아스파라거스는 18g을 넣어 익힙니다. 아스파라거스에 따라 설탕을 약간 넣어 아스파라거스 자체의 쓴맛을 없애기도 합니다.

샷갓버섯

1 샷갓버섯은 다리 끝부분을 자르고 2등분 또는 4등분한 다음 찬물로 2번 씻어 깨끗한 천으로 물기를 제거한다. **2** 샬롯은 껍질을 벗기고 작게 자른다. **3** 냄비에 버터를 두르고 샬롯을 1~2분 동안 볶은 다음 샷갓버섯을 넣고 다시 1분 동안 볶는다. **4** 소금, 후추 간을 하고 뚜껑을 덮은 채 8분 동안 약불에서 익힌다.

버섯은 벌레나 흙이 남아 있을 수 있어 끝부분을 잘라냅니다.

05.

익힌 삿갓버섯은 고운체로 걸러 뚜껑을 덮고
따뜻하게 보관하며, 육수는 따로 모아둔다.

06.

소스

1 냄비에 버섯 육수를 붓고 불에 올린 다음
생크림을 넣는다. **2** 끓어오른 상태에서 3분
동안 졸이고 ⅓ 분량으로 줄어들면 소금, 후
추 간을 한다.

07.

플레이팅

1 뜰채로 아스파라거스를 건져 깨끗한 천에 올리고 명주실을 제거한다.
2 미리 구워놓은 푀이테 반죽을 2등분한다. **3** 아스파라거스를 푀이테 위에 얹고 따뜻한 삿갓버섯을 올린다.

08.

1 06의 소스에 뱅 존느(또는 드라이 셰리 식초)와 버터를 넣고 핸드블렌더로 유화(에멀션)시킨 다음 간을 한다. **2** 아스파라거스와 삿갓버섯 위에 소스를 넉넉히 뿌리고 푀이테 반죽으로 덮는다. **3** 처빌로 장식하고 바로 먹는다.

미리 플레이팅을 하면 아스파라거스와 소스로 푀이테가 눅눅해질 수 있으니 주의하세요.

RÉGIS & JACQUES MARCON

레 지 스 & 자 크   마 르 콩

저는 20여 년 전 남아메리카에 갔을 때 발견한 명아주과 퀴노아에
애착을 가지고 있습니다. 제 아이디어의 출발점은 퀴노아 밭에
여러 버섯이 제각각 덮여있는 모습이었습니다.
마치 다양한 버섯을 수확해 바구니를 채운 것처럼
다른 색과 맛, 그리고 텍스처를 표현하고 싶었습니다.

다섯 가지 버섯과 퀴노아 밀푀유
Millefeuille de quinoa aux cinq champignons

4인분

준비 ◦ 1시간
조리 ◦ 45분

도구

체
붓
스패튤러
모양커터(7×7㎝)

퀴노아 ◦ 80g
꾀꼬리버섯 ◦ 15개
올리브유 ◦ 적당량
포르치니버섯 ◦ 4개
살구버섯 ◦ 20개
달걀버섯 ◦ 2개
자주졸각버섯 ◦ 16개
별꽃 ◦ 적당량
야생화 ◦ 적당량
차이브꽃 ◦ 적당량
소금 ◦ 적당량
통후추 ◦ 적당량

비네그레트
Vinaigrette

헤이즐넛유 ◦ 50㎖
유채유 ◦ 50㎖
화이트 발사믹 식초 ◦ 20㎖
셰리 식초 ◦ 20㎖
머스터드 ◦ 1작은술
차이브 ◦ ½단

포르치니버섯 뒥셀
Duxelles de cèpes

포르치니버섯 다리 부분 ◦ 4개
골파 ◦ 1개
올리브유 ◦ 적당량
타프나드 ◦ 1큰술

토마토 콩포테
Compotée de tomates

토마토 ◦ 2개
골파 ◦ 1개
올리브유 ◦ 적당량

01.

찬물과 소금을 넣은 냄비에 퀴노아를 넣고
15분 동안 중불로 익힌 다음 건져 체에 받쳐둔다.

02.

비네그레트

1 볼에 헤이즐넛유, 유채유, 화이트 발사믹 식초, 셰리 식초, 머스터드를 넣고 섞은 다음 반으로 나누어 담는다. **2** 차이브를 잘게 썰어 절반의 비네그레트에 넣는다. **3** 식은 퀴노아에 ②로 간을 한다. **4** 나머지 절반 분량의 비네그레트는 플레이팅에 사용하기 전까지 따로 보관한다.

퀴노아의 종류는 아주 다양합니다. 이 레시피에서는 화이트 퀴노아를 사용합니다.

03. 포르치니버섯 뒥셀

1 포르치니버섯은 다리 부분을 모아 붓으로 흙을 제거하고 씻은 다음 작게 자른다. **2** 골파는 곱게 다진다. **3** 프라이팬에 올리브유를 두르고 골파와 포르치니버섯을 수분이 충분히 날아가도록 스패튤러로 저으면서 볶는다. **4** 볼에 볶은 포르치니버섯 180g과 타프나드를 넣고 섞는다.

04.

토마토 콩포테

1 토마토는 깨끗이 씻고 껍질을 벗겨 작게 깍뚝 썬다. **2** 골파는 껍질을 벗기고 슬라이스한다. **3** 프라이팬에 올리브유를 약간 두르고 골파를 볶은 다음 토마토를 넣고 소금 간을해 5~10분 동안 약불로 익혀 콩포테를 만든다.

05.

1 프라이팬에 올리브유를 두르고 꾀꼬리버섯을 넣어 5분 동안 볶는다. **2** 다시 올리브유를 두르고 살구버섯을 넣어 5분 동안 볶는다.

———

버섯은 계절에 따라 다양하게 사용할 수 있습니다.

06.

1 포르치니버섯은 머리를 2등분해 슬라이스 한다. **2** 달걀버섯은 흰색 표면을 벗기고 2등분해 슬라이스 한다. **3** 자주졸각버섯은 다리를 잘라낸다. **4** 미리 볶은 꾀꼬리버섯과 살구버섯은 2등분한다.

07.

조합

1 유산지 위에 7×7㎝의 모양커터를 놓고 그 안에 퀴노아, 토마토 콩포테, 포르치니버섯 뒥셀을 순서대로 1겹씩 깐다. **2** 다시 퀴노아를 얇게 깔고 가볍게 눌러서 평평하게 만든다.

08.

1 07 위에 버섯을 종류에 따라 일자로 줄 세워 조화롭게 놓는다. **2** 비네그레트를 가볍게 뿌리고 꽃과 새싹들로 주위를 장식한다.

쌀, 면, 밀가루

초 급 레 시 피

호박꽃 튀김
Beignets de fleurs de courgette

12개 분량

준비 ○ 20분
조리 ○ 4분 × 3회
휴지 ○ 40분

도구

거품기
고운체
스패튤러
붓
그물망 국자
튀김기

소믈리에 추천 와인

프로방스산(産) 화이트와인 : 팔레트 Palette

튀김 반죽
Pâte à frire

밀가루 ○ 150g
소금 ○ 1꼬집
달걀 ○ 1개
올리브유 ○ 적당량
물 ○ 250㎖
튀김유 ○ 적당량

가니시
Garniture

호박꽃(수꽃) ○ 12개
소금 ○ 적당량
통후추 ○ 적당량

01.

튀김 반죽

1 볼에 밀가루, 소금을 넣고 섞은 다음 달걀, 올리브유를 넣고 거품기로 부드럽게 섞는다. **2** 물을 조금씩 부으면서 섞는다. **3** 반죽을 스패튤러로 누르면서 고운체에 통과시켜 덩어리를 제거한다. **4** 30분 동안 휴지시킨다.

———

튀김 반죽이 부풀도록 실온에서 30분 동안 휴지시킵니다. 이러한 니스식 튀김 반죽은 호박이나 가지, 아카시아 꽃을 튀길 때 사용하기 좋습니다.

가니시

1 호박의 밑부분을 잘라 꽃과 호박을 분리한다. **2** 호박꽃은 밑부분을 자르고 암술을 제거한다. **3** 호박꽃이 상하지 않도록 조심스럽게 꽃을 열어서 키친타월에 펼쳐 놓는다.

———

호박꽃은 아주 신선해야 합니다. 구입 당일에 사용하세요.

02.

03.

1 휴지가 끝난 튀김 반죽을 잘 섞은 다음 붓을 이용해 호박꽃에 골고루 바른다. **2** 뒤집어서 반대편에도 바른다. **3** 접시에 튀김 반죽을 바른 호박꽃을 올려놓고 10분 동안 휴지시킨다.

04.

1 호박꽃을 휴지시키는 동안 튀김기를 140℃로 예열한다. **2** 호박꽃을 4개씩 조심스럽게 튀김망에 넣고 2분 동안 튀긴다. **3** 그물망 국자를 이용해 반대로 뒤집어서 2분 동안 더 튀긴다.

05.

1 호박꽃을 건져 키친타월 위에 놓고 기름기를 제거한다. **2** 같은 방식으로 나머지 호박꽃을 튀긴 다음 소금, 후추로 간을 한다. **3** 따뜻할 때 바로 먹는다.

따뜻하고 바삭한 호박꽃 튀김은 아페리티프(애피타이저)로 먹으면 좋아요. 생선과 곁들이거나 호박꽃 안에 다른 내용물을 채워서 파르시*로 먹을 수도 있어요.

* 파르시(farcis) : 채소나 육류 안에 여러 가지 재료를 채워 먹는 음식. 다진 고기와 채소를 볶아 채운 토마토 파르시가 대표적이다.

중급 레시피

구게르
Gougères

45개 분량

준비 ○ 30분
조리 ○ 35분

도구

짤주머니 (원형깍지 2호, 7호, 10호)
오븐팬
붓
거품기
뒤집개

슈
Choux

슈 반죽 ○ **300g** (p.540 참고)
달걀 ○ **1개**
파마산 치즈 ○ 40g

베샤멜
Béchamel

우유 ○ **300㎖**
생크림 ○ **100㎖**
버터 ○ **30g**
밀가루 ○ **30g**
잘게 간 넛메그 (육두구) ○ **적당량**
가는소금 ○ **적당량**
통후추 ○ **적당량**

01.

슈

1 10호 깍지를 낀 짤주머니에 슈 반죽을 채운다. **2** 실리콘매트를 깐 오븐팬에 지름 3㎝의 크기의 슈를 2㎝ 간격으로 짠다.

02.

1 컨벡션오븐을 150℃로 예열한다. **2** 볼에 달걀을 푼 다음 붓을 이용해 조심스럽게 슈에 골고루 바른다. **3** 파마산 치즈를 갈아 슈 위에 충분히 뿌린다. **4** 오븐팬을 흔들어 파마산 치즈를 털어내고, 털어낸 치즈는 따로 모아 베샤멜을 만들 때 사용한다. **5** 오븐에 20분 동안 굽는다.

─────

아무것도 첨가하지 않은 구게르를 좋아한다면 이 단계는 생략해도 됩니다. 치즈는 여러분의 취향대로 정하세요! 전통적으로는 그뤼에르나 에멘탈 치즈를 사용합니다.

03.

베샤멜

1 우유와 생크림을 잘 섞어 차갑게 보관한다. **2** 냄비에 버터를 넣고 불에 올려 녹인 다음 밀가루를 넣고 갈색이 되지 않도록 거품기로 40초 동안 섞는다.

1 버터와 밀가루를 계속 저으면서 차게 보관해둔 우유와 생크림을 여러 번에 나누어 넣는다. **2** 넛메그 2꼬집, 소금 3꼬집, 통후추는 4번 정도 갈아 넣어 간을 한다. **3** 02에서 따로 보관해둔 파마산 치즈를 넣는다. **4** 완성된 베샤멜을 오목한 접시에 옮겨 담는다. **5** 랩으로 잘 덮고 식힌다.

04.

05.

1 뒤집개를 이용해 구운 구게르를 실리콘매트에서 떼어내고 2호 깍지로 바닥에 작은 구멍을 뚫는다. **2** 7호 깍지를 낀 짤주머니에 베샤멜을 넣고 구게르 구멍에 베샤멜을 채운다. **3** 130~150℃의 컨벡션오븐에 구게르를 넣고 5분 동안 데운다. **4** 미지근한 온도에서 아페리티프(애피타이저)로 먹는다.

———

구게르 바닥에 구멍을 낼 때 깍지가 아닌 다른 도구를 이용할 수도 있습니다.

중 급   레 시 피

작은 감자빵
Petits pains de pomme de terre

4인분

준비 ○ 20분
조리 ○ 25분
휴지 ○ 30분

도구

요리용 냄비
거품국자
뜰채
체
퓌레 프레스

감자**(벨 드 퐁트네이*)** ○ 300g
가는소금 ○ 8g
밀가루 ○ 150g + 10g
우유 ○ 100㎖
제빵용 드라이이스트 ○ **1팩** (또는 생이스트 15g)
굵은소금 ○ **적당량**
달걀 ○ **1개**
올리브유 ○ 50㎖

* 벨 드 퐁트네이(belle de fontenay) :
   개량이 아닌 경작을 통해 생산한 가장 오래된
   프랑스의 감자 품종. 살은 단단하고 짙은
   노란색이며 특히 샐러드나 리졸레에 적합하다.

01.

1 감자는 문질러 씻고 껍질을 벗겨 5㎜ 두께로 썬다. **2** 냄비에 넣고 물과 굵은소금을 넣은 다음 중불에서 10분 동안 익힌다. **3** 거품을 제거하고 칼끝으로 찔러 감자가 익었는지 확인한다. **4** 뜰채로 감자를 건져내고 물기를 제거한다. 필요하면 오븐에 5분 동안 넣어 말린다.

02.

퓌레 프레스에 중간 크기의 체를 끼우고 감자를 내린 다음 200g을 계량해 볼에 담는다.

03.

1 밀가루 150g과 소금을 섞어 따뜻한 감자 퓌레가 담긴 볼에 붓는다. **2** 우유는 미지근하게 데운다. **3** 작은 볼에 약간의 데운 우유와 제빵용 이스트를 넣고 섞어 녹인 다음 감자 퓌레가 담긴 볼에 붓는다.

04.

1 볼에 나머지 우유를 조금씩 넣으면서 손가락으로 잘 섞는다. 이때 반드시 손으로 작업해야 골고루 섞을 수 있다. **2** 둥글게 반죽한 다음 굴려서 원기둥 모양을 만든다. **3** 칼로 약 60g씩 자르고 밀가루를 묻혀 굴린다.

05.

1 분할한 반죽을 엄지와 검지 사이에 놓고 가볍게 원을 그리면서 둥글게 만든다. **2** 물을 뿌린 오븐팬에 일정한 간격으로 놓고 실온 또는 오븐 등의 따뜻한 물건 주변에서 30분 동안 휴지시킨다.

1 오븐을 210℃로 예열한다. **2** 달걀과 올리브유를 잘 섞어 붓을 이용해 반죽에 골고루 바른다. **3** 가위로 빵 표면을 가볍게 자른다. **4** 먹음직스러운 색이 나오도록 오븐에서 15분 동안 굽는다.

06.

초급 레시피

PAUL BOCUSE

폴 보퀴즈

마카로니 그라탱은 특히 겨울에 더 자주 먹게 되는 음식으로,
지방에 따라 각기 다른 방법으로 조리합니다.
어른이나 아이들 모두 아주 좋아하는 음식이죠.

마카로니 그라탱
Gratin de macaroni

8~10인분
준비 ○ 30분
조리 ○ 45분

도구
요리용 냄비
체
거품기

소믈리에 추천 와인
생-오방 프르미에 크뤼 라 샤트니에르 2005,
루 페르&피스
Saint-aubin premier cru La Chatenière
2005, domaine Roux Père et Fils

마케로니*(44번 크기) ○ 500g
우유 ○ 1.5ℓ
넛메그(육두구) ○ 적당량
버터 ○ 120g
밀가루 ○ 90g
크렘 에페스* ○ 600g
그뤼예르 치즈 ○ 150g
가는소금 ○ 적당량
통후추 ○ 적당량

* 마케로니(maccheroni) : 짧고 두꺼운 면을
   뜻하는 마카로니와 상반되는, 가늘고 긴 형태의
   파스타 면. 과거에는 면의 길이나 구멍 유무에
   관계없이 파스타 면을 통칭해
   마케로니라고 불렀다.

* 크렘 에페스(crème épaisse) : 파스퇴르 살균을
   거친 후 첨가제를 넣어 농도를 높인 크림

01.

1 오븐을 180℃로 예열한다. **2** 요리용 냄비에 우유, 소금 3큰술, 넛메그를 갈아 넣고 후추를 10회 갈아 넣은 다음 강불에서 끓인다. **3** 소금을 넣은 끓는 물에 마케로니를 9분 동안 삶고 건져 물기를 제거한다. **4** 우유가 끓어오르면 마케로니를 넣고 2분 동안 더 익힌다. **5** 마케로니를 체에 걸러 우유와 따로 보관한다.

우유는 금세 넘쳐 오르니 주의하세요. 냄비 안에 국자나 거품 국자를 넣어두면 넘치는 것을 방지할 수 있답니다.

02.

1 깨끗이 씻은 요리용 냄비에 버터를 넣고 불에 올려 녹인다. **2** 밀가루를 뿌려 넣고 거품기로 잘 섞는다.

03.

1 02의 냄비에 아직 뜨거운 상태의 우유를 모두 붓고 끓을 때까지 계속 젓는다.
2 불에서 내리고 간을 한다. **3** 크렘 에페스를 넣고 잘 섞는다. **4** 삶아놓은 마케로니를 넣고 조심스럽게 섞는다.

마케로니는 마카로니의 한 종류입니다. 브랜드에 따라 포장지에 숫자로 반죽 크기를 표기하기도 합니다. 다른 종류의 마카로니(튜브 형태의 파스타 면)를 사용해 만들어도 됩니다.

1 국자를 이용해 그라탱 용기에 마케로니를 채운다.
2 그뤼예르 치즈 ¾을 갈아서 그라탱 위에 골고루 뿌리고 나머지 ¼은 얇게 자른다.

04.

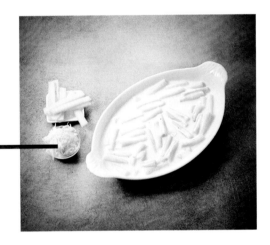

05.

1 얇게 자른 그뤼예르 치즈를 그라탱 위에 일정하게 얹고 오븐에 넣어 30분 동안 익힌다. **2** 오븐에서 갓 나온 뜨거운 상태로 먹는다.

치즈는 덩어리 형태로 구매해 직접 갈아서 사용하세요. 그렇게 하면 질 좋은 치즈를 고를 수 있고, 입맛에 맞거나 맞지 않는 치즈를 선별할 수 있습니다.

중 급 레 시 피

하몬, 검은 송로버섯, 소고기 로스팅 육수를 곁들인 코키예트 파스타
Coquillettes au jambon et truffe noire, jus d'un rôti

4인분

준비 ○ 15분
조리 ○ 2시간

도구

주물냄비
체
고운 시누아
만돌린 채칼
소퇴즈 (곡선형 프라이팬)

소믈리에 추천 와인

랑그독산(産) 레드와인 : 코르비에르 부트낙
Corbières-boutenac

송아지 육수
Jus de veau

송아지를 다듬고 남은 부분 (살코기, 근육, 지방)
또는 송아지 업진살 ○ 1kg
양파 ○ 1개 (약 80g)
올리브유 ○ 30㎖
버터 ○ 150g
마늘 ○ 8쪽
세이지 ○ 2줄기
흑후추 ○ 15알
닭 뼈 육수 ○ 1.5ℓ (p.545 참고)

베샤멜
Béchamel

버터 ○ 35g
밀가루 ○ 35g
우유 ○ 500㎖
마늘 ○ 1쪽
소금 ○ 적당량
후추 ○ 적당량

면 삶기
Cuisson des coquillettes

코키예트 마카로니 (데체코®) ○ 320g
신선한 검은 송로버섯 ○ 60g
화이트하몬 ○ 120g
닭 뼈 육수 ○ 400㎖ (p.545 참고)
차가운 버터 ○ 80g
송로버섯즙 ○ 300㎖
송아지 육수 ○ 150㎖ (p.548 참고)
소금 ○ 적당량
후추 ○ 적당량

01.

송아지 육수

1 송아지 고기는 약 4×4㎝ 크기로 자른다. **2** 양파는 껍질을 벗겨 1㎝ 두께로 둥글게 자른다. **3** 주물냄비에 올리브유를 두르고 송아지 고기를 넣은 다음 표면이 익을 때까지 볶는다. **4** 버터, 양파, 으깬 마늘, 후추를 넣는다. **5** 불을 줄이고 냄비 안에 고인 기름 절반을 걷어낸다.

02.

1 01의 냄비에 닭 뼈 육수 120㎖를 넣어 바닥에 눌어붙은 캐러멜화된 덩어리를 녹인다. **2** 다시 250㎖의 닭 뼈 육수를 붓고 졸아들 때까지 끓인다. **3** 남은 닭 뼈 육수와 세이지 잎을 넣고 1시간 30분 동안 약불에서 끓인다. **4** 큰 체를 이용해 거른 다음 5분 동안 받쳐두고 최대한 육수를 모은다. **5** 고운 시누아에 1번 더 거르고 원하는 농도가 될 때까지 약불에서 졸인다. **6** 거품을 건져내고 간을 한 다음 다시 고운 시누아에 걸러 냉장 보관한다.

03.

베샤멜

1 냄비에 버터를 녹이고 밀가루를 넣은 다음 색이 나지 않도록 거품기로 저으며 3분 동안 끓여서 루(roux)를 만든다. **2** 루에 차가운 우유와 으깬 마늘을 넣고 계속 저으면서 끓인다. **3** 소금, 후추 간을 한다.

반드시 차가운 우유를 따뜻한 루에 넣어야 덩어리가 생기지 않습니다.

04.

면 삶기

1 송로버섯은 흐르는 물에 솔로 문질러 닦고 물기를 제거한 다음 전용 만돌린 채칼을 이용해 30조각으로 얇게 슬라이스 한다. **2** 남은 송로버섯 (또는 45g 정도)은 포크로 잘게 으깬다. **3** 하몬은 0.5×3㎝ 크기로 자른다. **4** 닭 뼈 육수를 데운다.

1 소퇴즈에 40g의 버터를 녹인다. **2** 무스 상태의 버터에 코키예트 마카로니를 넣고 주걱으로 저으면서 2분 동안 약불에서 볶는다. **3** 소금 간을 한다.

—

좀 더 오래 삶아야 하는, 세몰리나(semoule de blé, 입자가 굵은 밀가루)로 만든 코키예트를 사용하세요. 면 모양을 잘 유지시켜주고, 맛도 잘 묻어난답니다.

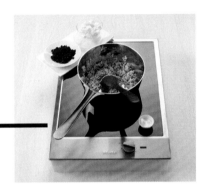

05.

06.

1 05의 소퇴즈에 코키예트 마카로니가 잠길 정도로 닭 뼈 육수를 붓고 으깬 송로버섯과 즙을 넣어 약불에서 5분 동안 익힌다. **2** 다시 코키예트가 잠길 정도로 닭 뼈 육수를 붓고 하몬을 넣어 2분 동안 더 익힌다.

07.

1 남은 40g의 차가운 버터를 작게 잘라 넣고 농도를 조절한다. **2** 후추를 넣고 간을 본 다음 싱거우면 소금을 넣는다. **3** 깊게 파인 접시 가운데에 베샤멜 1큰술을 붓고 그 위에 코키예트 마카로니를 돔 모양으로 올린다. **4** 졸인 송아지 육수를 넉넉히 붓고 슬라이스 한 송로버섯을 올린다.

THIERRY MARX

티 에 리 막 스

송아지 흉선, 삿갓버섯과 송로버섯으로 쌓은 이 놀라운 몽타주의 요리는
송로버섯의 강한 맛으로 인해 맛의 절정에 이르게 됩니다.
이 레시피가 추구하는 것은 모든 면을 둥글게 만드는 것입니다.

송아지 흉선 스파게티
Spaghetti de ris de veau

8인분

준비 ○ 1시간
조리 ○ 1시간
휴지 ○ 12시간

도구

푸드프로세서
웍
고운 시누아
짤주머니

소믈리에 추천 와인

부르고뉴산[産] 화이트와인 : 뫼르조 루조
장-프랑수아 코슈 뒤리 2006
Meursault <Rougeot> 2006
Jean-François Coche Dury

허브유
Huile d'herbes

이탤리언 파슬리 ○ 15g
고수 ○ 15g
바질 ○ 15g
처빌 ○ 15g
포도씨유 ○ 250㎖
아스코르브산 ○ 2g
소금 ○ 적당량

커피유
Huile de café

포도씨유 ○ 300㎖
볶은 커피원두 ○ 20g

닭고기 파르스
Farce de volaille

닭 살코기 ○ 300g
흰자 ○ 1개
생크림(crème fraîche) ○ 250g
소금 ○ 적당량
후추 ○ 적당량

송아지 흉선, 포르치니버섯, 송로버섯 필링

Appareil au ris de veau, cèpes et truffe

송아지 흉선 ◦ 700g
포르치니버섯 ◦ 350g
송로버섯 ◦ 12g
땅콩유 ◦ 1큰술
송아지 어깨살 (덩어리) ◦ 120g
물 ◦ 500㎖
생크림(crème liquide) ◦ 450g
소금 ◦ 적당량
후추 ◦ 적당량

스파게티에 들어가는 송아지 육수 크림

Cœur coulant

생크림(crème liquide) ◦ 200㎖
송아지 육수 ◦ 50㎖

스파게티

Spaghetti

스파게티 면 (길이 50㎝) ◦ 150g
미네랄워터 ◦ 적당량
소금 ◦ 적당량

01.

허브유

1 오븐을 55℃로 예열한다. **2** 4가지 허브를 씻어 잘게 자른 다음 오븐팬에 깔고 포도씨유와 아스코르브산을 뿌린다. **3** 오븐에 넣고 8시간 동안 말린다. **4** 소금 간을 하고 식힌다. **5** 모든 재료를 블렌더로 곱게 갈아 시누아에 걸러 보관한다.

―――――

입맛에 따라 다양한 허브와 기름을 사용해 보세요!

02.

커피유

1 오븐을 80℃로 예열한다. **2** 볶은 커피원두와 포도씨유를 오븐팬에 붓고 잘 섞는다. **3** 오븐에 넣고 4시간 동안 천천히 익힌다.

03.

닭고기 파르스

1 흰자를 휘핑해 거품을 올린다. **2** 블렌더 용기에 작게 조각 썬 닭고기, 생크림, 휘핑한 흰자를 넣고 곱게 간다.

04.

송아지 흉선, 포르치니버섯, 송로버섯 필링

1 송아지 흉선은 끓는 물에 2~3분 동안 삶고 표면에 있는 핏줄이
나 신경 등을 제거한 다음 5mm 크기로 깍뚝 썬다. **2** 송로버섯과
포르치니버섯은 솔로 잘 문지른 다음 작은 정사각형으로 자른다.

05.

1 웍에 땅콩유를 두르고 포르치니버섯을 2분 동안 볶은 다
음 따뜻하게 보관한다. **2** 같은 방법으로 송아지 흉선을 2분
동안 볶고 따뜻하게 보관한다.

———

송아지 흉선은 색이 충분히 나고 약간 아삭할 정도로 볶
아야 합니다.

06.

1 냄비에 송아지 어깨살을 넣고 색이 골고루 날 때까지 볶는
다. **2** 물 500㎖을 붓고 랩으로 냄비를 덮어 30분 동안 약불
에서 익힌다.

1 06에서 나온 육수를 고운 시누아에 거른 다음 (따뜻하게 보관한) 송아지 흉선이 담긴 웍에 붓는다. **2** 볶은 포르치니버섯과 생크림을 넣고 잘 섞는다. **3** 약불로 6분 동안 익힌 다음 송로버섯을 넣는다. **4** 08의 송아지 육수 크림에 사용할 분량 50㎖를 따로 덜어 놓는다. **5** 남은 육수와 내용물은 차게 보관한다.

07.

08.

스파게티에 들어가는 송아지 육수 크림

1 냄비에 생크림과 07에서 준비한 50㎖의 육수를 넣고 약불에서 5분 동안 끓인다. **2** 고운 시누아에 거른다.

09.

스파게티

1 큰 냄비에 미네랄워터와 소금을 넣고 끓인다. **2** 끓어오르면 스파게티 면을 넣고 알 덴테 상태로 익힌다. **3** 반구 모양의 스테인리스 몰드 안쪽에 버터를 바른 다음 스파게티 면을 나선형으로 둘러 반구를 모두 덮는다.

스파게티 면의 상태가 중요합니다. 스파게티 면은 소금을 넣은 끓는 물에 11분 동안 익힌 다음 미지근해질 때까지 식혀야 몰드에 잘 달라붙습니다.

10.

틀에 채우기

1 닭고기 파르스를 짤주머니에 넣고 스파게티 면과 면 사이의 간격을 메우면서 얇게 짠다. **2** 반구 2개 중 1개의 반구에만 25g의 송아지 흉선 필링을 채운다(반구 2개 1세트).

11.

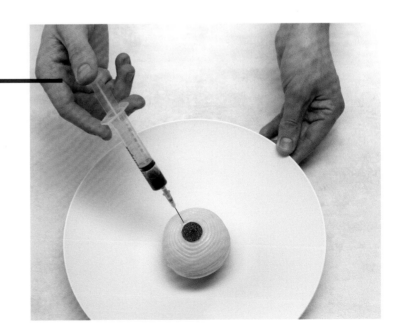

1 2개의 반구를 합쳐 공 모양으로 만든 다음 랩으로 촘촘하게 여러 번 감싼다. **2** 찜기에 넣고 12분 동안 증기로 익힌다. **3** 찜기에서 꺼내 랩을 제거한다. **4** 주사기를 이용해 08의 송아지 육수 크림을 공 모양 스파게티에 주사한다. **5** 접시 가운데에 공 모양 스파게티를 놓고 허브유와 커피유를 접시에 뿌려서 완성한다.

중급 레시피

토마토 리소토
Risotto à la tomate

4인분

준비 ◦ **10분**
조리 ◦ **45분**

도구

명주실
체
소퇴즈 [곡선형 프라이팬]

토마토 퐁뒤
Fondue de tomates

방울토마토 ◦ **1.2kg**
마늘 ◦ **1쪽**
양파 ◦ **40g**
타임 ◦ **적당량**
올리브유 ◦ **적당량**
올드 빈티지 와인 식초 [바롤로] ◦ **적당량**
후추 ◦ **적당량**
가는소금 ◦ **적당량**
설탕 ◦ **적당량**

리소토
Risotto

리소토 전용 쌀 ◦ **180g**
채소 부이용 ◦ **2ℓ** [p.528 참고]
버터 ◦ **80g**
양파 ◦ **40g**
파마산 치즈 ◦ **40g**
올리브유 ◦ **3큰술**
드라이 화이트와인 ◦ **80㎖**
가는소금 ◦ **적당량**

파마산 튀일
Tuiles au parmesan

파마산 치즈 ◦ **40g**

플레이팅
Dressage

올리브유 ◦ **적당량**
타임 [줄기째] ◦ **적당량**
에스플레트 고춧가루 ◦ **1꼬집**

01.

토마토 퐁뒤

1 방울토마토는 깨끗이 씻고 껍질을 벗겨 씨를 제거한다. **2** 마늘은 껍질을 벗기고 심을 제거한 다음 으깬다. **3** 양파는 껍질을 벗기고 작은 정사각형으로 자른다. **4** 명주실로 타임 4~5줄기를 묶는다. **5** 냄비에 올리브유 1큰술을 두르고 손질한 양파와 마늘을 넣어 1분 동안 볶은 다음 토마토, 타임, 후추, 소금 1꼬집, 설탕 1꼬집을 넣는다. **6** 뚜껑을 덮은 채 약불에서 20분 동안 익히면서 가끔씩 저어준다.

———

토마토를 익히는 동안엔 뚜껑을 덮으세요. 유산지를 뚜껑처럼 토마토에 직접 덮는 방법도 있습니다. 수분이 증발하면 유산지는 걷어주세요.

02.

리소토

1 부이용을 끓인다. **2** 버터를 작은 조각으로 자른다. **3** 양파는 껍질을 벗겨 작은 정사각형으로 자른다. **4** 파마산 치즈를 곱게 갈아 40g은 플레이팅에 사용하고 40g은 체에 걸러 튀일에 사용한다.

03.

1 소퇴즈에 ⅓ 분량의 버터와 올리브유 1큰술을 두르고 1분 동안 약불에 올린다. **2** 양파를 넣고 색이 나지 않도록 천천히 볶는다. **3** 중불로 바꾼 다음 쌀을 넣고 소금 간을 약하게 한다. **4** 쌀에 지방 성분이 골고루 입혀지도록 잘 저으면서 반짝거리며 투명한 상태가 될 때까지 2분 동안 볶는다. **5** 화이트와인을 붓고 증발시켜 졸인다.

———

반드시 나무주걱이나 플라스틱 주걱으로 쌀을 저어야 쌀알이 깨지지 않아요.

1 뜨거운 부이용을 쌀 높이까지 붓고 10분 동안 끊임없이 저어준다. **2** 토마토 퐁뒤의 절반을 붓고 다시 10분 동안 끓이면서 계속 저어준다. **3** 액체가 쌀에 거의 다 흡수되면 다시 부이용을 쌀 높이까지 붓는다. 쌀은 항상 촉촉한 상태로 있어야 한다. **4** 불에서 내리고 올리브유 2큰술과 나머지 버터를 넣는다. **5** 파마산 치즈를 넣어 농도를 진하게 만든다. **6** 올드 빈티지 와인 식초를 약간 넣고 잘 섞은 다음 마지막으로 간을 본다.

———

쌀을 넣고 리소토가 익기 시작할 때부터 멈추지 말고 계속 저어줘야 합니다. 쌀이 잘 익었는지 먹어보거나 반으로 쪼개서 확인하세요. 쌀알에 하얀 심이 약간 남아 있어야 합니다.

04.

05.

파마산 튀일

1 뜨거운 코팅 프라이팬에 모양커터를 놓고 그 안에 튀일에 사용하기 위해 02에서 갈아놓은 파마산 치즈를 뿌린 다음 모양커터를 걷어내고 스패튤러로 가장자리를 정리한다. **2** 파마산 튀일의 색이 흰색에서 갈색으로 바뀌면 불에서 내린 다음 제과용 밀대로 밀어 펴고 1분 동안 식혀 굳힌다. **3** 파마산 치즈가 소진될 때까지 같은 방식으로 튀일을 만든다.

06.

플레이팅

1 접시 위에 원형틀을 놓고 그 안에 리소토와 토마토 퐁뒤를 번갈아 깐다. **2** 올리브유를 뿌리고 타임과 파마산 튀일 1개를 올려 장식한다. **3** 파마산 치즈와 에스플레트 고춧가루를 뿌려 마무리한다.

중 급 레 시 피

호박과 바삭한 삼겹살을 곁들인 리소토
Risotto au potiron et lard croustillant

4인분

준비 ◦ **20분**
조리 ◦ **40분**

도구

슬라이스용 칼
소퇴즈 (곡선형 프라이팬)
모양커터

리소토
Risotto

리소토 전용 쌀 ◦ **180g**
채소 부이용 ◦ **2ℓ** (p.528 참고)
버터 ◦ **80g**
파마산 치즈 ◦ **80g**
양파 ◦ **40g**
포티롱 호박 또는
땅콩호박 (버터넛 스쿼시) ◦ **250g**
올리브유 ◦ **1큰술**
드라이 화이트와인 ◦ **80㎖**
올드 빈티지 와인 식초 ◦ **적당량**
가는소금 ◦ **적당량**
후추 ◦ **적당량**

바삭한 삼겹살
Lard croustillant

얇게 썬 말린 염장 삼겹살 (후추 양념) ◦ **8장**

플레이팅
Dressage

타임 ◦ **1줄기**
마늘 ◦ **1쪽**
송아지 육수 또는
송아지 육수 또는 소고기 육수 ◦ **적당량**
(p.548 또는 p.549 참고)
올리브유 ◦ **2큰술**

01.

리소토

1 부이용을 끓인다. **2** 버터는 작게 자르고 파마산 치즈는 곱게 간다. **3** 양파는 껍질을 벗기고 뿌리 부분을 그대로 둔 채 세로 방향으로 얇게 칼집을 내고, 가로 방향으로 3번 정도 잘라 작은 정사각형으로 만든다. **4** 호박은 슬라이스 칼을 이용해 껍질을 벗기고 세로 방향으로 슬라이스 한 다음 작은 직사각형으로 자르고 다시 작은 정사각형으로 자른다. **5** 마무리에 사용할 호박 50g은 따로 보관한다.

1 소퇴즈에 ⅓ 분량의 버터와 올리브유 1큰술을 두르고 1분 동안 약불에 올린다. **2** 양파를 넣고 색이 나지 않도록 천천히 볶는다. **3** 호박을 넣고 1분 동안 볶는다. **4** 재료에 지방 성분이 골고루 입혀지도록 잘 섞는다.

02.

03.

1 중불로 바꾼 다음 쌀을 넣고 소금 간을 약하게 한다. **2** 쌀에 지방 성분이 골고루 입혀지도록 잘 저으면서 반짝거리고 투명한 상태가 될 때까지 2분 동안 볶는다. **3** 화이트와인을 붓고 증발시켜 졸인다.

화이트와인을 졸이면 맛은 그대로 남아 있으면서 신맛만 날아가게 됩니다. 레드와인이나 샴페인도 가능합니다.

바삭한 삼겹살

1 오븐을 150℃로 예열한다. **2** 오븐팬에 실리콘매트를 깔고 말린 염장 삼겹살을 올린 다음 오븐에 넣어 15분 동안 굽는다.

04.

05.

1 뜨거운 부이용을 쌀 높이까지 붓고 18~20분 동안 끓임없이 저어준다. **2** 부이용이 쌀에 거의 다 흡수되면 다시 부이용을 쌀 높이까지 붓는다. 쌀은 항상 촉촉한 상태로 있어야 한다. **3** 불에서 내리고 나머지 버터를 넣는다. **4** 파마산 치즈를 넣어 농도를 진하게 만든다. **5** 올드 빈티지 와인 식초를 약간 넣고 잘 섞은 다음 마지막으로 간을 본다.

―――

쌀이 잘 익었는지 먹어보거나 반으로 쪼개서 확인하세요. 쌀알에 하얀 심이 남아 있어야 합니다.

플레이팅

1 아주 바삭해진 삼겹살을 오븐에서 꺼내 키친타월로 기름을 제거한다. **2** 올리브유 2큰술을 두른 프라이팬에 01에서 따로 보관한 50g의 호박, 타임, 껍질째 으깬 마늘을 넣고 4분 동안 볶는다. **3** 접시 위에 모양커터를 놓고 숟가락으로 리소토를 평평하게 채운 다음 볶은 호박을 올리고 바삭한 삼겹살을 볼륨감 있게 놓는다. **4** 송아지 육수를 뿌려 먹는다.

―――

말린 염장 삼겹살 대신에 오리 가슴살(푸아그라를 생산한 오리의 가슴살)이나 하몬으로 대체할 수 있습니다. 호박도 토마토를 작은 정사각형으로 잘라 토마토 페이스트와 섞어서 대체할 수 있고, 아티초크나 양송이버섯으로도 대체 가능합니다.

06.

고 급 레 시 피

그린아스파라거스 리소토
Risotto aux asperges vertes

4인분

준비 ○ 20분
조리 ○ 30분

도구

만돌린 채칼
주물냄비
소퇴즈 (곡선형 프라이팬)

소믈리에 추천 와인

알자스산(産) 드라이 화이트와인 : 리슬링
Riesling

리소토
Risotto

카르나롤리* 쌀 ○ 240g
작은 양파 ○ 1개
버터 ○ 60g
드라이 화이트와인 ○ 40㎖
닭 뼈 육수 ○ 1ℓ (p.545 참고)
곱게 간 파마산 치즈 ○ 50g
레몬즙 ○ ½개 분량
소금 ○ 적당량
후추 ○ 적당량

아스파라거스
Asperges

그린아스파라거스 ○ 20개
닭 뼈 육수 ○ 200㎖ (p.545 참고)
버터 ○ 20g
올리브유 ○ 2큰술
소금 ○ 적당량
통후추 ○ 적당량

* 카르나롤리(carnaroli) : 주로 이탈리아 북부의
롬바르디아 지방에서 생산하는 쌀의 일종으로
리소토에 적합하다.

01.

아스파라거스 손질하기

1 아스파라거스는 섬유질이 많은 밑부분을 잘라내고 표면에 붙어있는 삼각형 모양의 껍질을 벗겨낸 다음 깨끗이 씻어 물기를 제거한다. **2** 만돌린 채칼로 아스파라거스 4개를 얇게 썰어 따로 보관한다.

———

야생아스파라거스나 퍼플아스파라거스로 대체해 만들 수 있습니다.

02.

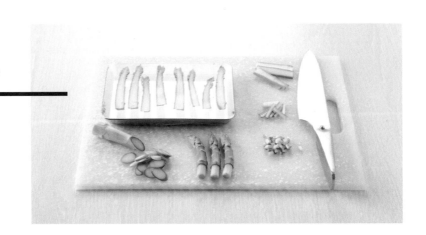

1 나머지 아스파라거스 16개는 머리 부분부터 6cm 길이로 자르고, 자른 끝부분의 녹색 껍질을 2cm까지 얇게 벗긴다. **2** 잘라낸 밑부분은 가로로 2등분한 다음 밑부분의 위쪽은 2mm 두께로 어슷하게 썰고, 아랫부분은 작은 정사각형으로 자른다.

03.

아스파라거스 익히기

1 닭 뼈 육수를 끓인다. **2** 충분한 크기의 주물 냄비에 올리브유를 두른 다음 아스파라거스 머리 부분 16개를 펼쳐넣고 2분 정도 색이 나지 않을 정도로 볶아 가볍게 소금 간을 한다. **3** 닭 뼈 육수 150㎖를 붓고 6분 동안 익히면서 조금씩 닭 뼈 육수를 추가로 넣는다. **4** 부드러운 상태가 될 때까지 아스파라거스를 익히고 남은 육수는 졸인다.

04.

1 올리브유를 두른 냄비에 어슷하게 썬 아스파라거스를 넣고 1분 동안 볶는다. **2** 닭 뼈 육수 2큰술을 넣어 1분 동안 더 익힌다.

05.

리소토

1 양파는 껍질을 벗기고 작은 정사각형으로 자른다. **2** 소퇴즈를 약불에 올리고 버터 10g을 넣은 다음 양파를 넣고 2분 동안 색이 나지 않게 볶는다. **3** 쌀을 넣고 가볍게 소금 간을 한 다음 반투명해질 때까지 익힌다. **4** 화이트와인을 넣어 데글라세(p.567 참고)하고 졸인다. **5** 닭 뼈 육수를 적당히 붓고 쌀에 흡수되는 대로 다시 부으면서 약 9~10분 동안 익힌다. **6** 작은 정사각형의 아스파라거스를 넣고 다시 9~10분 동안 익힌다.

06.

1 주물냄비를 불에서 내리고 나머지 버터와 곱게 간 파마산 치즈를 넣는다. 리소토는 탄력이 있고 부드러운 식감이 되어야 한다. **2** 소금, 후추로 간을 한다. **3** 레몬즙을 넣어 마무리한다. **4** 아스파라거스를 익힌 육수에 버터 20g, 올리브유, 레몬즙을 넣어 농도를 진하게 하고 통후추를 갈아 넣는다. **5** 오목한 접시에 리소토를 소복하게 담고 그 위에 아스파라거스 머리 부분 5개와 01에서 얇게 썬 아스파라거스를 얹고 레몬즙이 들어간 아스파라거스 육수 1큰술을 넣어 완성한다.

ALAIN DUCASSE

알 랭 뒤 카 스

요리는 우연한 만남에 의해 이루어집니다.

저의 경우는 수십 년간 경력을 쌓으면서 많은 결정적인 만남이 있었습니다.

미셸 게라르, 로제 베르제, 가스통 르노트르와의 만남이 그러했고,

알랭 샤펠과의 만남은 더욱 특별했습니다. 한참 후 폴 보퀴즈를 만나게 되었고,

다른 명성 있는 분들 혹은 그렇지 않은 분들도요……

프랑스뿐만 아니라 세계 각지에서 만남이 있었습니다. 지중해 태생의

열정 있는 셰프인 프랑크 체루티와의 만남도 그런 중요한 만남 중 하나였습니다.

그가 피렌체에서 돌아와 저의 루이 캉즈(Louis XV) 레스토랑의 부주방장이 되었을 때

그는 이탈리아 요리에 심취해 있었죠. 이 리소토는 그의 영향을 다분히 받았습니다.

오트-로제르산(産) 포르치니버섯 리소토
Risotto aux cèpes de Haute-Lozère, jus d'un rôti

4인분

준비 ◦ 15분
조리 ◦ 1시간 10분

도구

붓
주물냄비
소트와르 (프라이팬)

소믈리에 추천 와인

보르도산(産) 레드와인 : 포메롤
Pomerol

포르치니버섯 볶기
Cèpes poêlés

포르치니버섯 ◦ 12개 (개당 50g)
오리기름 ◦ 500g
타임 ◦ 1줄기
마늘 ◦ 5쪽

말린 염장 삼겹살 ◦ 40g
통후추 ◦ 적당량
버터 ◦ 20g
올리브유 ◦ 50㎖
굵은소금 ◦ 적당량

파마산 당텔
Dentelles de parmesan

곱게 간 파마산 치즈 ◦ 100g
밀가루 ◦ 10g

쌀 익히기
Préparation du riz

아르보리오* 쌀 ○ 200g
올리브유(볶음용) ○ 50㎖
작은 양파 ○ 1개(50g)
드라이 화이트와인 ○ 60㎖
닭 뼈 육수 ○ 1ℓ

파마산 치즈 ○ 60g
버터 ○ 30g
올리브유(간하기 용) ○ 50㎖
소고기 로스팅 육수 ○ 100㎖ (p.551 참고)
플뢰르 드 셀 ○ 적당량

* 아르보리오 (Arborio) : 주로 이탈리아의
피에몬테에서 생산하는 쌀의 일종으로
리소토에 적합하다.

01.

포르치니버섯 볶기

1 포르치니버섯은 밑부분을 떼어내고 붓으로 문질러 소량의 미지근한 물에 씻은 다음 키친타월로 물기를 제거한다. **2** 손질하고 남은 자투리 부분은 작은 정사각형으로 잘라 쌀을 익힐 때 사용한다. **3** 손질한 포르치니버섯 4개를 골라 얇게 슬라이스해 따로 보관한다.

———

해면질인 포르치니버섯은 수분을 잘 빨아들이기 때문에 소량의 물로 씻습니다.

02.

1 주물냄비에 오리기름을 넣고 녹인 다음 타임과 으깬 마늘 2쪽을 넣고 포르치니버섯 8개를 서로 지탱할 수 있게 세워 넣는다. **2** 약불에서 30분 동안 지방 성분을 이용해 익히고 불에서 내려 10분 동안 휴지시킨다. **3** 오리기름에서 포르치니버섯을 조심스럽게 꺼내고 그릴에 올려 과도한 기름을 제거한다.

03.

파마산 당텔

1 포르치니버섯을 익히는 동안 밀가루와 파마산 치즈를 섞어 프라이팬에 뿌린다. **2** 하얗고 바삭거리는 올이 굵은 레이스 모양(dentelle)이 될 때까지 굽는다.

쌀 익히기

1 주물냄비에 올리브유를 두른다. **2** 양파를 작은 정사각형으로 자르고, 01의 작은 정사각형 포르치니버섯과 함께 주물냄비에 넣어 볶는다. **3** 쌀을 넣고 2분 동안 반투명하게 익힌다. **4** 화이트와인을 넣고 졸인다. **5** 닭 뼈 육수를 쌀 높이까지 붓고 약 18분 동안 불을 줄여가면서 익힌다. 이때 닭 뼈 육수(p.545 참고)를 주기적으로 조금씩 넣는다. **6** 곱게 간 파마산 치즈와 버터를 넣어 농도를 진하게 하고 올리브유를 넣어 윤기가 흐르게 한다.

———

닭 뼈 육수는 쌀에 넣을 때 따뜻한 상태여야 합니다. 그렇지 않으면 쌀이 천천히 익습니다. 쌀을 저을 때는 같은 방향으로 3회 젓고 반대 방향으로 1회 저어서 골고루 익힙니다. 이 방법은 쌀에 적당한 충격을 주어 전분을 풀어내게 하기 때문에 멈추지 않고 젓는 것이 중요합니다.

04.

1 02에서 익힌 포르치니버섯을 고르게 슬라이스 한다. **2** 소트와르에 올리브유를 두르고 불에 달군 다음 슬라이스 한 버섯, 삼겹살, 버터, 마늘을 넣고 색이 날 때까지 굽는다. **3** 간을 한다.

05.

마무리와 플레이팅

1 평평한 접시에 숟가락을 이용해 리소토를 담는다. **2** 리소토 위에 색을 낸 포르치니버섯과 익히지 않은 포르치니버섯을 번갈아 겹쳐 올린다. **3** 파마산 당텔로 장식하고 따뜻한 소고기 로스팅 육수를 붓는다.

06.

초 급   레 시 피

강한 맛의 치즈를 아주 얇게 덮은 가볍고 부드러운 타르트!
호두가 든 샐러드와 같이 드세요.

마르왈 치즈를 곁들인 플라미슈*
Flamiche au maroilles

8인분

준비 ◦ 30분
조리 ◦ 30분
휴지 ◦ 1시간 30분

도구

붓

* 플라미슈(flamiche) : 벨기에 또는
  프랑스 북부 지방의 전통 타르트

타르트 반죽
Pâte à tarte

버터 ◦ 25g
우유 ◦ 60㎖
제빵용 이스트 ◦ 20g
밀가루 ◦ 200g
가는 소금 ◦ 4g
달걀 ◦ 1개
블론드 맥주 ◦ 30㎖

가니시
Garniture

마르왈 치즈* ◦ 500g
생크림(crème fraîche) ◦ 100g
통후추 ◦ 적당량

* 마르왈 치즈(maroilles) : 프랑스 아르투아
  플랑드르 (artois flandres) 지역에서 생산하는
  향이 강한 치즈

01.

타르트 반죽

1 전자레인지에 버터를 녹여 붓으로 타르트 틀에 바르고 냉장 보관한다. **2** 미지근하게 데운 우유에 이스트를 넣고 녹인다. **3** 볼에 밀가루, 소금을 넣고 섞은 다음 가운데에 홈을 판다. **4** 홈 부분에 달걀, 우유에 녹인 이스트, 맥주를 넣고 잘 섞는다.

02.

1 밀가루를 조금씩 넣으면서 부드러운 반죽이 되도록 잘 섞은 다음 타르트 틀에 평평하게 깐다. **2** 2배 크기가 될 때까지 1시간 30분 동안 실온에서 휴지시킨다.

가니시

1 오븐을 180℃로 예열한다. **2** 마르왈 치즈를 5㎜ 두께로 잘라 타르트 반죽 표면을 덮는다. **3** 오븐에 넣고 25~30분 동안 굽는다. **4** 타르트 표면에 생크림을 붓고 후추 간을 해 마무리한다.

———

생크림으로 인해 마르왈 치즈의 강한 맛은 연해지고 반면 부드러움은 증가합니다. 마르왈 치즈는 굽거나 볶은 과일, 예를 들어 사과, 배와 최상의 궁합을 자랑합니다.

03.

초 급   레 시 피

생선 퓌메를 기본으로 한 소스와 잘 어울리는 따뜻하고 맛있는 타르트입니다.
홍합이나 새우 등의 다른 해산물이나 생선으로 대체해도 좋습니다.

연어 커리 키슈
Quiche au saumon et curry

8인분

준비 ◦ 30분
조리 ◦ 45분
휴지 ◦ 10분

도구

요리용 냄비
생선 집게

구운 브리제 반죽 ◦ **1개** (p.538 참고)

가니시
Garniture

껍질 제거한 연어 필레 ◦ **500g**
대파 ◦ **500g**
버터 ◦ **50g**
가는소금 ◦ **적당량**
커리파우더 ◦ **적당량**

크렘 프리즈
Crème prise

달걀 ◦ **4개**
생크림 (crème liquide entière) ◦ **400g**
소금 ◦ **적당량**
커리파우더 ◦ **적당량**

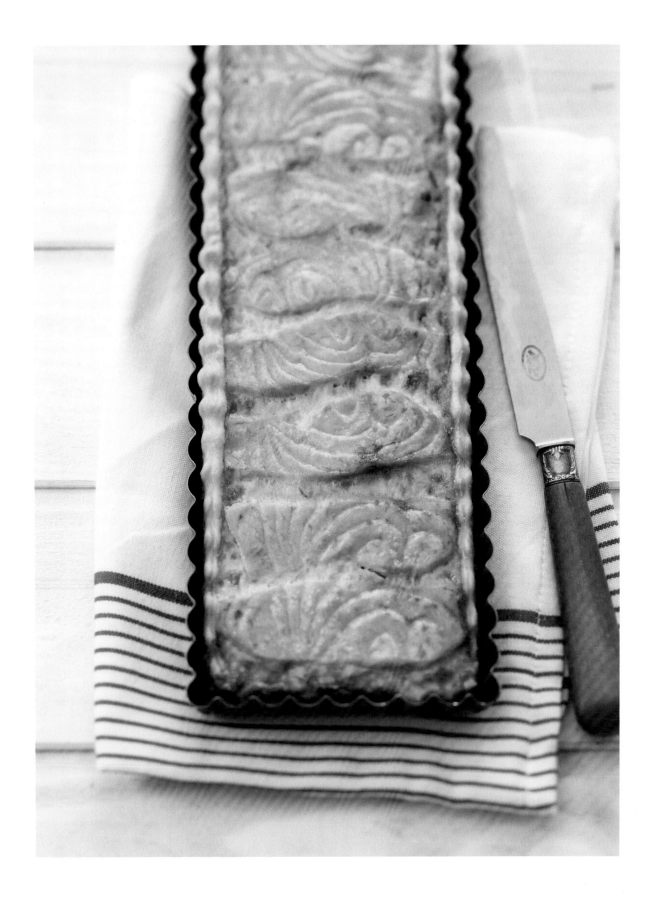

가니시

1 대파는 길이 방향으로 반으로 갈라 깨끗하게 씻고 진한 녹색 부분을 제거한 다음 두툼하게 자른다. **2** 뚜껑이 있는 넉넉한 크기의 요리용 냄비에 자른 대파, 버터, 물 50㎖를 넣고 15분 동안 천천히 익힌다. **3** 소금, 커리파우더로 간을 하고 균일하게 익었는지 확인한다.

01.

02.

1 연어는 생선 집게를 이용해 가시를 제거하고, 약 1㎝ 두께가 되도록 가로 방향으로 자른다. **2** 연어 뱃살의 갈색 부분을 조심스럽게 잘라내고 모든 면에 소금 간을 한다.

1 대파가 충분히 익었으면 연어를 대파 위에 가지런히 올리고 뚜껑을 덮어 5분 동안 익힌다. **2** 잘 익은 연어를 접시에 옮겨 담는다.

03.

04.

연어는 건져내고 연어를 익히면서 나온
육수는 충분히 졸여 식힌다.

05.

크렘 프리즈

1 오븐을 180℃로 예열한다. **2** 거품기로 푼 달걀
에 생크림을 넣고 소금과 커리파우더로 간을 한
다음 섞는다. **3** 대파가 담긴 요리용 냄비에 절반
을 붓는다.

06.

1 브리제 반죽을 두른 타르트 틀에 대파로 만든 가니시를
골고루 채운다. **2** 대파 위에 연어를 가지런히 놓고, 남은
절반의 크렘 프리즈를 붓는다. **3** 오븐에 넣고 액체가 응
고될 때까지 25분 동안 익힌다. **4** 타르트의 크렘 프리즈
가 단단하게 익었는지 확인한 다음 오븐에서 꺼내 10분
정도 휴지시키고 먹는다.

연어는 너무 많이 익히면 안 됩니다. 차라리 하얗게 반
투명한 상태가 되는 것이 더 좋습니다.

초급 레시피

풍성한 향과 식감을 가진 가을의 맛!
호두유로 만든 비네그레트를 넣은 샐러드와 곁들이면 아주 환상적이랍니다.

키슈 포레스티에르
Quiche forestière

8인분

준비 ○ 15분
조리 ○ 45분
휴지 ○ 10분

도구

작은 붓

구운 브리제 반죽 ○ 1개(p.538 참고)

포레스티에르 가니시
Garniture forestière

포르치니버섯 ○ 250g
꾀꼬리버섯 ○ 250g
느타리버섯 ○ 250g
나팔버섯 ○ 250g
양파 ○ 100g
차이브 ○ ½단
버터 ○ 100g
소금 ○ 적당량
후추 ○ 적당량

크렘 프리즈
Crème prise

달걀 ○ 3개
우유 ○ 200㎖
생크림(crème fraîche) ○ 200g
소금 ○ 적당량
후추 ○ 적당량

01.

포레스티에르 가니시

1 버섯은 작은 붓으로 불순물을 털어내고 흐르는 물에 씻은 다음 물기를 완전히 제거한다. **2** 크기가 큰 버섯은 섞었을 때 비슷한 크기가 되도록 미리 잘라둔다.

02.

1 양파는 껍질을 벗겨 작은 정사각형으로 자르고 차이브는 곱게 다진다. **2** 달군 프라이팬에 버터를 녹이고 양파를 볶는다.

1 볶은 양파가 담긴 프라이팬에 버섯을 넣고 강불에 볶는다. 이때 양이 많으면 여러 번에 나누어 볶는다. **2** 캐러멜색이 되면 소금, 후추로 간을 하고 다진 차이브를 넣는다.

03.

04.

크렘 프리즈

거품기로 충분히 푼 달걀에 우유, 생크림을
넣고 간을 한다.

05.

1 버섯이 담긴 프라이팬에 크렘 프리
즈를 약간 넣고 섞는다. **2** 미리 구운
브리제 반죽에 ①을 넣고 골고루 편다.

06.

1 남은 크렘 프리즈를 모두 붓고 오븐
에서 25분 동안 익힌다. **2** 단단하게
익었는지 확인한 다음 오븐에서 꺼내
10분 정도 휴지시키고 먹는다.

신선한 버섯을 사용하는 것이 가장
좋지만 냉동 버섯이나 말린 버섯으
로도 대체가 가능합니다. 양송이버
섯을 사용해도 괜찮습니다.

초 급 레 시 피

식감과 색감 그리고 맛의 대비…….
강한 맛과 단맛의 조합은 취향에 맞게 조절하세요.

당근, 양파, 머스터드 타르트
Tarte carotte et oignon doux, moutarde

8인분

준비 ○ 30분
조리 ○ 1시간 10분

도구

소트와르 [프라이팬]
제과용 붓

구운 브리제 반죽 ○ 1개 (p.538 참고)

가니시
Garniture

양파 ○ 600g
버터 ○ 50g
디종 머스터드 ○ 5g
씨겨자 ○ 5g
노른자 ○ 1개
달걀 ○ 1개
생크림 (crème fraîche) ○ 250㎖
가는소금 ○ **적당량**
후추 ○ **적당량**

마무리
Finition

당근 ○ 400g
신선한 올리브유 ○ 40㎖
파마산 치즈 슬라이스 ○ **적당량**
통후추 ○ **적당량**

01.

가니시

1 양파는 껍질을 벗기고 깨끗이 씻어 얇게 슬라이스 한다. **2** 버터를 두른 소트와르에 양파를 넣고 볶은 다음 간을 한다.

02.

약 30분 동안 약불에서 익히고, 씨겨자와 디종 머스터드를 취향에 맞게 넣는다.

03.

1 볼에 노른자와 달걀을 넣고 거품기로 푼 다음 생크림을 넣고 간을 한다. **2** 양파가 담긴 소트와르에 넣고 섞은 다음 입맛에 맞게 간을 한다.

1 오븐을 180℃로 예열한다. **2** 03의 가니시를 미리 구워 둔 브리제 반죽의 ⅔ 높이까지 넣고 펼친다. **3** 오븐에 넣고 30분 동안 익힌다. **4** 반죽과 필링이 잘 익었는지 확인한 다음 오븐에서 꺼낸다.

04.

05.

마무리

1 당근을 얇게 어슷 썬 다음 증기로 찌거나 소금물에 4~5분 동안 삶는다. **2** 건져서 물기를 제거한다.

당근을 또렷한 색감으로 만들려면 탄산수소염 1큰술을 넣은 끓는 물에 당근을 담가 익힌 다음 바로 찬물에 넣어 식힙니다. 슬라이스 한 당근을 찬물에서 꺼내 건조시킬 때는 매우 조심스럽게 다루어야 합니다.

06.

1 타르트 위에 당근을 동심원 모양으로 채운다. **2** 붓에 올리브유를 묻혀 당근 표면에 칠한다. **3** 먹기 직전에 다시 데우고 얇은 파마산 치즈 조각을 올린다. **4** 통후추로 간을 한다.

초 급 레 시 피

햇볕을 충분히 받고 자란 채소와 파마산 치즈로 덮은
아주 바삭하고 보슬보슬한 타르트.

라타투이 파마산 치즈 타르트
Tarte fine ratatouille et parmesan

8인분

준비 ○ 30분
조리 ○ 45분

도구

소트와르[프라이팬]
빵칼

퓌이테 반죽 ○ **1개** (p.536 참고)

토마토 콩카세
Concassée de tomates

토마토 ○ **600g**
큰 양파 ○ **1개**
올리브유 ○ **30㎖**
마늘 ○ **3쪽**
부케 가르니 ○ **1개** (p.529 참고)
소금 ○ **적당량**
설탕 ○ **적당량**
에스플레트 고춧가루 ○ **적당량**

라타투이
Ratatouille

황피망 ○ **1개**
홍피망 ○ **1개**
작은 가지 ○ **1개**
주키니호박 ○ **½개**
올리브유 ○ **100㎖**

마무리
Finition

곱게 간 파마산 치즈 ○ **100g**
프로방스 허브 ○ **적당량**

01.

1 오븐을 180℃로 예열한다. **2** 푀이테 반죽을 원형으로 얇게 밀어 편다. **3** 포크로 반죽 곳곳을 가볍게 찔러 구멍을 낸다. **4** 유산지를 깐 제과용 팬 2장 사이에 반죽을 넣고 오븐에서 35분 동안 굽는다. **5** 반죽이 부풀어 오르는 부분은 터트려 얇고 바삭한 형태로 만든다.

02.

토마토 콩카세

1 냄비에 물을 넣고 끓인다. **2** 토마토의 꼭지를 딴다. **3** 물이 끓으면 토마토를 몇 초 동안 담갔다가 꺼내어 얼음물에 담근다. **4** 토마토가 식으면 물기를 제거하고 껍질을 벗긴다.

1 토마토를 2등분해 씨를 파낸 다음 과육을 작은 정사각형으로 자른다. **2** 양파를 작은 정사각형으로 자른다. **3** 마늘은 으깬다.

03.

04.

1 올리브유를 두른 소트와르에 양파를 볶은 다음 토마토, 으깬 마늘, 부케 가르니를 넣고 소금과 설탕으로 간을 한다. **2** 뚜껑을 덮고 약불에서 천천히 익힌다. **3** 토마토 과육이 완전히 익으면 뚜껑을 열고 채소의 수분이 증발하도록 천천히 익힌다.

05.

라타투이

1 모든 채소를 깨끗이 씻고 씨를 제거한 다음 5㎜ 크기의 정사각형으로 자른다. **2** 올리브유를 두른 프라이팬에 각각 볶는다. **3** 소금과 에스플레트 고춧가루로 간을 한다. **4** 다 볶은 채소를 한데 모아 다시 간을 본다.

―――

피망은 끓는 물에 담갔다 꺼내 껍질을 벗기는 것이 좋습니다. 피망을 익힌 다음 공기가 통하지 않도록 랩에 싸 부드러워지면 긁어서 껍질을 제거합니다.

06.

마무리

1 오븐 온도를 150℃로 낮춘다. **2** 원형 판 위에 푀이테 반죽을 놓고 빵칼을 이용해 원형으로 자른다. **3** 푀이테 반죽 위에 토마토 콩카세, 라타투이를 차례로 골고루 펼친다. **4** 곱게 간 파마산 치즈, 프로방스 허브를 뿌린다. **5** 오븐에 넣고 10분 동안 데워 먹는다.

초 급   레 시 피

바삭한 식감을 내기 위한 아주 얇은 빵 반죽, 부드러운 식감을 내기 위해
큐민으로 맛을 낸 크림, 그리고 플랑베 타르트에서 빠질 수 없는
라르동*과 양파 슬라이스를 곁들인 제품입니다.

큐민 크림을 곁들인 플랑베 타르트
Tarte flambée crème au cumin

4인분

준비 ○ 20분
조리 ○ 15분
휴지 ○ 2시간 30분

도구

스탠드믹서
제과용 밀대

* 라르동(lardon) : 손가락 마디 크기로 자른 삼겹살
  또는 베이컨 조각

유채유를 넣은 빵 반죽
Pâte à pain à l'huile de colza

물 ○ 120g
밀가루 ○ 200g
덧가루용 밀가루 ○ 100g
가는소금 ○ 4g
제빵용 이스트 ○ 8g
유채유 ○ 30㎖

가니시
Garniture

양파 ○ 400g
훈제 베이컨 ○ 250g
알자스산(産) 화이트와인 ○ 50㎖

큐민 크림
Crème au cumin

생그림(crème fraîche) ○ 100g
프로마주 블랑 ○ 100g
큐민가루 ○ ½작은술
소금 ○ 적당량
후추 ○ 적당량

01.

유채유를 넣은 빵 반죽

1 물에 이스트를 풀어 녹인다. **2** 믹서볼에 밀가루와 소금을 넣고 후크를 끼운 스탠드믹서로 섞는다. **3** ②에 물에 녹인 이스트와 유채유를 넣는다. **4** 저속에서 중속으로 높여 한 덩어리로 탄력있게 뭉쳐질 때까지 반죽한다. **5** 믹서볼에서 꺼내 볼에 넣고 2배 크기가 될 때까지 실온에서 1시간 동안 발효시킨다.

02.

1 덧가루를 뿌린 작업대 위에서 발효시킨 반죽을 손으로 눌러 가스를 뺀다. **2** 부드럽고 둥글게 모양을 잡고 다시 2배 크기가 될 때까지 1시간 30분 동안 발효시킨다.

03.

가니시

1 양파는 껍질을 벗기고 얇게 슬라이스 한다. **2** 훈제 베이컨은 표면의 비계를 얇게 벗기고 작은 직사각형 모양으로 자른다. **3** 코팅 프라이팬에 자른 훈제 베이컨을 볶고 슬라이스 한 양파를 넣어 몇 분 동안 볶는다.

04.

1 화이트와인을 넣고 데글라세(p.567 참고) 한다. **2** 와인이 증발할 때까지 천천히 익힌다. 양파는 여전히 투명해야 한다.

05.

1 오븐을 240℃로 예열한다. **2** 작업대 위에서 반죽을 손바닥으로 평평하게 펴 아주 얇은 원형으로 만든다. **3** 유산지를 깐 팬에 반죽을 놓고 손가락 끝을 이용해 반죽 가장자리를 1㎝ 정도 안으로 접는다.

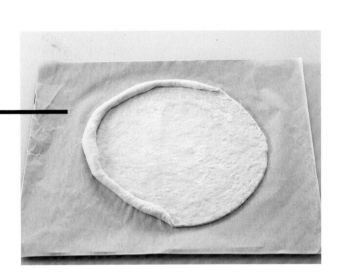

06.

큐민 크림과 플레이팅

1 볼에 생크림과 프로마주 블랑을 섞고 소금, 후추, 큐민가루로 간을 한다. **2** 반죽 바닥에 ①을 얇게 바른 다음 다시 04의 가니시를 골고루 올린다. **3** 오븐에서 10~15분 동안 굽는다.

저지방 크림이나 저지방 프로마주 블랑은 되도록 사용하지 않는 것이 좋습니다. 수분이 너무 많고 맛도 덜하거든요. 생크림에 옥수수전분을 넣어 농도를 되게 할 수도 있습니다.

초 급 레 시 피

맛과 색이 훌륭한 가을 타르트!

호박, 훈제 베이컨, 헤이즐넛 타르트
Tarte potiron lard et noisette

8인분

준비 ◦ 30분
조리 ◦ 45분
휴지 ◦ 10분

도구

핸드블렌더

구운 브리제 반죽 ◦ **1개** (p.538 참고)

가니시
Garniture

포티롱 호박 ◦ **1kg**
버터 ◦ **50g**
넛메그(육두구) ◦ **적당량**
생크림 (crème fraîche) ◦ **200g**
달걀 ◦ **3개**
가는소금 ◦ **적당량**

마무리
Finition

헤이즐넛 ◦ **50g**
훈제 베이컨 ◦ **8장**

01.

가니시

1 호박은 큼지막하게 썰어 껍질과 씨를 제거한다. **2** 호박을 다시 작은 정사각형으로 자른다. **3** 냄비에 버터를 두르고 호박을 넣은 다음 뚜껑을 덮고 호박이 충분히 익도록 10분 동안 볶는다. **4** 소금과 넛메그로 간을 한다.

———

가능하면 아주 노랗고 부드러운 홋카이도 호박을 사용하세요. 껍질을 벗길 필요가 없어 간편합니다.

02.

익힌 호박을 핸드블렌더로 곱게 갈아 퓌레로 만든다.

03.

마무리

헤이즐넛은 큼지막하게 다져놓는다.

04.

1 오븐을 180℃로 예열한다. **2** 훈제 베이컨은 연골 부위가 제거되었는지 확인한 다음 오븐이나 코팅 프라이팬에 바삭하게 굽는다. **3** 키친타월에 올려 기름기를 제거한다.

05.

1 호박 퓌레에 생크림과 달걀을 넣고 섞은 다음 간을 본다. **2** ①을 미리 구워둔 타르트 바닥에 붓고 바삭하게 구운 훈제 베이컨을 얹는다.

1 큼지막하게 다진 헤이즐넛을 뿌린다. **2** 오븐에 넣고 25~30분 동안 익힌다. **3** 크림이 단단하게 익었는지 확인하고 오븐에서 꺼내 10분 동안 휴지시킨 다음 먹는다.

06.

중 급 레 시 피

바삭거리는 둥근 반죽 위에 쌉쌀한 맛을 더해주는 엔다이브.
마르왈 크림치즈를 곁들이면 더욱 맛있답니다.

엔다이브와 치커리를 곁들인 타르트 앵베르세

Tarte renversée endives et chicorée

8인분

준비 ◦ 25분
조리 ◦ 1시간

도구

타르트 틀

퓌이테 반죽 ◦ 1kg (p.536 참고)

가니시
Garniture

엔다이브 ◦ 1kg
오렌지 ◦ 1개
버터 ◦ 100g
설탕 ◦ **적당량**
닭 뼈 육수 ◦ 500㎖ (p.545 참고)
치커리 액 ◦ **적당량**
버터 ◦ 50g

01.

가니시

1 오렌지는 제스트를 길게 벗기고 과육을 짜 즙을 만들어둔다. **2** 엔다이브는 뿌리 부분을 제거하고 길이 방향으로 2등분한다.

엔다이브의 뿌리 부분은 쓴맛이 나기 때문에 심을 제거해야 합니다. 오렌지나 레몬 등의 시트러스는 입맛에 따라 양을 조절해 전체적인 맛과 균형을 맞춥니다.

02.

1 넉넉한 크기의 프라이팬에 버터를 넣고 갈색이 될 때까지 녹인다. **2** 엔다이브의 평평한 면이 바닥에 가도록 놓고 강불에서 구워 색을 낸다. **3** 01에서 짠 오렌지즙으로 데글라세(p.567 참고) 하고 설탕을 골고루 뿌린다.

03.

1 엔다이브 절반이 잠길 만큼 닭 뼈 육수를 붓고 치커리에서 짜낸 액을 살짝 뿌려 천천히 졸인다. **2** 익히면서 생긴 육수를 완전히 증발시키고 엔다이브가 갈색이 되도록 익힌다.

04.

1 오븐을 210℃로 예열한다. **2** 푀이테 반죽을 얇게 편다. **3** 코팅된 타르트 틀에 버터를 바른다. **4** 03에서 익힌 엔다이브를 반으로 잘라 타르트 틀 바닥에 균일하게 깐다. **5** 엔다이브 위에 푀이테 반죽을 덮고 반죽 가장자리는 깔끔하게 안쪽으로 밀어 넣는다.

05.

1 칼끝으로 반죽을 골고루 찔러서 수분이 빠질 구멍을 만든다. **2** 오븐을 170℃로 낮추고 반죽에 색이 날 때까지 30~40분 동안 굽는다.

1 오렌지 제스트를 길고 얇게 자른다. **2** 냄비에 찬물을 끓여 오렌지 제스트를 넣는다. **3** 작은 물방울이 올라올 때까지 끓인 다음 제스트를 건져낸다. **4** 같은 작업을 총 3회 반복한다. **5** 구운 반죽을 조심스럽게 틀에서 뒤집어 꺼내고 먹기 직전 데친 오렌지 제스트를 골고루 뿌린다.

06.

마르왈 치즈 크림을 곁들이면 더욱 맛있습니다. 마르왈 치즈는 겉부분을 제거하고 작게 잘라 100㎖를 준비하세요. 200㎖의 생크림과 함께 냄비에 넣고 원하는 농도가 될 때까지 약불에서 졸인 다음 마지막으로 통후추를 갈아 넣으면 완성입니다.

중 급   레 시 피

여름의 미각을 돋우는 달고 짭짤한 타르트.
발사믹 식초를 넣은 루콜라 샐러드와 볶은 잣을 곁들여 보세요!

방울토마토와 페스토를 곁들인 타르트 타탱
Tarte tatin tomate cerise et pesto

8인분

준비 ○ 20분
조리 ○ 1시간

도구

소트와르[프라이팬]
타르트용 원형 팬
절구

퓌이테 반죽 ○ 1개(p.536 참고)

샬롯 퐁뒤
Fondue d'échalotes

샬롯 ○ 100g
버터 ○ 25g

가니시
Garniture

설탕 ○ 75g
버터 ○ 75g
방울토마토 ○ 500g

페스토
Pesto

마늘 ○ 2쪽
잣 ○ 10g
플뢰르 드 셀 ○ 2꼬집
바질 ○ 50g
곱게 간 파마산 치즈 ○ 80g
엑스트라 버진 올리브유 ○ 60㎖

마무리
Finition

파마산 치즈 ○ **적당량**
바질 ○ **적당량**

01.

샬롯 퐁뒤

1 샬롯은 껍질을 벗기고 얇게 슬라이스 한다. **2** 소트와르에 버터를 넣고 색이 나지 않도록 약불에서 녹인다. **3** 샬롯을 넣고 간을 한 다음 10분 동안 약불에서 완전히 익힌다.

02.

가니시

1 오븐을 200℃로 예열한다. **2** 타르트 팬 바닥에 설탕을 뿌리고 작게 자른 버터를 넣는다. **3** 타르트 팬을 약하게 가열해 설탕과 버터가 녹아 섞이도록 한다. **4** 방울토마토를 씻어서 타르트 팬 바닥을 완전히 덮도록 채운다. **5** 오븐에 넣고 캐러멜화될 때까지 20분 동안 굽는다.

03.

1 푀이테 반죽을 타르트 팬 크기에 맞추어 제과용 밀대로 밀어 편다. **2** 냉장고에 넣어 반죽을 굳힌다.

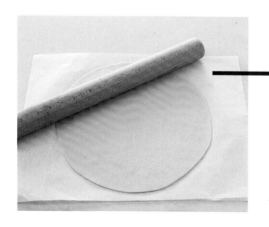

1 방울토마토가 골고루 캐러멜화되었는지 확인한 다음 방울토마토 위에 샬롯 퐁뒤를 펼쳐 올린다. **2** 푀이테 반죽을 덮고 반죽 가장자리를 안으로 깔끔하게 밀어 넣는다. **3** 반죽을 칼로 골고루 찔러 수분이 빠져 나올 구멍을 만든다. **4** 다시 오븐에 넣고 30~40분 동안 굽는다.

04.

05.

페스토

1 마늘은 심을 제거하고 절구에 으깬다. **2** 소금, 잣, 바질을 넣고 다시 으깬다. **3** 곱게 간 파마산 치즈를 넣고 섞어 반죽 형태로 만든다. **4** 올리브유를 조금씩 넣으면서 섞는다.

———

절구를 사용하면 시간이 지나도 바질이 산화되지 않습니다. 물론 블렌더를 사용해도 됩니다.

06.

마무리

1 푀이테 반죽의 색과 익힘 정도를 확인한다. **2** 뜨거울 때 타르트 틀에서 뒤집어 꺼내 접시에 올린다. 이때 토마토에서 나온 캐러멜이나 익히면서 나온 즙에 데지 않게 주의한다. **3** 얇게 자른 파마산 치즈 슬라이스와 바질 잎으로 장식하고 페스토를 곁들여 먹는다.

중 급 레 시 피

버섯, 아티초크, 돼지고기 타르트
Tarte champignons, lard, artichaut

4인분

준비 ○ 40분
조리 ○ 2시간
휴지 ○ 1시간

도구

코팅 프라이팬
요리용 냄비
푸드프로세서

소믈리에 추천 와인

부르고뉴산(産) 화이트 와인 : 옥시-뒤레세
Auxey-duresses

타르트 반죽
Pâte à tarte

부드러운 버터 ○ 90g
소금 ○ 5g
T45 밀가루 ○ 200g
달걀 ○ 1개

가니시
Garniture

루콜라 ○ 1줌
샬롯 ○ 1개
올리브유 ○ 5큰술
셰리 식초 ○ 1작은술
얇게 썬 염장 삼겹살(후추 양념) ○ 4장
작은 아티초크(바이올렛) ○ 4개
아스코르브산 ○ 1작은술
양송이버섯 ○ 4개
화이트와인 ○ 40㎖

닭 뼈 육수(p.545 참고) ○ 100㎖
튀김유 ○ 500㎖
레몬즙 ○ 1큰술
얇게 썬 염장 삼겹살(라르도 디 콜로나타*) ○ 4장
플뢰르 드 셀 ○ 적당량
통후추 ○ 적당량

버섯 퓌레
Purée de champignons

양송이버섯 ○ 10개
올리브유 ○ 1큰술
마늘 ○ 1쪽
드라이 화이트와인 ○ 50㎖
생크림(crème liquide) ○ 100㎖
소금 ○ 적당량
후추 ○ 적당량

크렘 프리즈
Appareil à crème prise

달걀 ○ 2개
생크림(crème fraîche) ○ 50㎖
우유 ○ 50㎖
파마산 치즈 ○ 25g
소금 ○ 적당량
후추 ○ 적당량

* 라르도 디 콜로나타(Lardo di colonnata) :
  이탈리아 토스카나에 위치한
  콜로나타 마을에서 생산하는 염장 삼겹살

타르트 반죽

1 볼에 버터, 소금, 밀가루를 넣고 작은 덩어리 상태가 될 때까지 섞는다. **2** 달걀과 물을 넣고 한 덩어리로 둥글게 뭉쳐질 때까지 섞는다. **3** 유산지 2장 사이에 반죽을 넣고 밀대로 밀어 편 다음 30분 동안 냉장 보관한다. **4** 틀에 채워 넣고 다시 30분 동안 냉장 보관한다. **5** 180℃로 예열한 오븐에 넣고 30분 동안 초벌로 굽는다.

01.

02.

가니시

1 루콜라는 씻어서 잎사귀를 떼어내고 냉장 보관한다. **2** 샬롯은 껍질을 벗기고 2등분한 다음 절반을 2㎜ 두께로 슬라이스 한다. 나머지 절반은 따로 보관했다가 버섯 퓌레에 사용한다. **3** 슬라이스 한 샬롯에 올리브유, 셰리 식초, 플뢰르 드 셀 1꼬집, 통후추를 넣고 실온에서 마리네이드 한다.

03.

1 오븐을 160℃로 예열한다. **2** 후추가 가미된 염장 삼겹살을 유산지 2장 사이에 넣어 오븐팬에 올리고 다른 오븐팬을 위에 덮어 바삭하게 15분 동안 굽는다.

04.

1 아트초크를 돌려 깎고 윗부분을 잘라내 가운데 수술을 제거한다. **2** 물에 아스코 르브산을 풀어 손질한 아티초크를 담근 다. **3** 양송이버섯은 껍질을 벗기고 2등분 한다. **4** 2등분한 각각의 버섯을 2㎜ 두께 로 1번씩 슬라이스 해 총 8개의 슬라이스 조각을 만든다. **5** 슬라이스 한 양송이버 섯을 랩을 씌운 접시에 올려 장식에 사용 할 때까지 냉장 보관한다. **6** 나머지 양송 이버섯을 다시 2등분한다.

05.

1 올리브유를 두른 코팅 프라이팬에 양송이버섯을 넣고 강불에서 볶는다. **2** 소금 1꼬집과 후추로 간을 한다.

06.

1 04의 아티초크 2개를 길이 방향으로 2등분해 올리브유를 두른 냄비에 넣고 색이 나지 않을 정도로 굽는다. **2** 화이트 와인을 넣고 데글라세(p.567 참고) 한 다음 소금, 후추로 간을 한다. **3** 닭 뼈 육수 50㎖를 넣고 뚜껑을 덮어 익히면서 육수가 졸아들 때마다 닭 뼈 육수를 조금씩 넣는다. **4** 육수를 넣고 졸이는 과정을 꾸준히 반복해 아티초크를 코팅할 정도의 윤기 나는 소스가 되도록 만든다.

07.

1 나머지 아티초크 중 1개를 2등분해 2㎜ 두께로 슬라이스 한다. **2** 절반은 튀기고 나머지 절반은 올리브유와 레몬즙을 섞은 볼에 넣어 보관한다.

튀김용 기름으로는 포도씨유를 추천합니다. 포도씨유는 자체의 강한 맛이 없어 다른 맛을 방해하지 않고 높은 온도에서도 사용이 가능합니다.

08.

버섯 퓌레

1 4개 중 마지막 아티초크와 자투리 아티초크를 잘게 다져서 아스코르브산을 푼 물에 넣어둔다. **2** 02에서 따로 보관해둔 샬롯을 얇게 슬라이스 한다. **3** 양송이버섯은 껍질을 벗겨 얇게 슬라이스 한다. **4** 아티초크를 건져 물기를 제거한다.

09.

1 올리브유를 두른 요리용 냄비에 슬라이스 한 샬롯을 넣고 5분 동안 색이 나지 않을 정도로 볶는다. **2** 슬라이스 한 버섯, 물기를 제거한 아티초크, 껍질을 벗기지 않은 마늘을 넣고 소금 간을 한 다음 잘 섞어 5분 동안 색이 나지 않을 정도로 볶는다. **3** 화이트와인을 넣고 데글라세(p.567 참고) 한다. **4** 바닥에 생긴 육즙을 골고루 끼얹고 생크림을 넣어 부드럽게 으깨진 상태가 될 때까지 10분 동안 익힌다. **5** 마늘을 건져낸 다음 익힌 채소를 한데 갈아 윤기 나는 탄탄한 상태의 퓌레를 만든다.

10.

크렘 프리즈와 마무리

1 볼에 달걀, 생크림, 우유를 넣고 잘 섞은 다음 09에서 만든 퓌레와 파마산 치즈를 넣고 간을 본다. **2** 01의 타르트에 ①을 채우고 원형틀을 제거한 다음 180℃ 오븐에서 20분 동안 필링이 단단하게 익을 때까지 굽는다. **3** 구운 타르트 위에 07에서 튀긴 아티초크, 06에서 익힌 아티초크, 익히지 않은 07의 아티초크를 올린다. **4** 샬롯, 오븐에 구운 염장 삼겹살과 굽지 않은 염장 삼겹살(라르도 디 콜로나타), 익힌 버섯과 익히지 않은 버섯을 올리고 마지막으로 루콜라를 얹어 마무리한다.

JEAN-FRANÇOIS PIÈGE

장 - 프 랑 수 아 피 에 주

저는 피자야말로 인간이 만들어낸 가장 훌륭한 음식 중 하나라고 생각합니다.
이 제품은 칼조네식으로 루콜라를 채우고, 바삭거리는 반죽이 돋보이는
피자 수플레를 상상하며 만들었습니다.

피자 수플레
Pizza soufflée

8인분

준비 ◦ 45분
조리 ◦ 20분
휴지 ◦ 2시간

도구

고운 시누아
모양커터 또는 원형틀 (지름 18㎝)

피자 기름
Huile à pizza

통마늘 ◦ ½개
로즈마리 ◦ 1줄기
타임 ◦ ¼단
올리브유 ◦ 150㎖
에스플레트 고춧가루 ◦ **적당량**

피자 반죽
Pâte à pizza

T55 밀가루 ◦ 500g
올리브유 ◦ 50g
물 ◦ 140g
흰자 ◦ 60g

가니시
Garniture

작은 가지 ◦ 1개
올리브유 ◦ 150㎖
발사믹 식초 ◦ **적당량**
훈제 모차렐라 치즈 250g ◦ **2개**
타프나드 ◦ 125g
오레가노 ◦ ¼단
파마산 치즈 블럭 ◦ 125g
소브라사다* ◦ 100g
야생루콜라 ◦ 125g
에스플레트 고춧가루 ◦ **적당량**
소금 ◦ **적당량**

* 소브라사다(sobrasada) : 스페인 마요르카 섬에서
   생산하는 소시지의 일종

01.

피자 기름

1 통마늘은 각각 떼어 내서 껍질째 으깬다. **2** 로즈마리, 타임의 잎을 떼어 낸다. **3** 냄비에 올리브유를 붓고 으깬 마늘, 타임, 로즈마리, 에스플레트 고춧가루를 넣는다. **4** 뚜껑을 덮고 끓지 않도록 약불에서 2시간 동안 우려낸다. **5** 고운 시누아에 걸러 실온에서 보관한다.

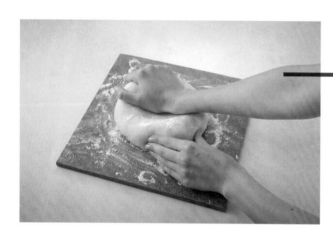

02.

피자 반죽

1 280℃로 예열한 오븐에 오븐팬을 넣고 달군다. **2** 볼에 밀가루, 올리브유, 물, 흰자를 넣고 골고루 섞어 반죽을 만든다.

1 반죽을 밀대로 아주 얇게 펴고 접은 다음 다시 얇게 편다. **2** 지름 18㎝의 모양커터나 원형틀을 이용해 반죽을 14개 정도 찍어낸다. **3** 반죽을 2개씩 겹쳐 가장자리를 잘 눌러 봉합한다. **4** 뜨겁게 달군 오븐팬에 반죽을 놓고 몇 분 동안 오븐에서 굽는다.

─────

오븐팬은 아주 뜨거워야 합니다. 피자 반죽이 오븐팬과의 접촉으로 인해 부풀어 오르기 때문입니다.

03.

04.

가니시

1 가지는 1㎝ 두께로 둥글게 썰어 소금을 뿌린 다음 찜기에서 15분 동안 익힌다. **2** 올리브유를 두른 프라이팬에 넣고 바로 굽는다. **3** 기름기를 제거하고 4등분한다.

06.

05.

1 야생루콜라는 잎을 떼어 씻은 다음 물기를 제거한다. **2** 야생루콜라에 올리브유와 발사믹 식초로 간을 한다. **3** 구운 피자를 뒤집어 밑부분을 파내고 ②를 채운 다음 다시 제자리로 뒤집어 놓는다.

1 아주 얇게 슬라이스 한 훈제 모차렐라 치즈를 피자 윗부분에 완전히 덮도록 깐다. **2** 올리브유와 다진 오레가노로 간을 한 타프나드를 훈제 모차렐라 치즈 위에 뿌린다. **3** 4등분한 가지와 작게 자른 소브라사다를 얹는다. **4** 오븐에 넣고 그릴 기능으로 1분 동안 데운다. **5** 피자를 접시 중앙에 놓고 파마산 치즈를 넉넉히 뿌린다. **6** 피자에 올리브유로 간을 하고 에스플레트 고춧가루 1꼬집을 뿌린다. **7** 마지막으로 05에서 간을 한 야생루콜라 1줌을 올려 장식한다.

ARNAUD DONCKELE
아 르 노 동 켈 레

페루진*은 제 유년시절을 떠올리게 합니다.
매번 먹을 때마다 돼지고기 가공업을 하시던 아버지 생각이 나거든요.
한 가지 비밀을 얘기하자면
포르치니버섯은 엠마뉘엘 르노의 밭에서 직접 공수한 것이랍니다.

포르치니버섯과 페루진을 곁들인 타르트
Tartes fines de cèpes et pérugines

10인분

준비 ○ 45분
조리 ○ 2시간 5분
휴지 ○ 1시간

도구

스탠드믹서
밀대
핸드블렌더
가스휘핑기
원형틀 [지름 3㎝]
소트와르[프라이팬]
시누아

소스용 그릇
모양커터[지름 3㎝]
만돌린 채칼

* 페루진(Perugine) : 이탈리아 중부에 위치한
도시 페루자의 프랑스식 표기이자 후추가
가미된 이탈리아 소시지.

타르트 반죽
Tarte fine

T45 밀가루 ○ 450g
가는소금 ○ 1꼬집
양파수프 분말 ○ 40g
다진 로즈마리 ○ 적당량
곱게 간 파마산 치즈 ○ 50g
버터 ○ 200g
노른자 ○ 1개
물 ○ 100g

마늘과 이탤리언 파슬리 무스
Siphon ail persil

생크림(crème liquide) ○ 300g
우유 ○ 300g
이탤리언 파슬리 ○ 1단
마늘 ○ 3쪽

포르치니버섯 소스
Sucs de cèpes

샬롯 ○ 100g
포르치니버섯 자투리 ○ 300g
올리브유 ○ 20g
버터 ○ 10g
가는소금 ○ 적당량
후추 ○ 적당량
발사믹 식초 ○ 20g

포르치니버섯 비네그레트
Vinaigrette tiède de cèpes

샬롯 ○ 30g
버터 ○ 20g
돼지고기 육수 ○ 200g(p.550 참고)
포르치니버섯 ○ 60g
토마토 콩피 ○ 60g
올리브유 ○ 80g
와인 식초 (바롤로) ○ 30g
로즈마리 ○ 15g

포르치니버섯 파네
Cèpes panés

포르치니버섯 ○ 25개
노른자 ○ 1개
아몬드 슬라이스 ○ 10개
올리브유 ○ 적당량
버터 ○ 50g
소금 ○ 적당량
후추 ○ 적당량

가니시
Garniture

페루진 소시지 ○ 10개
토마토 콩피 ○ 50조각(p.550 참고)
돼지고기 육수 ○ 100㎖(P.550 참고)
가는소금 ○ 적당량
후추 ○ 적당량
포르치니버섯 ○ 3개
로메인 ○ 2장
양파, 토마토 마멀레이드 ○ 200g(p.550 참고)
루콜라 ○ 30잎
포르치니버섯 칩(선택사항) ○ 10개

타르트 반죽

1 오븐을 160℃로 예열한다. **2** 끓는 물에 페루진 소시지를 넣고 1시간 동안 익힌다. **3** 스탠드믹서에 밀가루, 가는소금, 양파수프 분말, 다진 로즈마리, 곱게 간 파마산 치즈를 넣고 섞은 다음 잘게 자른 차가운 버터를 넣고 사블레 상태(반죽이 부슬부슬 뭉쳐진 모양)가 되도록 섞는다. **4** 노른자와 물을 넣고 반죽이 둥글게 뭉쳐질 때까지 섞는다. 필요에 따라 손으로 반죽할 수 있다. **5** 유산지 2장 사이에 반죽을 넣고 밀대로 얇게 밀어 편 다음 유산지 위에 무거운 물체를 올려 1시간 동안 냉장 보관한다.

마늘과 이탤리언 파슬리 무스

1 냄비에 우유와 생크림을 끓인다. **2** 이탤리언 파슬리를 넣고 3분 동안 더 끓인다. **3** 핸드블렌더로 곱게 갈면서 심을 제거한 마늘을 넣고 2분 동안 우려낸다. **4** 가스휘핑기 용기에 넣고 질소가스를 충전해 냉장 보관한다.

03.

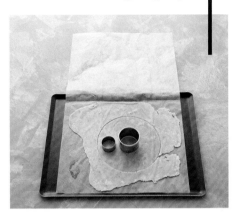

1 냉장고에서 타르트 반죽을 꺼내 오븐에 넣고 6~8분 동안 굽는다. **2** 지름 3㎝의 모양커터로 반죽 중심부에 하나의 원형을 찍고 그 주위로 원을 그리듯이 원형을 찍어낸다(반죽을 반 정도만 구우면 좀 더 쉽게 모양커터로 원형을 찍을 수 있다).

04.

포르치니버섯 소스

1 샬롯은 껍질을 벗기고 작은 정사각형으로 자른다. **2** 비네그레트용과 파네용으로 사용할 포르치니버섯을 깨끗이 손질하고 남은 자투리를 모은다. **3** 버터와 올리브유를 두른 프라이팬에 포르치니버섯 자투리를 넣고 10~15분 동안 볶아 색을 낸다. **4** 샬롯을 넣고 조금 더 색이 날 때까지 볶는다.

05.

1 소금, 후추 간을 하고 발사믹 식초로 데글라세(p.567 참고) 한 다음 포르치니버섯이 잠길 만큼 물을 붓고 30분 동안 끓인다. **2** 시누아에 거르고 시럽 농도가 될 때까지 졸인다. **3** 간을 보고 따로 보관한다.

06.

포르치니버섯 비네그레트

1 샬롯은 껍질을 벗기고 작은 사각형으로 자른다. **2** 냄비에 버터, 돼지고기 육수와 함께 샬롯을 넣고 끓인다. **3** 끓이는 동안 포르치니버섯과 토마토 콩피를 작은 정사각형으로 잘라 올리브유, 와인 식초, 다진 로즈마리와 함께 ②의 냄비에 넣는다. **4** 불에서 내려 소스용 그릇에 담는다.

07.

포르치니버섯 파네

1 포르치니버섯을 세로로 2등분해 다리 부분에 노른자를 바르고 아몬드 슬라이스를 비늘처럼 보이도록 조심스럽게 붙인다. **2** 올리브유를 두른 코팅 프라이팬에 넣고 아몬드를 붙인 부분에 색이 날 때까지 굽는다. **3** 뒤집어서 버터를 더 넣어 굽고 소금과 후추로 간을 한다.

08.

가니시

1 페루진 소시지를 5조각으로 자른다. **2** 냄비에 자른 소시지, 약간의 돼지고기 육수를 넣고 졸인다. **3** 3㎝ 지름의 모양커터로 토마토 콩피를 자른다. **4** 만돌린 채칼을 이용해 포르치니버섯을 얇게 썬다. **5** 로메인은 작은 잎을 골라 손질한다.

09.

1 접시 가운데에 구운 타르트를 놓는다. **2** 모양커터를 이용해 타르트 위에 양파와 토마토 마멀레이드를 채운다. **3** ② 위에 포르치니버섯 파네, 토마토 콩피, 육수에 졸인 페루진 소시지를 순서대로 올린다.

10.

1 타르트 가운데에 가스휘핑기로 마늘과 이탈리언 파슬리 무스를 채우고, 작은 로메인 잎과 루콜라 잎으로 장식한다. **2** 미리 준비한 포르치니버섯 칩과 익히지 않은 포르치니버섯 슬라이스를 얹고 소금, 후추 간을 한다. **3** 포르치니버섯 소스를 점을 찍듯이 타르트 주위에 뿌린다. **4** 소스용 그릇에 담은 포르치니버섯 비네그레트를 곁들여 먹는다.

———

만돌린 채칼로 포르치니버섯을 얇게 썰고 붓으로 기름을 발라 140℃ 오븐에 20분 동안 구우면 포르치니버섯 칩을 만들 수 있습니다.

조 개 와 갑 각 류

FRÉDÉRIC ANTON

프 레 데 릭   앙 통

크랩과 거미게의 게살은 매우 맛이 좋고 섬세한 재료입니다.
이 레시피에서는 일반적인 게살 파르시를 변형해
투르토 게살 위에 캐비아를 깔았습니다.

커리로 향을 낸 게살, 딜 크림, 프랑스산(産) 캐비아, 라임 제스트

Le crabe parfumé au curry, crème légère à l'aneth, caviar de France, zeste de citron vert

---

4인분

준비 ○ 45분
조리 ○ 1시간
휴지 ○ 30분

도구

에코놈 칼
요리용 냄비
거품기

투르토* 게 ○ 1마리(1.8kg)

쿠르 부이용*
Court-bouillon

당근 ○ 1개
양파 ○ 1개
펜넬 ○ ½개
셀러리 ○ 1줄기
오렌지 제스트 ○ 1개 분량
화이트와인 ○ 100㎖
통후추 ○ 적당량
펜넬 씨앗 ○ 적당량
고수 씨앗 ○ 적당량
팔각 ○ 1개
굵은소금 ○ 적당량

딜 크림
Crème d'aneth

생크림(crème fleurette) ○ 100㎖
딜 ○ ¼단
라임즙 ○ 1개 분량

마요네즈
Mayonnaise

노른자 ○ 1개
머스터드 ○ 1큰술
포도씨유 ○ 100㎖
와인 식초 ○ 적당량
커리파우더 ○ 1꼬집
소금 ○ 적당량
후추 ○ 적당량

플레이팅
Dressage

캐비아 ○ 40g
라임 제스트 ○ 1개 분량

* 투르토(tourteau) : 대서양에서 수확되는 큰 게
* 쿠르 부이용(Court-bouillon) : 생선이나 갑각류를
  익히거나 데칠 때 사용하는 육수

01.

쿠르 부이용

1 당근과 양파는 껍질을 벗기고 얇게 슬라이스 한다. **2** 펜넬은 겉껍질을 벗긴다. **3** 셀러리는 씻어서 얇게 슬라이스 한다. **4** 에코놈 칼을 이용해 오렌지 제스트를 벗긴다. **5** 냄비에 손질한 재료를 모두 넣고 물을 채워 불에 올린 다음 끓어오른 뒤부터 15분 동안 더 익힌다. **6** 화이트와인, 통후추, 펜넬 씨앗, 고수 씨앗, 팔각, 소금을 넣는다.

———

취향에 따라 재료를 다양하게 바꿀 수 있습니다.

02.

투르토 게 삶기

1 쿠르 부이용이 다시 끓으면 투르토 게를 넣고 40분 동안 익힌다. **2** 불을 끄고 냄비째 30분 동안 휴지시켜 식힌다. **3** 갑각류용 집게를 이용해 투르토 게를 건져내고 머리와 집게 부분의 게살을 발라내 보관한다. **4** 머리 부분의 크리미한 살도 따로 보관한다.

03.

딜 크림

1 거품기로 생크림을 휘핑해 거품을 올린다. **2** 딜을 다져서 라임즙과 함께 ①에 넣고 섞는다. **3** 작은 용기의 바닥에 딜 크림을 깔고 냉장 보관한다.

———

거품기 대신 핸드믹서를 이용해 생크림에 거품을 올려도 됩니다.

04.

마요네즈

1 볼에 노른자와 머스터드를 넣고 섞는다. **2** ①에 포도씨유를 조금씩 넣으면서 거품기를 이용해 같은 방향으로 세게 휘핑한다. **3** 단단하게 올라오면 와인 식초를 넣어 묽게 만든다. **4** 소금, 후추 간을 한다. **5** 따로 보관해둔 머리 부분의 크리미한 살을 넣고 섞어 매끈한 농도로 만든다. **5** 커리파우더를 섞고 소금, 후추 간으로 마무리한다.

05.

플레이팅

1 03의 딜 크림 위에 머리와 집게 부분의 게살을 조심스럽게 얹는다. **2** 게살 위에 캐비아를 깔고 강판에 미리 갈아 놓은 라임 제스트를 뿌린다.

저는 여름의 폼 다무르*처럼 매혹적이고 과육이 풍부한 토마토를 좋아합니다.
토마토는 저의 요리에서 아주 중요한 역할을 합니다.
토마토처럼 다양한 역할을 소화해내는 채소는 거의 없거든요.
토마토가 가진 쓴맛과 가벼운 신맛과 단맛은 갑각류와 최고의 조합을 이룹니다.
가볍고 신선하며 색감이 뛰어난 이 앙트레는 게살, 토마토, 아보카도, 물냉이의
새콤함과 달콤함을 동시에 느끼게 하는 진정한 맛의 불꽃놀이라 할 수 있죠.
그리고 플레이팅을 보면 케이크를 한 조각 떼어놓은 것 같은 인상을 주기도 합니다.
겉으로 보이는 복잡한 구성에 놀라지 마세요. 이 레시피는 보이는 것보다 훨씬 간단하답니다.
단지 토마토 과육을 길고 넓게 자르는 데 손재주가 조금 필요할 뿐이니까요.

게살 토마토 밀푀유
Mille-feuille de tomate au crabe

4인분

준비 ◦ 1시간
휴지 ◦ 2~3시간

도구

체
스패툴러
고운 시누아

소믈리에 추천 와인

코트 카탈란산(産) 와인 : 파시옹 블랑슈
Passion Blanche, domaine Bernard Magrez

큰 토마토 ◦ 16개
상추 ◦ 10장
아보카도 ◦ 1개
물냉이(크레송) ◦ ½단
익힌 투르토 게* ◦ 2마리 (마리당 1kg)
타라곤 ◦ 1줄기
커리파우더 ◦ 적당량
마요네즈 ◦ 4큰술 (p.556 참고)
레몬즙 ◦ 1개 분량

청사과(그라니스미스*) ◦ 1개
비네그레트 ◦ 150㎖
올리브유 ◦ 100㎖
셰리 식초 ◦ 100㎖
녹색허브나 채소에서 분리한 클로로필 ◦ 적당량
처빌 ◦ 8잎
통후추 ◦ 적당량
게랑드 플뢰르 드 셀 ◦ 적당량

* 폼 다무르(pomme d'amour) : 캐러멜을 입힌 사과
* 투르토(tourteau) : 대서양에서 수확되는 큰 게
* 그라니스미스 사과(granny smith) : 산도가 있는
  단단하고 아삭한 초록사과

토마토 쿨리
Coulis de tomate

토마토 과육 ○ 200g
토마토 페이스트 ○ 35g
케첩 ○ 50g
셰리 식초 ○ 75㎖

올리브유 ○ 75㎖
핫소스(타바스코®) ○ **적당량**
셀러리 소금 ○ **적당량**
통후추 ○ **적당량**

01.

1 토마토는 껍질을 벗기고 씨를 제거한 다음 12×5㎝ 크기로 자른다. 나머지 과육은 쿨리에 사용하기 위해 따로 모아둔다. **2** 팬에 ①을 펼치고 다른 팬을 덮어 2~3시간 동안 휴지시킨다.

———

토마토 껍질을 쉽게 벗기려면 가위로 토마토 밑부분에 얇은 홈을 내어 끓는 물에 10초 동안 담갔다가 얼음물에 식히면 됩니다.

1 투르토 게는 껍질을 열어 연골이나 뼈가 없는지 포크로 세심하게 확인하면서 게살 240g을 잘게 부순다. **2** 머리 부분의 크리미한 살은 숟가락 뒷부분이나 스패튤러로 누르면서 고운 체에 내린다. **3** 타라곤은 곱게 다진다. **4** ①의 게살에 커리파우더, 다진 타라곤, 마요네즈 3큰술, 레몬즙, 크리미한 게살을 섞어 냉장 보관한다.

02.

03.

1 상추 잎은 깨끗이 씻고 물기를 제거한 다음 말아서 곱게 다진다. **2** 물냉이도 깨끗이 씻어 물기를 제거한 다음 곱게 다진다. **3** 사과는 길쭉하게 자르고 다시 5㎜ 크기의 정사각형으로 자른다. **4** 아보카도는 반으로 잘라 씨를 제거하고 사과와 같은 크기로 자른다.

———

다진 상추와 물냉이는 따로 사용할 예정이므로 섞지 마세요.

04.

토마토 쿨리

1 토마토의 남은 과육을 푸드프로세서로 곱게 갈면서 토마토 페이스트, 케첩, 셰리 식초, 셀러리 소금, 후추, 핫소스, 올리브유를 넣는다. **2** 고운 시누아에 꼭 짜면서 거른다. **3** 간을 보고 냉장 보관한다.

———

쿨리는 사용하지 않는 토마토 과육으로 만드는 것을 잊지 마세요. 씨가 없는 과육 200g이 필요합니다.

1 작게 자른 상추와 물냉이에 각각 비네그레트(만드는 방법은 아래 참고)로 간을 한다. **2** 볼에 작게 자른 사과와 아보카도를 함께 넣고 비네그레트로 간을 한다. **3** 직사각형으로 자른 토마토 과육에 올리브유와 셰리 식초를 뿌려서 12×5㎝ 크기의 틀 바닥에 깐다. **4** 후추와 플뢰르 드 셀로 간을 하고 다진 상추를 약간 뿌린다.

———

비네그레트는 와인 식초 1큰술과 소금 1꼬집을 포크로 섞고 여기에 백후추를 2번 갈아 뿌린 다음 올리브유(또는 땅콩유) 3큰술을 넣어 거품기로 섞으면 완성입니다.

05.

06.

1 05 위에 기본 간을 한 게살을 깔고 다시 토마토 과육을 깐다. **2** 다진 물냉이와 사과-아보카도를 뿌린 다음 다시 토마토 과육을 깐다. **3** 다진 상추와 게살을 차례로 뿌리고 마지막으로 토마토 과육을 덮는다. **4** 같은 방식으로 3개의 밀푀유를 만든다. **5** 올리브유와 셰리 식초를 약간 뿌리고 플뢰르 드 셀을 뿌린다.

07.

1 접시에 토마토 쿨리를 얇게 붓는다. **2** 남은 마요네즈와 클로로필을 섞어 접시 둘레에 작은 녹색 점을 둘러 짠다. **3** 밀푀유를 틀에서 분리해 접시 가운데에 놓고 처빌로 양 모서리를 장식한 다음 차갑게 먹는다.

———

먹기 바로 전에 접시를 준비하세요. 유산지를 말아서 작은 고깔 모양으로 만들어 클로로필을 섞은 마요네즈를 채우고 끝부분을 잘라 접시 주위에 녹색 점을 짜주세요.

고 급 레 시 피

증기로 찐 큰새우, 매콤한 부이용, 사과 소스
Gambas vapeur, bouillon épicé et sauce pomme

4인분

준비 ○ 30분
조리 ○ 17분

도구

만돌린 채칼
에코놈 칼
주물냄비
나무 꼬챙이

소믈리에 추천 와인

보르도산(産) 드라이 화이트와인 : 페삭-레오냥
Pessac-léognan

큰새우와 부이용
Gambas et bouillon

큰새우 ○ 16마리
샬롯 ○ 1개
토마토 ○ 2개
펜넬 ○ 1개
올리브유 ○ 적당량
마늘 ○ 1쪽
토마토 페이스트 ○ 1큰술

화이트와인 ○ 100㎖
코냑 ○ 3큰술
팔각 ○ 1개
레몬 ○ 1개
배추 ○ ½포기
플뢰르 드 셀 ○ 적당량
소금 ○ 적당량
긴 후추(자바 후추 등) ○ 2개
통후추

사과 소스
Sauce pomme

청사과 ○ ½개
플레인요거트(무가당) ○ 125g
레몬즙 ○ 1큰술
소금 ○ 적당량
통후추 ○ 적당량
올리브유 ○ 적당량

01.

큰새우와 부이용

1 큰새우는 머리를 떼어내 따로 보관하고, 몸통의 껍질을 벗기고 등에 칼집을 낸다. **2** 올리브 씨 제거용 집게를 이용해 검은색 내장을 제거한다.

02.

1 샬롯은 껍질을 벗기고 반으로 잘라 얇게 슬라이스 한다. **2** 토마토는 꼭지를 따고 여러 조각으로 자른다. **3** 펜넬은 밑부분의 구근을 자르고 바깥쪽부터 안쪽 부분의 껍질 3장을 손으로 떼어낸 다음 남은 구근의 가운데 줄기도 제거한다. **4** 펜넬 껍질은 반으로 잘라 슬라이스 한다. **5** 펜넬 구근은 반으로 잘라 만돌린 채칼을 이용해 아주 얇게 슬라이스 한다. **6** 자른 펜넬 껍질과 구근을 찬물에 담가 냉장 보관한다.

04.

1 레몬을 깨끗이 씻은 다음 에코놈 칼을 이용해 밴드 형태로 제스트 5장을 벗겨낸다. **2** 나머지 껍질은 제스터로 잘게 갈아 마무리에 사용하기 전까지 냉장 보관한다. **3** 레몬 과육은 사과 소스에 사용하기 위해 따로 보관한다. **4** 03의 주물냄비에 레몬 제스트 5장과 물 650㎖를 넣고 강불로 높인다. **5** 플뢰르 드 셀과 긴 후추를 넣는다. **6** 끓기 시작하면 주물냄비의 뚜껑을 덮고 8분 동안 더 끓인 다음 불을 줄인다.

———

긴 후추(자바 후추 등)는 뚜렷한 단맛을 가지고 있습니다. 흑후추 10g으로 대체할 수도 있습니다.

03.

1 주물냄비에 올리브유 1큰술을 두르고 큰새우 머리를 넣어 2분 동안 잘 저으면서 중불에서 볶는다. **2** 샬롯, 토마토, 슬라이스 한 펜넬, 토마토 페이스트, 마늘을 껍질째로 넣고 잘 섞으면서 5분 동안 볶는다. **3** 화이트와인, 코냑, 팔각을 넣고 수분이 날아가도록 졸인다.

———

큰새우 머리는 붉은 색으로 변할 때까지 2분 동안 볶습니다.

05.

큰새우 익히기

1 배추 내부의 단단한 심지를 제거한다.
2 배추 겉잎 4장을 떼어내 단단한 밑부
분을 잘라낸다. **3** 나머지 배추는 얇고 길
게 자른다. **4** 나무 찜기에 배추 겉잎 4장
을 깐다.

1 나무 꼬챙이에 큰새우 4개를 꽂고 소금
과 후추로 넉넉히 간을 한다. **2** 얇고 길게
자른 배추에 올리브유 2큰술을 뿌리고 소
금으로 간을 한 다음 나무 찜기 속 배춧잎
위에 펼쳐 올린다. **3** ② 위에 큰새우 꼬치
를 놓는다.

06.

07.

1 뜨거운 부이용이 든 주물냄비 위에 나무
찜기를 올린다. **2** 강불로 올려 2분 동안 끓
인 다음 불을 줄인다. **3** 나무 찜기를 접시
위에 놓고 잠시 동안 휴지시켜 수분을 제거
한다. **4** 부이용을 체에 거르고 간을 본다.

사과 소스와 플레이팅

1 사과는 껍질째 0.3㎜ 두께로 4장을 썬 다음 다시 얇고 길게 자른다. **2** 나
머지 사과는 껍질을 벗기고 작은 정사각형으로 잘라 요거트와 섞는다. **3** 요
거트에 레몬즙, 소금 1꼬집과 통후추를 5번 갈아 넣고 섞은 다음 마지막으로
올리브유를 넣는다. **4** 얇고 길게 자른 배추를 접시에 깔고 그 위에 큰새우 꼬
치를 놓은 다음 02에서 보관해둔 펜넬을 올린다. **5** 부이용과 소스를 각각 따
로 담아 내놓는다.

08.

STÉPHANIE LE QUELLEC

스테파니 르 켈렉

저는 스페인 문화를 열렬히 사랑합니다.
언어와 토양, 그리고 식재료까지요. 저에게 팔라모스 새우는 새우의 여왕과 같습니다.
프랑스와 스페인을 잇는 다리와 같은 이 퓨전요리는 프랑스 완두콩으로 요리하고
이베리코 하몬 소스로 맛을 더욱 돋웁니다.

팔라모스산(産) 큰새우구이와 프랑스산(産) 완두콩
Gambas de Palamos simplement rôtie, petits pois à la française

4인분

준비 ◦ **50분**
조리 ◦ **2시간 40분**
휴지 ◦ **1시간**

도구

시누아
만돌린 채칼
코팅 프라이팬
핸드블렌더

큰새우
Gambas

팔라모스산(産) 큰새우 ◦ **4마리**
유기농 달걀로 만든 탈리에리니* 면 ◦ **200g**
버터 ◦ **30g**
미니양상추 ◦ **1개**
다닥냉이* 잎 ◦ **적당량**
올리브유 ◦ **적당량**
소금 ◦ **적당량**
후추 ◦ **적당량**

이베리코 하몬 부이용
Bouillon de jambon ibérique

익히지 않은 이베리코 하몬 ◦ **50g**
토마토 ◦ **100g**
양파 ◦ **60g**
올리브유 ◦ **1큰술**
생크림(crème liquide) ◦ **100㎖**
버터 ◦ **30g**
셰리 식초 ◦ **1큰술**

하몬과 골파 가루 만들기
Poudres d'oignon et de jambon

익히지 않은 이베리코 하몬 ◦ **50g**
골파 ◦ **4개**
감자전분 ◦ **50g**
포도씨유 ◦ **1ℓ**

완두콩 라구*
Ragoût de petits pois

깍지 완두콩 ◦ **1kg**
버터 ◦ **30g**
김자전분 ◦ **10g**
소금 ◦ **적당량**

* 탈리에리니(tagliolini) : 이탈리아 피에몬테
　지방에서 유래한 얇은 파스타 면의 일종.
　탈리아텔레 면보다 폭이 약간 더 좁다.

* 다닥냉이(affila cress) : 무순과 비슷하게 생긴
　냉이의 일종.

* 라구 : 고기나 채소 등을 넣어 오랫동안 끓인
　스튜의 일종. 대표적으로는 라구 볼로네제
　파스타가 있다.

01.

큰새우

1 큰새우는 껍질을 벗기고 머리를 떼어낸 다음 꼬리는 남겨 놓는다. **2** 등에 있는 검은 내장을 빼낸다. **3** 나무 꼬챙이를 꽂아 모양을 잡아주고 냉장 보관한다.

02.

이베리코 하몬 부이용

1 하몬을 작게 자른다. **2** 토마토는 씻어서 조각으로 자른다. **3** 양파는 껍질을 벗기고 조각으로 자른다. **4** 냄비에 올리브유를 두르고 손질한 재료를 넣고 볶는다. **5** 물 1ℓ 를 넣고 약하게 끓는 상태로 2시간 동안 익힌다. **6** 불에서 내려 뚜껑을 덮은 채 1시간 동안 우려낸다. **7** 시누아에 꾹꾹 누르면서 거른 다음 냄비에 옮겨 ⅓ 분량으로 졸아들 때까지 끓인다. **8** 생크림, 버터, 셰리 식초를 넣고 섞는다.

03.

하몬과 골파 가루 만들기

1 120℃로 예열한 오븐에 하몬을 넣고 2시간 동안 건조시킨 다음 작은 믹서로 갈아 가루로 만든다. **2** 골파의 머리 부분을 얇게 슬라이스 해 색이 날 때까지 프라이팬에 굽는다. **3** 골파의 나머지 부분은 만돌린 채칼로 얇게 슬라이스 해 전분을 묻힌다. **4** 180℃로 예열한 튀김유에 골파를 넣고 튀긴다. **5** 오븐을 100℃로 낮춰 튀긴 골파를 넣고 30분 동안 말린 다음 곱게 간다.

완두콩 라구

1 완두콩 깍지에서 완두콩을 분리한 다음 끓는 물에 깍지를 넣고 30초 동안 데친다. **2** 착즙기에 넣고 깍지의 즙을 짜낸 다음 촘촘한 천에 걸러 냉장 보관한다. **3** 완두콩은 끓는 물에 30초 동안 데치고 찬물에 담가 식힌 다음 껍질을 벗긴다. **4** 냄비에 버터와 완두콩을 넣어 볶는다. **5** 완두콩 깍지즙 3큰술과 전분을 넣어 농도를 진하게 하고 소금으로 간을 해 라구를 완성한다.

1 탈리에리니 면은 소금을 넣은 끓는 물에 알 덴테로 익히고 건져서 물기를 제거한다. **2** 면에 버터와 완두콩 깍지즙 3큰술을 넣어 농도를 높인다. **3** 미니양상추를 얇고 길게 잘라 면에 넣는다.

플레이팅

1 올리브유를 두른 코팅 프라이팬에 큰새우를 넣고 속살이 진주색이 될 때까지 굽는다. **2** 큰새우를 접시에 담고 완두콩 라구, 프라이팬에 익힌 둥근 골파, 익힌 면, 하몬과 골파 가루, 다닥냉이 잎을 올린다. **3** 핸드블렌더를 이용해 부이용을 유화(에멀션)시켜 소스로 곁들인다.

저는 향을 섞는 조향사처럼 여러 맛을 섞고 싶었습니다.
요리사로서 초창기부터 좋아했던 그린아니스 씨앗이 첫 번째 맛을 낸다면
특별히 애정을 갖는 셀러리를 통해서는 신선함과 떫은 맛을 표현하고 싶었습니다.
청사과는 신맛을 내고 계피 잎은 그린아니스 씨앗과 사과, 셀러리의 조화를
좀 더 길게 가져가서 입 안에 흥미로운 여운을 남깁니다.
감초 향의 아트시나 크레스 잎은 그린아니스 씨앗을 정화시켜
딱새우의 그윽한 부드러움과 미묘한 단맛을 아로마의 조화 속에서 발현하게 합니다.

갑각류 버터로 구운 딱새우
그리고 그린아니스와 계피로 향을 낸 부이용

**Les langoustines au casier saisies au beurre de crustacé, bouillon
émulsionné à l'anis vert et à la feuille de cannelier**

4인분

준비 ◦ 50분
조리 ◦ 30분
휴지 ◦ 12시간

도구

절구와 절굿공이
거품기
체
소퇴즈 (곡선형 프라이팬)
거름용 리넨
블렌더

그린아니스* 버터
Beurre d'anis vert

그린아니스 씨앗 ◦ 4g
가염버터 ◦ 60g
버터 ◦ 60g

딱새우 버터
Beurre de langousitne

딱새우 집게 ◦ 250g
버터 ◦ 500g

셀러리유
Huile de céleri

셀러리 잎 ◦ 300g
올리브유 (생과일향) ◦ 300㎖

셀러리 줄기
Céleri branche

셀러리 ◦ 2줄기
채소 부이용 ◦ 80㎖ (p.554 참고)
버터 ◦ 10g
셀러리유 ◦ 20g
가는소금 ◦ 적당량

딱새우
Langoustines

딱새우 ◦ 8마리
딱새우 버터 ◦ 25g
가는소금 ◦ 적당량

소스
Sauce

청사과(그라니스미스*)즙 ◦ 120㎖
그린아니스 버터 ◦ 80g
계피 잎 ◦ 3장
셀러리유 ◦ 50g
가는소금 ◦ 적당량

마무리와 플레이팅
Finition et dressage

아트시나 크레스 또는 감초 ◦ **적당량**
셀러리유 ◦ **적당량**
베고니아 꽃잎 ◦ **적당량**
말돈 플뢰르 드 셀 ◦ **적당량**

* 아니스(anis) : 미나리과의 향신료
* 그라니스미스 사과(granny smith) : 산도가 있는
   단단하고 아삭한 초록사과

01.

그린아니스 버터

하루 전

1 절구에 그린아니스 씨앗을 넣고 으깬다. **2** 가염버터와 버터를 거품기로 섞어 포마드 상태로 만든 다음 으깬 아니스 씨앗과 섞는다. **3** 향이 배도록 하룻밤 동안 냉장 보관한다.

당일

4 그린아니스 버터를 체에 걸러 볼에 넣고 랩을 씌워 냉장 보관한다.

02.

딱새우 버터

1 오븐을 180℃로 예열한다. **2** 딱새우는 집게발을 으깨서 소퇴즈에 볶아 색을 낸다. **3** 유산지를 깐 오븐팬에 옮겨 진하게 색이 날 때까지 굽는다.

03.

1 구운 집게발에 작게 자른 버터를 넣고 녹여서 향을 우려낸다. **2** 버터만 따로 모아 리넨에 거른 다음 랩을 씌워 냉장 보관한다.

04.

셀러리유

1 끓는 물에 셀러리 잎을 넣고 데친 다음 녹색을 유지시키기 위해 바로 얼음물에 담가 식힌다. **2** 물기를 제거하고 가볍게 짠다. **3** 블렌더에 셀러리 잎과 올리브유를 넣고 곱게 간다. **4** 리넨에 거른 다음 랩을 씌워 냉장 보관한다.

05.

셀러리 줄기

1 셀러리는 줄기의 껍질을 벗긴다. **2** 소퇴즈에 셀러리 줄기, 채소 부이용, 버터를 넣고 뚜껑을 덮어 약불에서 익힌다. **3** 익히면서 생긴 즙은 식혀서 따로 보관한다. **4** 셀러리 줄기를 7㎝ 길이의 작은 막대 모양으로 자른다. **5** 접시에 담기 직전에 졸인 채소 부이용, 셀러리유, 버터와 섞어 셀러리 줄기에 얇은 막을 입히고 간을 본다.

06.

딱새우

1 딱새우는 머리와 집게를 분리하고 껍질을 벗겨 냉장 보관한다. **2** 접시에 담기 직전에 180℃로 달군 플란차*에 딱새우 버터를 두른 다음 딱새우의 한 면을 2~3분 동안 굽고 뒤집어서 휴지시킨다.

* 플란차(plancha) : 스페인에서 주로 사용하는 철판이 장착된 그릴

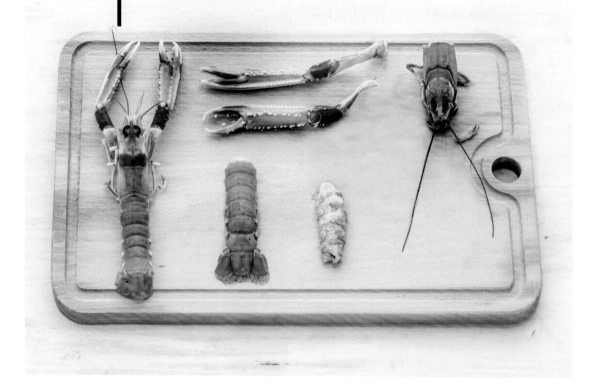

07.

소스

1 냄비에 청사과즙을 넣고 끓지 않을 정도로 데운다. **2** 그린아니스 버터에 데운 청사과즙과 얇게 자른 계피 잎을 넣고 2분 동안 우려낸다. **3** 체에 거르고 셀러리유를 넣어 잘 섞은 다음 간을 본다.

―――

계피 잎은 계피 스틱으로 대체 가능합니다. 신선도는 조금 떨어지지만 맛은 비슷합니다.

08.

마무리와 플레이팅

1 바닥이 오목한 접시 가운데에 셀러리 줄기를 놓고 딱새우, 아트시나 크레스 잎과 베고니아 꽃잎을 놓는다. **2** 딱새우 위에 말돈 플뢰르 드 셀을 뿌리고 셀러리유를 곳곳에 놓아 마무리한다.

중 급 레 시 피

아보카도 무스를 곁들인 민물가재
Mousse d'avocat aux écrevisses

6인분

준비 ◦ 20분
조리 ◦ 17분
휴지 ◦ 1시간 15분

도구

푸드프로세서
고무주걱
가스휘핑기
깔때기
작은 냄비
고운체

아보카도 ◦ **2개** (개당 225g)
우유 ◦ **150㎖**
생크림 (crème liquide) ◦ **100㎖**
잣 ◦ **10g**
홍피망 ◦ **1개**
쪽파 ◦ **2개**

껍질 벗기고 익힌 민물가재 ◦ **100g**
라임 ◦ **1개**
플뢰르 드 셀 ◦ **적당량**
올리브유 ◦ **적당량**
가는소금 ◦ **적당량**
통후추 ◦ **적당량**

01.

1 아보카도는 반으로 잘라 씨를 제거하고 숟가락으로 속을 파낸다. **2** 푸드프로세서에 아보카도, 우유, 생크림을 넣고 곱게 간 다음 고무주걱으로 누르면서 고운체에 거른다. **3** 소금 2꼬집과 후추로 간을 하고 천천히 잘 섞는다.

———

가스휘핑기에 사용할 생크림은 거품기로 세차게 거품을 내면 절대 안 됩니다. 천천히 부드럽게 섞어줘야 합니다.

1 깔때기를 이용해 가스휘핑기에 아보카도 크림을 넣고 첫 번째 가스를 채운다. **2** 용량이 큰 가스휘핑기의 경우 두 번째 가스를 채우고 가스휘핑기를 3~4번 흔들어 섞은 다음 최소 1시간 동안 냉장 보관한다.

———

가스휘핑기 용량에 따라 가스를 1개 또는 2개 사용합니다. 최고의 결과물을 얻으려면 가스를 2개 충전하고 여분의 가스를 따로 보관하세요.

02.

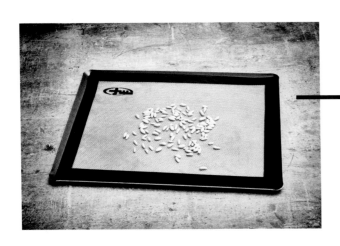

03.

1 오븐을 150℃로 예열한다. **2** 오븐팬에 실리콘매트를 깔고 잣을 펼쳐 올린 다음 10분 동안 구워서 식힌다.

04.

1 피망은 꼭지를 잘라내고, 세로로 파인 부분을 따라 잘라서 씨와 흰색 섬유질을 제거한다. **2** 피망 몸통을 가늘게 자르고 다시 작은 정사각형으로 자른다. **3** 올리브유를 두른 냄비에 피망을 넣고 소금과 후추 간을 해 중불에서 볶는다. **4** 물 50㎖를 붓고 뚜껑을 덮어 15분 동안 익힌다. **5** 푸드프로세서에 넣고 고속으로 2분 동안 갈아 쿨리 형태로 만든다. **6** 15분 동안 냉장 보관해 색깔을 유지시킨다.

1 쪽파를 둥글게 썰어 민물가재와 섞는다. **2** ①에 라임을 짜 넣고 플뢰르 드 셀 1꼬집, 후추, 올리브유를 살짝 뿌려 잘 섞는다.

05.

06.

1 04의 피망 쿨리를 숟가락으로 꾹 누르며 고운체에 거르고 차게 보관한다. **2** 가스휘핑기를 세게 흔들어 섞어 유리잔 바닥에 아보카도 무스를 짠다. **3** 피망 쿨리를 1큰술 올린다. **4** 유리잔에 민물가재 3마리와 슬라이스 한 골파를 놓는다. **5** 마지막으로 오븐에 구운 잣을 올려 마무리하고 바로 내놓는다.

고 급 레 시 피

차가운 부이용과 잠두를 곁들인 바닷가재
Homard et fèves au bouillon rafraîchi

4인분

준비 ◦ 1시간 15분
조리 ◦ 55분
휴지 ◦ 1시간

도구

제과용 밀대
바닷가재용 큐렛
체
거품국자
스크레이퍼
푸드프로세서

바닷가재
Homard

살아있는 바닷가재 ◦ 1마리(800g)
굵은소금 ◦ 2작은술
통후추 ◦ 1작은술
작은 골파 ◦ 1개
올리브유 ◦ 적당량
플뢰르 드 셀 ◦ 적당량
레몬 ◦ 1개

즐레
Gelée

양파 ◦ 1개(60g)
펜넬 ◦ 130g
셀러리 ◦ 1줄기
토마토 ◦ 1개
마늘 ◦ 1쪽
생강 ◦ 20g
토마토 페이스트 ◦ 20g
코냑 ◦ 50㎖
타라곤 ◦ 4잎
채소 부이용 ◦ 500㎖(p.528 참고)
판젤라틴 ◦ 1장

잠두 퓌레
Purée de fèves

신선한 잠두 ◦ 800g
굵은소금 ◦ 1큰술
소금 ◦ 적당량
통후추 ◦ 적당량
핫소스(타바스코®) ◦ 적당량

01.

바닷가재

1 큰 냄비에 물을 끓이고 굵은소금과 통후추를 넣는다. **2** 바닷가재 집게를 묶은 고무줄을 제거한다. **3** 냄비 물이 끓으면 바닷가재를 넣고 5분 동안 익힌 다음 몸통은 얼음물에 식히고 집게는 1분 더 익힌다. **4** 바닷가재 몸통과 집게에 물을 적신 키친타월이나 천을 덮어 식힌다.

1 바닷가재의 머리와 몸통을 분리한다. **2** 머리 더듬이는 따로 보관한다. **3** 머리 부분의 크리미한 살도 따로 긁어서 모아 둔다.

02.

즐레

1 바닷가재의 머리, 머리의 껍질, 배에 달린 작은 발들을 작게 자른다. **2** 양파는 껍질을 벗기고 얇게 슬라이스 한다. **3** 펜넬, 토마토, 셀러리는 작은 정사각형으로 자른다. **4** 마늘은 반으로 잘라 껍질과 심을 제거한다. **5** 생강은 얇고 둥글게 썬다.

03.

04.

1 올리브유 1작은술을 두른 작은 냄비에 바닷가재 껍질을 넣고 강불에 3분 동안 볶는다. **2** 손질한 양파, 펜넬, 토마토, 셀러리, 마늘을 넣고 섞은 다음 토마토 페이스트를 넣는다. **3** 중불로 줄여 8분 동안 더 익히고 코냑을 부어 플랑베 한다. **4** 타라곤과 생강을 넣고 내용물이 잠길 정도로 채소 부이용을 넉넉히 붓는다. **5** 뚜껑을 덮지 않은 채 25분 동안 약하게 끓을 정도로 익힌다.

05.

1 바닷가재 몸통의 배 가운데를 열어 껍질과 살을 분리한다. **2** 몸통 살을 길이 방향으로 2등분한다. **3** 가위 끝부분으로 창자를 끄집어내고 몸통 살을 얇게 썰어 접시에 담는다.

———

몸통 살을 끄집어낼 때는 껍질을 해체하는 대신, 가로로 배의 표면을 잘라 살과 껍질을 분리합니다.

06.

1 집게를 천에 올려놓고 집게의 얇은 부분을 잡아당겨 관절을 기준으로 2등분한다. **2** 집게 위에 천을 덮고 제과용 밀대로 두들겨 껍질을 깬다. **3** 집게 살을 꺼내(필요하면 바닷가재용 큐렛을 이용한다) 다른 접시에 담는다.

07.

1 찬물에 젤라틴을 15분 동안 담가 불린다. **2** 체에 키친타월을 깔아 04의 부이용을 거르고 절반 분량만 따로 둔다. **3** 젤라틴의 물기를 제거한 다음 따뜻한 절반의 부이용에 넣고 섞어 녹인다. **4** ③의 일부를 접시에 붓고 나머지는 1시간 동안 냉장 휴지시킨다. **5** 나머지 절반의 부이용은 볼에 따로 담아 냉장 보관했다가 잠두 퓌레의 마무리 단계에서 사용한다.

08.

잠두 퓌레

1 냄비에 물을 넣고 끓인 다음 굵은소금 1큰술을 넣는다. **2** 깍지에서 분리한 삼누를 ①에 넣고 뚜껑을 덮지 않은 채 5분 동안 끓인다. **3** 거품국자를 이용해 잠두를 꺼내고 찬물에 담가 식힌다. **4** 잠두를 익힌 물은 버리지 말고 보관해둔다.

09.

1 잠두는 물기를 제거하고 껍질을 벗긴다. **2** 작은 크기의 잠두는 따로 모아두고 나머지는 스크레이퍼를 이용해 퓌레로 만든다. **3** 잠두 퓌레에 잠두 익힌 물을 부어 농도를 묽게 만들고 조심스럽게 섞는다. **4** 소금, 후추로 간을 하고 핫소스 몇 방울을 넣은 다음 푸드프로세서에 넣어 곱게 간다.

익힌 잠두의 껍질을 제거하려면, 잠두의 윗부분을 잡아당겨서 검정색의 가장 넓은 부위를 열고 밑부분을 눌러 잠두를 꺼내면 됩니다.

10.

1 골파는 뿌리부터 15㎝ 지점의 녹색 부분을 잘라 둥글고 얇게 슬라이스 한다. **2** 구근은 작게 다진다. **3** 얇게 썬 바닷가재에 골파 ¾ 분량을 넣고 섞는다. **4** 집게 살은 가로로 2등분한다. **5** 바닷가재를 올린 접시에 올리브유를 약간 뿌리고 플뢰르 드 셀과 후추로 간을 한다. **6** 레몬 제스트를 갈아 바닷가재 몸통 살과 집게 살에 뿌린다.

11.

1 즐레를 채운 접시에 집게 살을 올린다. **2** 잠두 퓌레를 1겹 깔고 그 위에 얇게 썬 바닷가재 몸통 살을 올린다. **3** 1큰술 분량의 즐레를 몸통 살에 얹는다. **4** 작은 잠두를 올리고 더듬이가 달린 반으로 자른 머리를 얹는다. **5** 미리 남겨둔 골파로 장식해 마무리한다.

고급 레시피
MICHEL GUÉRARD
미셸 게라르

1981
저는 바닷가재 껍질에서 풍기는 은은한 참나무향을 맡으면
여성들에게서 간혹 느껴지는 향수냄새가 떠오릅니다.
바닷가재에 참나무향을 입히는 훈연방식은
연하고 부드러운 갑각류 루아얄에 안성맞춤이죠.

작은 화로에 구운 바닷가재
Le homard rôti, légèrement fumé à la cheminée

4인분
준비 ○ 40분
조리 ○ 30분

도구
고운 시누아
푸드프로세서

바닷가재
Homard

유럽산 청색 바닷가재 ○ 2마리 (마리당 500~600g)
굵은소금 ○ 150g

소스
Sauce

채소 부이용 나주 ○ 60㎖ (p.552 참고)
야생그린아니스 씨앗 ○ 1큰술
팔각 ○ 2개
사프란 분말 ○ 적당량
패션프루츠즙 ○ 1작은술
버터 ○ 100g
타라곤 ○ 2줄기
처빌 ○ 6잎
딜 ○ 2줄기
차이브 ○ 4줄기

플레이팅
Dressage

처빌 ○ 8잎

01.

바닷가재

1 물 5ℓ에 굵은소금을 넣고 끓인다. **2** ①에 바닷가재를 1마리당 1분 30초 간격으로 통째로 넣어 익히고 꺼내 잠시 휴지시킨다. **3** 집게와 몸통을 분리해 끓는 물에 다시 넣고 2분 30초 동안 더 익힌다. **4** 따뜻할 때 가위를 이용해 바닷가재 껍질을 길이 방향으로 2등분한다.

02.

03.

1 몸통 살을 3~5mm 두께로 자른다. **2** 2등분한 몸통의 껍질 안에 둥글게 자른 관절 부위의 살을 채우고 그 위에 몸통 살을 관절 살과 엇갈려서 놓는다. **3** 집게 살을 바닷가재 머리 부분에 채운다.

1 몸통 부분의 껍질을 살과 분리해 깔끔한 상태로 보관한다. **2** 집게 껍질과 관절 껍질을 깨서 조심스럽게 살을 발라낸다. **3** 집게 부위의 살은 통째로 보관하고 관절 부위의 살은 둥글게 슬라이스 한다.

따뜻할 때 손질해야 껍질이 손상되지 않습니다.

04.

소스

1 작은 냄비에 채소 부이용 나주, 야생그린아니스 씨앗, 팔각, 사프란을 넣고 끓인다. **2** 끓기 시작하면 랩을 씌워 5분 동안 약불에서 천천히 우려 낸다. **3** 고운 시누아에 걸러 작은 냄비에 40㎖를 넣고 패션프루츠즙, 버 터와 함께 끓인 다음 푸드프로세서에 갈아 유화(에멀션)시킨다.

05.

플레이팅

1 숯을 피운 작은 화로 위에 그릴을 얹고 바닷가재 살을 채운 껍질을 불에서 멀리 떨어뜨려 얹는다. **2** 향을 가두 듯이 알루미늄포일을 덮고 15분 동안 적절한 온도로 익 힌다. 살이 부드럽고 육즙이 풍부한 상태가 되어야 한다.

06.

1 타라곤, 처빌, 딜, 차이브를 곱게 다져 섞은 다 음 04의 소스에 넣는다. **2** 구운 바닷가재 껍질을 접시에 놓고 소스를 붓는다. **3** 처빌 잎을 얹어 마 무리한다.

이 레시피는 바비큐로 만들 수도 있습니다. 저희 외제니(Eugenie) 레스토랑에서는 세벤느 산(産) 양파로 만든 퓌레와 익힌 배 퓌레를 바닷 가재에 채워 작은 화로에 굽습니다.

JEAN-FRANÇOIS PIÈGE

장 – 프 랑 수 아   피 에 주

저는 바닷가재를 가염버터에 익혀서 요리하는 것을 특히 좋아합니다.
저희 르 그랑 레스토랑(Le Grand Restaurant)에서는 이 바닷가재에 곁들이는
재료를 계절에 따라 삿갓버섯, 앵두, 고수, 오이풀 등으로 바꾸었고
이는 곧 베스트셀러가 되었습니다.
여러분의 상상력에 따라 재료를 자유롭게 바꿔보세요!

푸른 바닷가재
Homard bleu

8인분

준비 ∘ 45분
조리 ∘ 45분

도구

주물냄비
소트와르[프라이팬]
작은 체
만돌린 채칼

체리 부이용
Bouillon de griottes

푸아그라 ∘ 600g
햇마늘 ∘ 1통
샬롯 ∘ 6개
느타리버섯 ∘ 500g
체리 ∘ 1kg
닭고기 부이용 ∘ 500㎖ (p.554 참고)
타라곤 ∘ 2줄기
다진 고수 씨앗 ∘ 1큰술
긴 후추 ∘ 5개
로즈마리 ∘ 1줄기
체리 식초 ∘ 50㎖

그리스식 버섯
Champignons à la grecque

골파 ∘ 2개
체리 식초 ∘ 50㎖
타라곤 ∘ 2줄기
고수 씨앗 ∘ 1작은술
긴 후추 ∘ 2개
생조르주버섯 ∘ 16개
꾀꼬리버섯 ∘ 16개
올리브유 ∘ 1큰술

푸아그라
Foie Gras

푸아그라 ∘ 24조각 (2×2cm)
라임 ∘ 1개
둥근 식빵 ∘ 24조각 (지름 3cm, 두께 2mm)
통후추 ∘ 적당량

바닷가재
Homards

유럽산 암컷 바닷가재 ◦ **4마리**(마리당 600g)
쿠르 부이용* ◦ **400㎖**

몽테 버터
Beurre monté

가염버터 ◦ **250g**
닭고기 부이용 ◦ **적당량**
얇게 썬 생강 ◦ **1뿌리**
껍질 제거하고 얇게 썬 라임 ◦ **1개**
얇게 썬 햇마늘 ◦ **1통**

가니시
Garniture

길게 자른 아몬드 ◦ **적당량**
파마산 치즈 ◦ **적당량**
고수 새싹 ◦ **적당량**
고수 꽃 ◦ **적당량**
중국 쪽파(ciboulail) ◦ **적당량**
오이풀 ◦ **적당량**
다진 겨자꽃 ◦ **적당량**
반으로 자른 체리 피클 ◦ **8개**
(p.555 체리 식초 참고)
씨와 꼭지를 제거한 체리 피클 ◦ **16개**
(p.555 체리 식초 참고)

* 쿠르 부이용 : 주로 생선이나 갑각류 재료들을
  데치거나 익힐 때 사용하는 부이용.
  채소와 화이트와인, 화이트와인 식초와 함께
  향신료를 넣고 1시간 미만으로 끓여서 만든다.

01.

체리 부이용

1 푸아그라는 두툼하게 어슷 썬다. **2** 마늘과 샬롯은 껍질을 벗기고 얇게 썬다. **3** 버섯은 깨끗하게 씻는다. **4** 주물냄비에 먼저 푸아그라를 굽고 다진 마늘과 샬롯을 넣어 볶은 다음 버섯을 넣는다. **5** 소트와르에 체리를 약불로 볶아 졸인 다음 푸아그라가 담긴 주물냄비에 넣는다.

1 체리를 졸인 소트와르에 닭고기 부이용을 붓고 바닥에 붙어있는 덩어리들을 긁어내 주물냄비에 붓는다. **2** 타라곤은 씻어서 잘게 다진다. **3** 닭고기 부이용은 약하게 끓는 상태로 20분 동안 둔다. **4** 불에서 내려 다진 타라곤, 고수 씨앗, 긴 후추, 로즈마리를 넣고 10분 동안 우려낸다. **5** 간을 보고 체리 식초를 넣는다. **6** 체에 거른다.

03.

그리스식 버섯

1 골파는 둥글게 썬다. **2** 소트와르에 체리 식초를 붓고 골파를 넣어 졸인다. **3** 불에서 내려 타라곤, 고수 씨앗, 거칠게 으깬 긴 후추를 넣고 식힌다. **4** 꾀꼬리버섯을 깨끗이 씻어 만돌린 채칼로 얇게 썰고 생조르주버섯을 4등분해 함께 ③에 넣는다. **5** 올리브유를 뿌린다.

04.

푸아그라

1 라임을 씻어 제스터로 껍질을 벗긴다. **2** 식빵 위에 작게 자른 푸아그라 조각을 얹고 프라이팬에 올려 식빵 밑면을 바삭하게 굽는다. **3** 프라이팬에서 꺼내 빵이 위로 가도록 뒤집어 기름기를 빼고 그 위에 라임 제스트와 통후추를 뿌린다.

05.

바닷가재

1 바닷가재는 머리를 떼어낸다. **2** 냄비에 쿠르 부이용을 붓고 끓여 몸통 30초, 집게를 2분 동안 담가 익힌다. **3** 머리는 따로 보관한다. **4** 껍질을 벗기고 내장을 제거한다.

06.

몽테 버터

1 냄비에 닭고기 부이용을 붓고 생강, 라임, 햇마늘을 넣어 끓인다. **2** 차가운 버터를 조금씩 넣으면서 거품기로 세게 젓는다. **3** 온도를 70℃로 유지하면서 바닷가재 몸통 살을 4분 동안 익힌 다음 관절 부위의 살과 집게 부위의 살도 각각 익힌다.

07.

가니시

1 아몬드는 녹색 껍질을 제거하고 단단한 껍질을 깨서 알맹이를 꺼낸다. **2** 얇은 갈색의 속껍질을 벗겨 얇고 길쭉하게 자른다. **3** 파마산 치즈는 갈아서 접시에 골고루 뿌린다. **4** 접시 가운데에 바닷가재 몸통 살을 놓는다. **5** 식빵에 올린 푸아그라 조각을 접시에 골고루 놓고 후추 간을 한다. **6** 그리스식 버섯을 접시에 골고루 놓고 허브, 꽃, 새싹을 바닷가재 위에 뿌린다. **7** 아몬드와 체리 피클을 넣는다. **8** 체리 부이용은 데워서 손님 앞에서 뿌린다.

중급 레시피

홍합과 사프란 주스를 곁들인 쌀 크림
Riz déstructuré aux moules, jus safrané

4인분

준비 ○ 45분
조리 ○ 30분

도구

큰 용량의 냄비
요리용 냄비
체
가스휘핑기
깔때기
블렌더

쌀(카마르게*) ○ 150g
샬롯 ○ 2개
버터 ○ 10g
홍합 ○ 1.5㎏
올리브유 ○ **적당량**
화이트와인 ○ 300㎖
파스티스* 술 ○ 1큰술
우유 ○ 400㎖

펜넬 ○ 1개
생크림(crème liquide) ○ 100㎖
사프란 분말 ○ 2g
올리브유 ○ **적당량**
가는소금 ○ **적당량**
통후추 ○ **적당량**

* 카마르게(camarguais) : 프랑스 론 강 하구의
  지역명으로 쌀의 원산지로 유명하다. 이 지역의
  특산물인 카마르게 쌀은 긴 형태, 둥근 형태,
  2가지가 섞인 모양 등 다양하다.
* 파스티스(pastis) : 아니스 향료가 들어간 술

01.

1 샬롯 1개는 껍질을 벗겨 작게 다진다. **2** 작은 냄비에 버터를 두르고 다진 샬롯을 2분 동안 약불에서 볶은 다음 쌀을 넣는다. **3** 소금을 2꼬집 넣고 어느 정도 투명해질 때까지 저으면서 볶는다. **4** 물 375㎖를 넣고 끓어오르면 뚜껑을 덮어 18분 동안 중불에서 익힌다.

쌀을 미리 물에 담가 1.5배 불려 놓습니다.

02.

1 쌀이 익는 동안 나머지 샬롯 1개는 껍질을 벗겨 작게 다진다. **2** 홍합은 겉의 불순물을 긁어 물로 씻는다. 이미 입을 벌린 홍합은 버린다. **3** 냄비에 올리브유 1큰술을 두른 다음 샬롯을 넣고 저으면서 살짝 볶는다. **4** 바로 홍합을 넣고 화이트와인을 붓는다. **5** 뚜껑을 덮고 1분 30초 동안 강불에서 익힌다. **6** 뚜껑을 열어 저어주고 1분 30초 동안 더 익힌 다음 홍합이 입을 완전히 벌리면 냄비째로 체에 걸러 볼에 담는다. **7** 홍합 육수는 따로 보관하고 홍합은 식혀서 살을 발라낸다. **8** 입을 벌리지 않은 홍합은 버린다.

03.

1 쌀이 다 익었으면 가볍게 저어 풀어주고 120g을 따로 둔다. **2** 나머지 쌀에 파스티스 술을 붓고 잘 섞은 다음 후추 간을 하고 랩을 씌워 보관한다. **3** 따로 보관한 쌀 120g을 냄비에 넣고 쌀이 잠길 만큼 우유를 부어 5분 동안 약불에서 익힌다.

04.

1 펜넬은 단단한 첫 번째 겹을 벗긴 다음 줄기의 녹색 부분을 떼어내 장식용으로 보관해둔다. **2** 펜넬의 구근 부분을 2등분하고 다시 얇게 썰어 작은 정사각형 모양으로 자른다. **3** 올리브유 1큰술을 두른 냄비에 펜넬을 넣고 소금, 후추 간을 한 다음 5분 동안 약불에서 볶는다.

05.

1 우유에 익힌 쌀을 블렌더로 곱게 간다. **2** ①에 생크림을 넣고 섞은 다음 작은 국자로 꼭꼭 누르면서 작은 체에 거른다.

06.

1 펜넬과 홍합을 잘 섞는다. **2** 따로 보관해둔 펜넬 줄기의 녹색 잎을 떼어내 ①에 뿌리고 후추 간을 한다. **3** 깔때기를 이용해 가스휘핑기에 05의 따뜻한 쌀 크림을 채운다. **4** 가스 2개를 충전하고 잘 흔들어 따뜻하게 보관한다.

07.

1 고운체에 키친타월을 깔고 홍합 육수를 거른 다음 냄비에 담아 불에 올린다. **2** 끓어오르면 사프란을 넣고 잘 섞는다. **3** 접시에 쌀을 1겹 깔고 그 위에 가스휘핑기로 쌀 크림을 채운 다음 06의 펜넬과 홍합 2큰술을 얹고 다시 쌀 크림을 덮는다. **4** 작은 유리병에 홍합 육수를 붓고 접시에도 약간 부어 따뜻할 때 바로 먹는다.

차갑게 먹으면 쌀이 바삭거릴 거예요. 이를 방지하려면 쌀에는 랩을 씌워주고, 쌀 크림을 올리기 전에 가스휘핑기를 75℃의 중탕용기에 보관하세요.

중 급 레 시 피

가리비와 펜넬을 곁들인 티앙
Tian de saint-jacques et fenouil

2인분

준비 ◦ **20분**
조리 ◦ **32분**

도구

과도
슬라이스용 칼
에코놈 칼
만돌린 채칼

펜넬
Fenouil

펜넬 ◦ **2개**
작은 양파 ◦ **2개**
레몬 ◦ **1개**
바닐라빈 ◦ **1개**
닭 뼈 육수 ◦ **80㎖**(p.545 참고)
생크림(crème liquide) ◦ **2큰술**
식용유 ◦ **1큰술**

가리비
Noix de saint-jacques

가리비 ◦ **4개**
아몬드 분말 ◦ **적당량**
레몬즙 ◦ **1큰술**
올리브유 ◦ **적당량**
가는소금 ◦ **적당량**
백후추 ◦ **적당량**

01.

펜넬

1 펜넬은 깨끗이 씻어 반으로 자르고, 가운데 심을 제거한다. **2** 반으로 자른 4조각 중 3조각은 2~3mm 두께로 자르고 나머지 1조각은 따로 보관한다. **3** 양파는 껍질을 벗기고 2등분한 다음 뿌리 부분을 제거하고 얇게 슬라이스 한다. **4** 레몬은 깨끗이 씻어서 에코놈 칼로 제스트를 벗긴다. 껍질 바로 밑의 흰색 부분은 포함하지 않는다. **5** 벗긴 레몬 제스트를 가늘고 얇게 썬다.

1 올리브유 1큰술을 두른 냄비에 펜넬, 양파, 반으로 갈라 긁어낸 바닐라빈의 씨와 깍지를 넣고 소금과 후추 간을 한 다음 5분 동안 중불에서 익힌다. **2** 닭 뼈 육수를 넣고 저어준다. **3** 뚜껑을 덮고 10분 동안 약불에서 더 익히면서 가끔씩 저어준다. **4** 익히는 동안 남겨둔 펜넬 1조각을 만돌린 채칼을 이용해 얇게 썰고 얼음물에 넣어 보관한다.

02.

03.

1 오븐을 210℃로 예열한다. **2** 냄비에서 바닐라빈 깍지를 건져내고 생크림을 넣어 섞는다. **3** 동그란 개인용 티앙 용기에 붓으로 식용유를 바르고 익힌 채소를 깐 다음 오븐에 넣고 15분 동안 굽는다.

04.

가리비

1 채소를 익히는 동안 가리비 옆면의 흰색 부분을 떼어내고 씻은 다음 키친타월로 물기를 제거한다. **2** 접시에 아몬드 분말을 부어 가리비에 골고루 묻힌다.

05.

올리브유를 두른 프라이팬에 가리비 앞뒷면을 각각 1분 동안 중불로 구워 노릇한 색을 낸다.

06.

1 가리비를 굽는 동안 얼음물에 보관해둔 펜넬 슬라이스를 꺼내 물기를 제거하고 올리브유, 레몬즙, 소금, 후추로 간을 해 섞는다. **2** 구운 가리비를 세로로 2등분해 꼬챙이 1개에 4조각씩 꽂는다. **3** 꼬챙이를 제거하고 그 자리에 ¼ 길이로 자른 바닐라빈을 꽂는다. **4** 오븐에 익힌 채소 위에 바닐라빈에 꽂은 가리비를 얹고 펜넬 슬라이스를 얹는다.

관습에 저항하고 싶을 때가 있지요. 모든 손님들은 저에게 '송로버섯을 곁들인 아티초크 수프와 버섯 브리오슈 푀이테'가 최고의 음식이라고 말합니다. 하지만 지금까지 저에게는 '땅과 바다의 소스를 곁들인 볶은 홍합과 느타리버섯'이 최고의 요리랍니다. 건(乾)재료와 요오드 성분의 홍합을 예전부터 결합해 보고 싶었습니다. 기름지면서 동시에 부드러워서 대비가 되는 재료들이죠. 한번은 느타리버섯으로 시도해 봤는데 대비가 완벽해서 환상적이었죠. 바다에서 나는 재료와 땅에서 나는 재료의 조합은 처음 시도해본 것이었는데, 전 여기서 새로운 교훈을 얻게 되었습니다.

땅과 바다의 소스를 곁들인 볶은 홍합과 느타리버섯
Poêlée de moules et mousserons, jus terre et mer

4인분

준비 ∘ 1시간 15분
조리 ∘ 15분

도구

소퇴즈(곡선형 프라이팬)
시누아
핸드블렌더
타르트 틀(지름 14㎝)

소믈리에 추천 와인

AOC 인증의 샤블리산 프르미에 크뤼
AOC Chablis 1er cru
샤르도네(청포도 품종)의 텍스처와 결합된 요오드의 맛을 기반으로 하는 샤블리 특유의 미네랄은 이 요리와 매우 이상적인 조화를 이룬다.

홍합 ∘ 2㎏
느타리버섯 ∘ 600g
버터 ∘ 100g
레몬 ∘ 1개
루콜라 ∘ 12잎
가는소금 ∘ 적당량
통후추 ∘ 적당량

01.

홍합 준비하기

1 홍합을 잘 선별해 껍질의 불순물을 제거하고 씻는다. **2** 냄비를 달군 다음 물 2큰술과 홍합을 한 번에 넣고 즉시 뚜껑을 덮어 강불에서 익힌다. **3** 익히는 동안 주기적으로 저어주고 홍합이 입을 전부 벌리면 건져낸다. **4** 홍합은 살만 발라내고 육수는 체에 걸러 따로 보관한다.

느타리버섯 준비하기

1 버섯은 꼭지를 떼어내고 불순물이 나오지 않을 때까지 여러 번 씻는다. **2** 냄비에 약간의 버터를 녹이고 느타리버섯을 넣은 다음 뚜껑을 덮어 5분 동안 익힌다. **3** 느타리버섯과 익히면서 나온 즙은 각각 따로 보관한다.

02.

03.

1 소퇴즈에 약간의 버터를 넣고 누아제트 버터로 만든 다음 홍합 살을 넣고 1~2분 동안 강불에서 볶는다. 이때 홍합이 마르지 않도록 주의한다. **2** 체에 거르고 따뜻하게 보관한다. **3** 홍합을 볶으면서 생긴 소퇴즈 바닥의 갈색 덩어리에 홍합 육수와 느타리버섯의 즙을 부어 데글라세(p.567 참고) 한다.

04.

1 충분히 졸이고 시누아에 거른 다음 버터 50g과 레몬즙을 넣고 핸드블렌더로 섞어 간을 본다. **2** 루콜라는 잘 선별해 깨끗이 씻어서 보관한다. **3** 느타리버섯을 냄비에 담고 ①의 소스를 약간 넣어 따뜻하게 데운다.

05.

플레이팅

1 접시 가운데에 지름 14㎝의 타르트용 원형틀을 놓고 버터에 볶은 홍합을 틀 바닥에 채운다. **2** ① 위에 느타리버섯을 채워 덮는다. **3** 틀을 제거하고 04에서 완성한 소스에 핸드블렌더를 이용해 거품을 내 접시 위에 올린다. **4** 루콜라를 3장씩 얹어 완성한다.

고급 레시피

ARNAUD DONCKELE
아르노 동켈레

타르부리에슈(tarbouriech)는 동명의 가문에 의해 생산되는 특별한 굴입니다. 브르타뉴 지방에서나 볼 수 있는 조수간만의 차이를 이용한 굴 양식을 지중해 해역에서 구현해 냈죠. 타르부리에슈 굴의 베리에이션은 각기 다른 온도와 텍스처를 느낄 수 있도록 고민해 만들었습니다. 이게 바로 미식가들을 위한 흥미로운 유희라 할 수 있죠.

타르부리에슈 굴의 베리에이션 Variation sur l'huître Tarbouriech
모카 카르다몸 무스를 곁들인 굴 즐레, 완두콩을 곁들인 따뜻한 굴, 그리고 레몬밤을 곁들인 생굴이 한데 어우러진 《지중해의 펄 로즈》

10인분
준비 ◦ 50분
조리 ◦ 20분

도구
블렌더
체
시누아

가스휘핑기
제과용 스탠드믹서
핸드블렌더

완두콩 퓌레
Purée de petits pois

신선한 완두콩 ◦ 3kg
(또는 껍질 벗긴 완두콩 2kg)

샬롯 ◦ 100g
생강 ◦ 5g
레몬그라스 ◦ 30g
올리브유 ◦ 50g
소금 ◦ 적당량
후추 ◦ 적당량

레몬밤 카르다몸 가스휘핑
Siphon mélisse cardamome

레몬밤 ◦ 1단
판젤라틴 ◦ 3장(6g)
조개 육수 ◦ 400g(p.551 참고)
생크림(crème liquide) ◦ 100㎖
우유 ◦ 100㎖
카르다몸 ◦ 5g

레몬밤 바다 향 즐레
Gelée de mer à la mélisse

바닷물 ◦ 50g
레몬밤 ◦ 8잎
한천 ◦ 2g
(또는 식물성 추출 즐레 7.6g)

굴 즐레
Huîtres en gelée

타르부리에슈 굴(3번 크기) ◦ 20개
완두콩 퓌레 ◦ 200g
껍질 벗긴 완두콩 ◦ 20g
캐비아 ◦ 20g

생굴
Huîtres au naturel

타르부리에슈 굴 (5번 크기) ○ 30개
레몬 ○ 1개
유자 펄* ○ 30개
레몬밤 ○ 30작은잎

레몬밤 카르다몸 에멀션
Émulsion cardamome mélisse

레몬그라스 스틱 ○ 4개
조개 육수 ○ 500g (p.551 참고)
생크림 (crème fleurette) ○ 100㎖
우유 ○ 100㎖
레몬밤 ○ 1단
카르다몸 ○ 5g

따뜻한 굴
Huîtres chaudes

생크림 (crème liquide) ○ 75g
레몬밤 ○ 10잎
타르부리에슈 굴 (2번 크기) ○ 10개
조개 육수 ○ 300㎖ (p.551 참고)
버터 ○ 50g
껍질 벗긴 완두콩 ○ 125g
청어알 ○ 25g
후추 ○ 적당량

플레이팅
Dressage

완두콩 칩 ○ 적당량
카르다몸 ○ 1개

* 유자 펄 (perle de yuzu) : 유자 추출물을
  투명한 진주 형태로 가공해 상품화한 제품

01.

완두콩 퓌레

1 샬롯과 생강은 껍질을 벗기고 작게 다진다. **2** 레몬그라스도 작게 다진다.
3 냄비에 올리브유를 두르고 샬롯, 생강, 레몬그라스를 넣어 1분 동안 볶는다.

02.

1 01의 냄비에 완두콩을 넣고 1분 동안 볶은 다음 물 500㎖를 넣고 10분 동안 익힌다. **2** 핸드블렌더를 이용해 곱게 갈아 체에 내리고 간을 본다.

완두콩 퓌레를 고운체에 거르면 더욱 부드럽고 섬세한 텍스처를 음미할 수 있습니다.

03.

레몬밤 카르다몸 가스휘핑

1 찬물에 젤라틴을 담가 불린 다음 물기를 제거한다. **2** 냄비에 생크림, 우유, 조개 육수를 넣고 끓인다. **3** 불에서 내려 레몬밤, 카르다몸, 젤라틴을 넣고 5분 동안 우려낸 다음 고운체에 걸러 간을 본다. **4** 식혀서 가스휘핑기에 넣고 가스 2개를 충전한다.

04.

레몬밤 바다 향 즐레

1 물 150㎖와 바닷물을 섞어 데운 다음 레몬밤을 넣고 5분 동안 우려낸다. **2** ①에 한천을 넣고 끓인다.

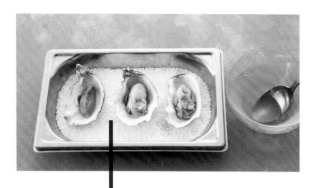

05.

굴 즐레

1 타르부리에슈 굴(3번 크기)은 껍질을 열어 살을 빼낸다. **2** 굴 껍질 바닥에 완두콩 퓌레를 약간씩 채운다. **3** ② 위에 굴과 완두콩 1개를 놓고 레몬밤 바다 향 즐레를 얹어 5분 동안 휴지시킨다.

06.

생굴

1 레몬은 껍질을 벗기고 과육을 발라서 작은 정사각형으로 자른다. **2** 타르부리에슈 굴(5번 크기) 껍질을 열어 정사각형으로 자른 레몬과 유자 펄을 올리고 레몬밤 잎 1장을 올린다.

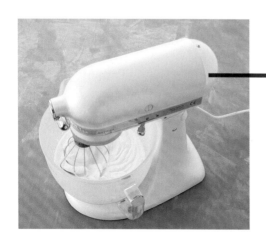

07.

레몬밤 카르다몸 에멀션

1 레몬그라스는 작게 다진다. **2** 냄비에 조개 육수를 넣고 데운 다음 생크림, 우유, 다진 레몬그라스, 레몬밤 잎, 카르다몸을 넣는다. **3** 불에서 내려 10분 동안 우려낸 다음 시누아에 거른다.

따뜻한 굴

거품기를 끼운 제과용 스탠드믹서에 생크림을 넣고 거품을 올린다.

08.

1 레몬밤 잎은 작게 다진다. **2** 타르부리에슈 굴 (2번 크기) 껍질을 열어 굴을 빼낸다. **3** 조개 육수를 데우고 버터를 넣어 농도를 진하게 한 다음 완두콩, 청어알, 거품을 올린 생크림을 넣는다. **4** 불에서 내려 다진 레몬밤 잎과 굴을 넣고 후추 간을 해 라구*를 완성한다. **5** 빠르게 저어서 미지근하게 식힌다.

* 라구(ragoût) : 고기나 채소 등을 넣어 오랫동안 끓인 스튜의 일종

09.

플레이팅

1 굴 껍질 바닥에 라구를 채우고 미지근한 굴을 올린다. **2** 핸드블렌더를 이용해 레몬밤 카르다몸 에멀션에 거품을 올려 ①의 굴 위에 얹는다. **3** 완두콩 칩을 몇 개 올려 장식하고, 제스터로 카르다몸을 갈아 뿌린다. **4** 굴 즐레 위에 캐비아를 얹고 레몬밤 카르다몸 에멀션으로 거품을 올려 얹은 다음 완두콩 칩을 올린다. **5** 제스터로 카르다몸을 갈아 뿌린다. **6** 1인당 2개의 굴 즐레, 3개의 생굴, 1개의 따뜻한 굴을 함께 제공한다.

완두콩 칩은 완두콩을 제거한 껍질을 건조기에 말려 만듭니다.

고급 레시피

문어, 펜넬, 레몬, 올리브와 병아리콩 갈레트
Poulpe, fenouil, citron, olive et socca nissarde

4인분
준비 ○ 30분
조리 ○ 1시간 30분
휴지 ○ 48시간

도구
코팅 프라이팬
만돌린 채칼
시누아

소믈리에 추천 와인
프로방스산(産) 화이트와인 : 발레
Ballet

문어
Poulpe

문어 ○ 1kg
통후추 ○ 5알
레몬 ○ 1개
마늘 ○ 1쪽
로즈마리 ○ 1줄기
올리브유 ○ 250㎖
굵은소금 ○ 적당량
후추 ○ 적당량

튀김
Tempura

밀가루 ○ 50g
탄산수 ○ 125g
튀김유 ○ 1ℓ

레몬 콩피
Citron confit

레몬 ○ 1개
올리브유 ○ 1큰술
소금 ○ 1꼬집
설탕 ○ 1꼬집

펜넬
Fenouil

펜넬 ○ 2개
레몬 ○ 1개
작은 블랙올리브 ○ 20개
올리브유 ○ 50㎖
소금 ○ 적당량
후추 ○ 적당량

니스식 병아리콩 갈레트
Socca nissarde

병아리콩가루 ○ 150g
물 ○ 450㎖
올리브유 ○ 40㎖
소금 ○ 적당량
통후추 ○ 적당량

01.

문어

이틀 전

1 문어는 머리를 떼고 깨끗이 씻어 손질한다. **2** 냄비에 물을 채우고 통후추, 반으로 자른 레몬, 굵은소금 1줌을 넣고 끓인다. **3** 문어를 넣고 40분 동안 아주 약한 불에서 익힌 다음 불에서 내려 식을 때까지 냄비째 휴지시킨다. **4** 문어를 꺼내 물기를 제거하고 1㎝ 두께로 잘라 소금, 후추 간을 한다. **5** 볼에 문어와 함께 으깬 마늘과 로즈마리를 넣고 올리브유를 충분히 뿌린 다음 48시간 동안 냉장 보관한다.

문어가 익었는지 잘 확인하세요. 칼로 찔렀을 때 살에 부드럽게 들어가야 합니다.

02.

튀김

당일

1 문어는 발 끝부분을 떼어내 물기를 제거하고 볼에 담아 따로 보관한다. **2** 튀김유를 160℃로 예열한다. **3** 다른 볼에 차가운 탄산수와 밀가루를 섞고 문어발 끝부분을 담가 튀김옷을 입힌다. **4** 밝은 황금색이 날 때까지 튀긴다.

03.

레몬 콩피

1 레몬은 5㎜ 두께로 둥글게 썰고 남은 부분은 꽉 짜내 즙만 따로 보관한다. **2** 코팅 프라이팬에 올리브유를 약간 두르고 레몬 양면을 구워 색을 낸다. **3** ②에 설탕 1꼬집, 소금 1꼬집을 넣고 30분 동안 레몬즙과 물 50㎖를 조금씩 넣으면서 끓인다.

04.

펜넬

1 레몬은 1㎜ 두께로 4장을 자르고 다시 각각 6등분해 삼각형으로 만든다. **2** 펜넬은 깨끗이 씻어 첫 번째, 두 번째 껍질을 차례로 벗기고 4등분한 다음 만돌린 채칼로 얇게 썬다. **3** ② 위에 올리브유를 뿌리고 후추 간을 하고 올리브를 올린다.

05.

1 만돌린 채칼로 썰고 남은 펜넬 조각은 다시 얇게 슬라이스 한다. **2** 올리브유를 두른 냄비에 ①을 넣고 소금 간을 한 다음 2분 동안 색이 나지 않을 정도로 천천히 부드럽게 볶는다. **3** ②에 레몬 콩피 2조각을 넣는다. **4** 불에서 내리고 칼로 잘게 다진 다음 후추 간을 해 보관한다.

06.

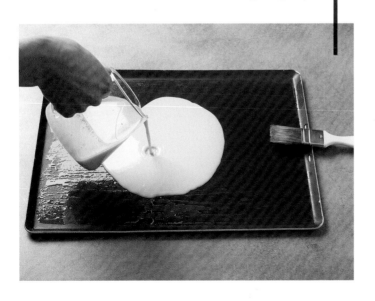

니스식 병아리콩 갈레트

1 오븐을 270℃로 예열한다. **2** 병아리콩가루를 체에 걸러 볼에 담고 약간의 물과 올리브유 10㎖를 조금씩 부으면서 거품기로 섞어 반죽을 만든다. **3** 소금 간을 하고 시누아에 거른다. **4** 남은 올리브유를 오븐팬에 붓고 그 위에 병아리콩 반죽을 5㎜ 두께로 부어 8~10분 동안 굽는다. **5** 완성된 병아리콩 갈레트를 적당한 크기로 자르고 후추 간을 한다. **6** 흰색 접시에 05의 다진 펜넬을 깔고 04의 펜넬 샐러드와 올리브, 삼각형으로 자른 레몬 조각, 마리네이드 한 문어, 튀긴 문어다리를 올린다. **7** 병아리콩 갈레트는 옆에 따로 내놓는다.

병아리콩 갈레트는 프라이팬으로 밝은 황금색이 될 때까지 약불에서 구워 만들 수도 있습니다.

JEAN-FRANÇOIS PIÈGE

장 - 프 랑 수 아 피 에 주

카르보나라를 보면서 면을 오징어로 바꾸는 상상을 해봤어요!
오징어를 아주 얇게 썰고 훈제 베이컨맛 크림을 곁들이는 것으로
제 상상은 현실이 되었습니다.

자연산 오징어로 만든 카르보나라
Calmar sauvage à la carbonara

8인분

준비 ○ 25분
조리 ○ 20분

도구

시누아

가니시
Garniture

오징어 ○ 800g
차이브 ○ 1단
스페인산(産) 파프리카맛 염장 삼겹살 ○ 200g
노른자 ○ 8개
파마산 치즈 ○ 300g
올리브유 ○ 1큰술
가는소금 ○ 적당량
통후추 ○ 적당량
거칠게 간 후추 ○ 1알

훈제 베이컨맛 크림
Crème au lard

생크림(crème liquide) ○ 600㎖
알자스산(産) 훈제 베이컨 ○ 2장(개당 50g)
버터 ○ 약간(15g 정도)
마늘 ○ 3쪽

01.

훈제 베이컨맛 크림

주물냄비에 훈제 베이컨 양면을 굽고
버터와 마늘을 껍질째로 넣는다.

02.

1 01에 생크림을 넣고 한차례 끓인 다음 살짝
진한 농도가 될 때까지 약불로 끓인다. **2** 시누
아에 걸러 냉장 보관한다.

03.

가니시

1 차이브는 깨끗이 씻어 얇게 슬라이스 한
다. **2** 노른자는 달걀에서 분리해 껍질에 담
아 놓는다. **3** 파프리카맛 염장 삼겹살은 얇
게 썰어 다시 손가락 마디 크기로 자른 다음
프라이팬에 볶아서 체에 받쳐둔다.

04.

1 오징어는 가로 방향으로 1㎜ 두께의 스파게티처럼 잘라 그라탱 용기에 넣는다. **2** 올리브유와 가는소금으로 간을 한다. **3** 그릴에서 몇 분 동안 강불로 빠르게 익힌다.

05.

1 포크를 이용해 익힌 오징어와 훈제 베이컨맛 크림을 잘 섞는다. **2** 후추 간을 넉넉히 하고 차이브를 뿌려 다시 섞는다.

06.

1 오징어 스파게티와 손가락 마디 크기로 볶은 파프리카맛 염장 삼겹살을 오목한 접시에 담는다. **2** 가운데에 노른자를 조심스럽게 올린다. **3** 거칠게 간 후추를 뿌리고 파마산 치즈를 갈아 뿌려서 마무리한다.

생 선

고급 레시피

STÉPHANIE LE QUELLEC

스 테 파 니 르 켈 렉

저는 캐비아를 매우 좋아합니다. 아주 귀하기 때문에
늦게 알게 된 재료지만 캐비아에 대한 사랑만큼은
누구 못지 않게 열렬하죠. 그래서 제가 만든 레시피에는 전부 캐비아가 들어 있습니다.
그것도 양념 수준이 아니라 메인 재료로요. 최상의 조합은 감자와
함께 할 때예요. 이 레시피는 모든 재료가 가볍지만 풍미가 훌륭하답니다.
단순하지만 정교하다고 할까요, 기술적이지만 감성적이라고 할까요?

프렌치토스트, 퐁파두르 감자, 생크림을 곁들인 솔로뉴산(産) 임페리얼 캐비아

Caviar impérial de Sologne Pain mi-perdu mi-soufflé, pomme pompadour, crème crue

---

4인분

준비 ○ 1시간
조리 ○ 45분

도구

체
거품기
L자형 스패튤러
코팅 프라이팬
빵칼
사각틀

솔로뉴산(産) 캐비아 ○ 40g
감자(퐁파두르*) ○ 300g
버터 ○ 50g
브리오슈 ○ 1개(370g)
흰자 ○ 50g
레몬즙 ○ 20㎖
정제버터 ○ 100g

핑거 라임 ○ 2개
크렘 크뤼* ○ 40g
파슬리 크레스* ○ 적당량
플뢰르 드 셀 ○ 적당량
소금 ○ 적당량
후추 ○ 적당량

* 퐁파두르(pompadour) : 길쭉한 모양의
  중간 크기 감자로, 프랑스 농림수산성에서
  최우수 품질의 식품에 부여하는
  적색라벨 (label rouge)을 획득했다.

* 크렘 크뤼(crème crue) : 원유를 우유와 크림으로
  분리하는 과정을 거친 뒤 살균 단계를 거치지
  않은 크림

* 파슬리 크레스(parsley cress) : 프랑스의 코퍼트
  크레스(koppert cress)라는 회사에서 상품화시킨
  파슬리 맛을 지닌 물냉이과의 허브

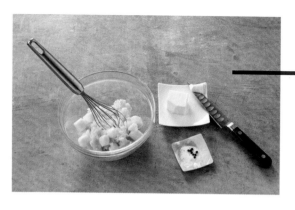

01.

1 감자는 껍질을 벗겨 조각으로 자르고 소금을 넣은 끓는 물에 20여 분 동안 익힌다. **2** 뜨거울 때 체에 거르고 200g을 계량해 버터 50g을 넣고 소금, 후추 간을 한다. **3** 윤이 나는 퓌레 상태가 될 때까지 거품기로 섞는다.

감자 퓌레는 핸드블렌더로 갈면 절대 안 됩니다! 아주 질기고 끈적끈적한 퓌레가 된답니다.

1 브리오슈는 빵칼을 이용해 세로 4㎜ 두께로 자르고 빵 껍질을 제거한다. **2** ①을 5×5㎝ 사각틀로 찍어 24개를 만든다. **3** 같은 크기의 사각틀 4개를 준비해 각 틀의 4면과 바닥을 ②의 브리오슈 조각으로 채운다.

02.

03.

1 볼에 흰자와 소금 1꼬집을 넣어 블랑 앙 네주*로 거품을 올린 다음 01에서 만든 감자 퓌레 100g과 레몬즙을 넣고 섞는다. **2** 필요에 따라 소금, 후추 간을 한다. **3** 나머지 100g의 감자 퓌레는 짤주머니에 넣어둔다.

짤주머니가 없으면 비닐에 넣고 끝부분을 잘라 사용해도 됩니다.

* 블랑 앙 네주(blanc en neige) : 흰자를 휘핑해 단단한 상태의 무스로 만드는 것

04.

1 오븐을 180℃로 예열한다. **2** L자형 스패튤러나 칼을 이용해 브리오슈를 채운 사각틀에 흰자와 섞은 감자 퓌레를 채운다. **3** 가운데 부분에 짤주머니로 감자 퓌레를 살짝 짜 넣고 다시 흰자와 섞은 감자 퓌레를 채운다. **4** 나머지 브리오슈 조각으로 뚜껑을 덮는다.

05.

1 내용물이 부풀지 않도록 04를 오븐팬 2개 사이에 끼워 오븐에 넣고 3분 동안 굽는다. **2** 정제버터(만드는 방법은 하단을 참고)를 이용해 코팅 프라이팬에 브리오슈를 구워 2면에 색을 낸다. **3** 브리오슈를 사각틀에서 꺼내 나머지 4면에 색을 낸다.

———

정제버터를 만들려면 버터 조각을 약불에서 중탕으로 녹이고 30분 동안 휴지시킵니다.
표면에 뜬 거품을 걷어내고 바닥에 가라앉은 우유 찌꺼기가 같이 섞여 나오지 않도록 주의하면서 중간의 지방층만 따라냅니다.

06.

1 캐비아는 5×5㎝ 사각틀로 모양을 내 투명시트에 올려둔다. **2** 핑거 라임을 반으로 잘라 알갱이를 꺼낸다. **3** 접시에 정사각형 브리오슈를 놓고 그 위에 캐비아를 올린다. **4** 크렘 크뤼를 커넬 모양으로 떠 브리오슈 옆에 올린 다음 플뢰르 드 셀, 통후추로 간을 하고 약간의 핑거 라임과 파슬리 크레스로 장식한다.

캐비아는 보석처럼 반짝이는 우아한 식재료 중 하나입니다.
투명한 알은 마치 섬세한 진주같지요. 저는 약간의 쓴맛, 요오드의 향,
단맛의 터치와 새콤한 맛이 곁들여진 강한 맛의 캐비아를 아주 좋아합니다.
사실 제가 이 식재료와 사랑에 빠진 건 컬리플라워 크림에 까다로운 성질의 캐비아를
결합시키고부터랍니다. 저를 유명하게 만든 음식 중 하나지요.
컬리플라워와 캐비아의 맛은 바닷가재 즐레에 의해 더욱 빛을 발합니다.
반면 이 요리의 복잡성은 베일에 가려지게 되고요……

컬리플라워 크림을 곁들인 캐비아 즐레
Gelée de caviar à la crème de chou-fleur

4인분

준비 ○ 1시간 30분
조리 ○ 4시간

도구

고운 시누아
거품기
블렌더
거품국자
명주실

소믈리에 추천 와인

뵈브 클릭코 샴페인
Veuve Clicquot

캐비아 ○ 80g
바닷가재 껍질 ○ 500g
올리브유 ○ 70㎖
양파 ○ 30g
펜넬 ○ 30g
셀러리 ○ 20g
당근 ○ 30g
샬롯 ○ 50g
부케 가르니 ○ 1개
토마토 페이스트 ○ 1큰술

마요네즈 ○ 1큰술(p.556 참고, 클로로필 추가)
처빌 ○ 적당량
소금 ○ 적당량
거칠게 간 후추 ○ 적당량

송아지 족 즐레(2ℓ 분량)
Gelée de pied de veau

뼈를 분리하고 2등분한 송아지 족 ○ 2개
굵은소금 ○ 40g

컬리플라워 크림
Crème de chou-fleur

컬리플라워 ◦ 800g
닭고기 부이용 ◦ 600㎖ (p.557 참고)
커리 ◦ 1꼬집
옥수수전분 ◦ 30g
노른자 ◦ 1개
생크림 (crème fleurette) ◦ 100㎖
더블크림* ◦ 50㎖
소금 ◦ 적당량
통후추 ◦ 적당량

여과하기
Clarification

큰 흰자 ◦ 1개
거칠게 다진 대파 ◦ 1큰술
거칠게 다진 당근 ◦ 1큰술
거칠게 다진 셀러리 ◦ 1큰술
조각 얼음 ◦ 2개
팔각 ◦ 적당량

* 더블크림(crème double) : 생크림보다
지방 함량이 높고 신맛이 다소 강한 크림

01.

송아지 족 즐레

1 냄비에 찬물, 굵은소금 10g, 송아지 족의 살과 뼈를 넣고 끓인다. **2** 끓어오르면 약하게 불을 줄이고 2분 동안 더 끓인 다음 식힌다. **3** ②에 물 4ℓ와 나머지 굵은소금을 넣고 약불로 3시간 동안 더 끓여 즐레를 만든다. **4** 시누아에 거른 다음 즐레 1.25ℓ를 따로 보관한다. **5** 송아지 족 1개의 절반 살을 발라 작은 정사각형으로 자른다.

02.

컬리플라워 크림

1 컬리플라워는 물에 데친다. **2** 냄비에 닭고기 부이용과 컬리플라워를 넣고 한차례 끓인 다음 커리 1꼬집을 넣고 뚜껑을 덮은 채 20분 동안 끓인다. **3** 컬리플라워를 건져내고 고운 시누아에 거른 다음 부이용이 50㎖로 졸아들 때까지 다시 끓인다. **4** 볼에 찬물 4큰술과 옥수수전분을 넣고 잘 풀어준 다음 거품기로 저으면서 부이용 1국자를 넣는다. **5** 끓고 있는 부이용에 옥수수전분 물을 도로 넣고 거품기로 3분 동안 저어준다.

송아지 족을 식힐 땐 찬 수돗물이나 흐르는 물에 냄비를 몇 분 동안 담가 놓으면 됩니다.
컬리플라워를 데치는 이유는 특유의 톡 쏘는 맛을 제거하기 위해서입니다. 이 톡 쏘는 맛을 없애려면 소금이 들어간 끓는 물에 2~3분 동안 끓이고
흐르는 물에 식힌 다음 물기를 제거하면 됩니다.

03.

1 볼에 노른자와 생크림을 넣고 섞는다. **2** ①에 부이용 1국자를 조금씩 넣으면서 섞는다. **3** ②를 다시 부이용이 담긴 냄비에 넣으면서 거품기로 섞는다. **4** 끓어오르기 직전에 불에서 내려 블렌더에 넣고 곱게 간다. **5** 고운 시누아에 거르고 간을 본다. **6** 완전히 식히고 경우에 따라 더블크림을 넣어 농도를 조절한다.

뜨거운 부이용, 혹은 노른자와 생크림 혼합물에 옥수수전분을 섞을 때는 거품기로 천천히 계속 저어주어야 합니다. 그래야 덩어리지지 않고 노른자의 응고를 막을 수 있습니다.

05.

1 04의 즐레를 시누아에 거른다. **2** 500㎖로 졸아들 때까지 다시 끓이고 식힌다. **3** 표면에 뜬 기름기를 제거한다.

04.

1 바닷가재 껍질을 으깨, 올리브유 50㎖를 두른 냄비에 볶는다. **2** 양파, 펜넬, 셀러리, 당근, 샬롯은 작은 정사각형으로 자르고 올리브유를 두른 다른 냄비에 색이 나지 않을 정도로 5분 동안 중불에서 볶는다. **3** ②에 부케 가르니(만드는 방법은 하단을 참고)를 넣는다. **4** 볶은 바닷가재 껍질을 채소가 든 냄비에 넣고 소금과 거칠게 간 후추를 뿌려 잘 섞는다. **5** 토마토 페이스트를 넣고 잘 저은 다음 보관해둔 송아지 족 즐레와 작은 정사각형으로 자른 송아지 족을 넣는다. **6** 약하게 끓는 정도로 20분 동안 졸이면서 계속 거품을 제거한다.

───

부케 가르니는 월계수 1잎, 타임과 이탤리언 파슬리 약간을 대파의 녹색 부분 안에 넣고 명주실로 묶어서 만듭니다.
즐레를 졸일 때는 표면에 떠오르는 불순물을 거품국자로 제거해주세요.

06.

여과하기

1 볼에 물 1큰술과 흰자를 넣고 거품기로 세게 섞는다. **2** ①에 거칠게 다진 대파, 당근, 셀러리와 얼음을 넣고 섞는다. **3** 즐레를 끓여 ②에 1국자를 넣고 잘 섞은 다음 즐레가 담긴 냄비에 도로 부으면서 천천히 저어준다. **4** 팔각을 넣고 30분 동안 약불에서 끓인다. **5** 면포에 거르고 식힌 다음 냉장 보관한다.

07.

1 즐레를 녹을 정도로만 미지근하게 데운다. **2** 4개의 각 수프그릇에 캐비아 20g을 넣고 시럽 상태의 즐레 100㎖를 부은 다음 냉장 보관해 식힌다. **3** 식힌 ② 위에 컬리플라워 크림을 50㎖씩 붓는다. **4** 클로로필을 섞어 초록색으로 만든 마요네즈를 작은 짤주머니에 넣고 수프 둘레에 원형으로 점을 찍는다. **5** 처빌 잎을 얹어 마무리한다.

───

여과를 위해 필요한 재료들을 넣고 약하게, 즐레가 깨끗해질 때까지 끓입니다. 면포에 물을 묻힌 다음 꼭 짜 체의 바닥에 깔고 그 밑에 큰 볼을 받칩니다.

고급 레시피

MICHEL GUÉRARD

미 셸 게 라 르

1969년과 2011년.
1969년, 저는 주물냄비를 이용해 비늘 벗긴 생선을
가장 자연주의적인 방법으로 익히는 법을 이미 생각해냈답니다.
바다 자체의 매혹적인 향을 전혀 잃지 않는 방법을요.
그리고 2011년, 지금도 저는 당시의 영감을 바탕으로 생선을 익히고 있답니다.
모래 언덕에서 수확한 야생화와 허브, 또는 목초지 주변이나
담으로 둘러싸인 정원에서 얻은 허브로 생선을 감싸 익히는 것이지요.

텃밭 채소로 만든 소스를 곁들인 자연산 농어

Le bar de ligne au naturel, en son jus de cuisson aux simples du jardin

---

4인분

준비 ○ 30분
조리 ○ 45분

도구

핸드블렌더
고운 시누아
주물냄비
중심 온도계

부이용 소스
Bouillon-sauce

채소 부이용 나주 ○ 250㎖ (p.552 참고)
버터 ○ 100g
마늘 칩 ○ 6개 (p.552 참고)
데리야키 소스 (무가당) ○ 1작은술

파슬리유
Huile de persil

이탤리언 파슬리 ○ 50g
생강 ○ 8g
올리브유 ○ 35㎖
포도씨유 ○ 30㎖
마늘 ○ ¼쪽
소금 ○ 1꼬집
설탕 ○ 1꼬집

농어
Bar

농어 ○ 2마리 (마리당 800g)
(내장은 제거하고 비늘은 손질하지 않은 것)
굵은소금 ○ 1큰술
신선한 허브 ○ 적당량

가니시
Garniture

청경채 ○ 2개
올리브유 ○ 1큰술
마늘 ○ 1개
껍질 벗긴 잠두 ○ 80g

닭고기 육수[p.552 참고]
또는 미네랄워터 ○ 250㎖
버터 ○ 40g
세이보리 ○ 5g
곱게 간 파마산 치즈 ○ 15g
소금 ○ 적당량

플레이팅
Dressage

세이보리 ○ 4줄기
신선한 허브 ○ 4큰술
[딜, 처빌, 이탈리언 파슬리, 고수]

01.

부이용 소스

1 미리 만들어놓은 채소 부이용 나주에 버터, 마늘
칩, 데리야키 소스를 넣고 끓인다. **2** 불에서 내리
고 핸드블렌더로 곱게 갈아 고운 시누아에 거른다.

02.

파슬리유

1 생강은 껍질을 벗기고 곱게 다진다. **2** 작은 냄비에 올리브유 1작은술
을 두르고 생강을 몇 초 동안 볶는다. **3** 남은 올리브유와 포도씨유를 넣
고 불에서 내린 다음 핸드블렌더로 곱게 갈아 10분 동안 냉동 보관한다.
4 마늘은 껍질을 벗겨 곱게 다지고, 이탈리언 파슬리는 씻어서 잎을 떼어
낸 다음 함께 ③에 넣고 소금, 설탕 간을 한다. **5** 핸드블렌더로 3분 동안
곱게 갈아 냉장 보관한다.

03.

농어

1 오븐을 85℃로 예열한다. **2** 큰 주물냄비 바닥
에 물과 굵은소금을 넣고 농어를 통째로 넣는다.
3 농어 위에 취향껏 고른 허브를 넉넉하게 덮고
오븐에 넣는다. **4** 중심 온도가 48~49℃가 될 때
까지 30분 동안 익힌다.

농어에는 로즈마리, 타임, 세이지, 세이보리, 월
계수, 딜, 이탈리언 파슬리 등의 허브를 사용할
수 있습니다.

04.

가니시

1 청경채는 2등분으로 자르고 씻어서 소금을 넣은 끓는 물에 4분 동안 익힌 다음 찬물에 식혀 물기를 제거한다. **2** 올리브유를 두른 프라이팬에 껍질째 으깬 마늘과 청경채를 넣고 평평한 면부터 구워 색을 내고 기본 간을 한다. **3** 작은 냄비에 닭고기 육수, 버터, 잠두를 넣고 2분 동안 끓인다. **4** 세이보리를 잘게 다져 ③에 넣고 파마산 치즈를 넣어 농도를 진하게 한다.

—

세이보리는 꽃이 핀 상태라면 더 좋습니다!
껍질 벗긴 잠두 80g은 깍지째로는 800g 정도입니다.

05.

플레이팅

1 부드럽게 휘는 칼을 이용해 농어 껍질을 조심스럽게 벗겨 낸다. **2** 따뜻하게 데운 4개의 큰 접시 가운데에 발라낸 농어 살을 각각 놓는다. **3** 따뜻하게 데운 작은 접시 4개 가운데에 청경채를 놓고 그 주위에 잠두와 세이보리를 작은 묶음으로 놓는다. **4** 부이용 소스는 따뜻하게 데운다. **5** 신선한 허브를 생선 주위에 화관 모양으로 장식하고, 붓을 이용해 농어 살에 파슬리유를 바른다. **6** 데운 부이용 소스를 작은 접시에 붓고 농어를 놓은 큰 접시와 함께 낸다.

초 급 레 시 피

대구 마리네이드와 계피 향을 곁들인 쌀
Bouchées de cabillaud mariné et riz parfumé

4인분

준비 ◦ 20분
조리 ◦ 15분
휴지 ◦ 15분

도구

에코놈 칼
필레 나이프 (날이 얇고 잘 휘는 생선용 칼)
슬라이스용 칼
제스터

소믈리에 추천 와인

알자스산(産) 드라이 화이트와인 :
게뷔르츠트라미너
Gewürztraminer

계피 향 쌀 만들기
Riz parfumé

둥근 쌀 ◦ 80g
계피 스틱 ◦ 1개
타임 ◦ 1줄기
쪽파 ◦ 2개
올리브유 ◦ **적당량**
가는소금 ◦ **적당량**

대구
Cabillaud

대구 등살 ◦ **450g**
라임 ◦ **2개**
생강 ◦ **20g**
플뢰르 드 셀 ◦ **적당량**
통후추 ◦ **적당량**
올리브유 ◦ **적당량**

01.

계피 향 쌀 만들기

1 냄비에 물 200㎖, 계피 스틱, 타임을 넣고 끓인다. **2** 뚜껑을 덮고 불에서 내려 10분 동안 우려낸다. **3** 쪽파는 뿌리를 제거하고 겉껍질 1겹을 벗겨 흰 부분만 잘라낸 다음 깨끗이 씻고 물기를 제거해 얇게 슬라이스 한다.

———

쪽파는 녹색의 작은 양파라고도 부릅니다.

02.

1 다른 냄비에 올리브유 1작은술을 두르고 슬라이스 한 쪽파를 중불에서 볶는다. **2** ①에 쌀을 붓고 소금 1꼬집으로 간을 한 다음 잘 섞는다. **3** 우려낸 계피 물을 체에 걸러 ②에 붓고 계피 스틱도 넣은 다음 약하게 끓는 상태로 15분 동안 익힌다. **4** 쌀이 익으면 잘 저어주고 뚜껑을 덮어 불에서 내린다. **5** 쌀알이 부풀어 오르도록 15분 동안 뜸들인 다음 볼에 옮겨 랩을 씌워 보관한다.

———

밥은 냉장에서 식히면 쌀알이 깨질 수 있기 때문에 실온에서 휴지시킵니다.

03.

대구

1 라임은 깨끗이 씻어 물기를 제거한 다음 제스터를 이용해 껍질을 곱게 간다. **2** 생강은 에코놈 칼로 껍질을 벗기고 제스터를 이용해 곱게 갈아 라임 제스트와 섞는다. **3** 플뢰르 드 셀 1작은술과 통후추를 18번 갈아 넣고 잘 섞는다.

04.

1 대구 등살의 껍질과 살 사이에 슬라이스용 칼을 넣어 생선 살을 분리한다. **2** 필레 나이프를 이용해 살을 5mm 두께로 자르고 접시에 펼쳐놓는다. **3** 작은 용기에 라임 1개를 짜 2큰술 분량의 라임즙을 만들고, 올리브유 4큰술을 넣어 잘 섞는다. **4** ③의 절반을 대구 살에 뿌린 다음 랩을 씌워 10분 동안 냉장 보관한다.

생선 살을 쉽게 자르려면 냉동실에 15분 동안 미리 넣어두면 됩니다.

05.

1 랩을 작게 잘라 밥 1작은술을 넣고 복주머니 모양으로 싼다. **2** 둥글게 굴린 다음 랩을 깨끗이 제거한다.

06.

1 라임 제스트가 담긴 접시에 둥글린 밥을 넣어 굴린다. **2** 라임 제스트에 굴린 밥 위에 대구 살을 얹고 그 위에 생강 제스트를 얹는다. **3** 개인용 작은 접시에 나머지 라임-올리브유 소스를 담는다. **4** 큰 접시 위에 소스와 대구 살을 얹은 밥을 놓는다.

익힌 생선을 선호한다면 오븐에 넣고 그릴 기능으로 2분 동안 굽거나 증기로 3분 동안 익힙니다.

중 급 레 시 피

시금치와 아몬드를 곁들인 대구구이
Cabillaud poêlé aux épinards et aux amandes

4인분

준비 ○ 35분
조리 ○ 18분
휴지 ○ 35분

도구

체
소퇴즈(곡선형 프라이팬)
과도
날이 넓은 스패튤러

소믈리에 추천 와인

보르도산(産) 레드와인 : 포이약
Pauillac

대구
Cabillaud

껍질 벗긴 대구 필레 ○ 4조각(개당 180g)
굵은소금 ○ 25g
올리브유 ○ 적당량
작게 자른 버터 ○ 20g

시금치와 콘디망
Épinards et condiments

우유 ○ 100㎖
껍질 벗긴 아몬드 ○ 40g
이탤리언 파슬리 ○ 3줄기
올리브유 ○ 적당량
가는소금 ○ 적당량
기름에 재운 케이퍼 ○ 2큰술
레몬 ○ 1개
시금치 ○ 400g
마늘 ○ 1개
작게 자른 버터 ○ 25g

01.

대구 준비하기

1 넓은 용기 바닥에 굵은소금 절반을 펼쳐 깐다. **2** 소금 위에 대구 살을 놓고 나머지 절반의 굵은소금을 대구 살에 뿌린다. **3** 랩으로 씌워 30분 동안 냉장 휴지시킨다.

굵은소금 대신 가는소금을 사용하려면 소금에 절이는 시간을 10분으로 줄이고, 작업 전에는 대구를 물로 깨끗이 씻어 말려야 합니다.

시금치와 콘디망

1 우유를 끓이고 아몬드를 넣어 5분 동안 약불에서 익힌다. **2** 뚜껑을 덮고 불에서 내려 15분 동안 우려낸 다음 체에 거른다. **3** 아몬드는 키친타월로 수분을 제거하고 작은 볼에 따로 보관한다.

02.

03.

1 이탤리언 파슬리는 깨끗이 씻어 물기를 제거하고 잎을 1장씩 떼어낸다. **2** 작은 소퇴즈에 올리브유 2큰술을 두르고 이탤리언 파슬리 잎을 넣어 3분 동안 중불에서 튀긴다. **3** 소금 간을 한다. **4** 키친타월을 3겹으로 접어 튀긴 잎의 기름기를 제거한다.

일반 파슬리가 장식용에 더 적합하다면 이탤리언 파슬리는 향을 더 오래 가게 합니다. 그리고 이탤리언 파슬리는 적은 양의 기름으로도 튀김이 가능합니다. 튀긴 이탤리언 파슬리 잎을 하나 꺼내 키친타월에 놓고 투명하게 드라이 된 게 육안으로 보이면 튀김이 잘된 것입니다.

04.

1 케이퍼는 올리브유에서 건져 물기를 제거한다. **2** 레몬은 양끝을 자르고 껍질을 벗긴 다음 투명한 막과 과육 사이에 과도를 넣어 과육을 분리한다. **3** 과육과 레몬즙을 볼에 넣는다.

05.

1 시금치는 가운데 억센 심을 줄기 밑부분부터 당겨 제거하고 2등분한 다음 흐르는 물에 깨끗이 씻어 물기를 제거한다. **2** 마늘은 껍질을 벗기고 포크에 꽂는다. **3** 소퇴즈에 올리브유 1큰술을 두르고 시금치 잎 절반 분량을 넣은 다음 마늘을 꽂은 포크로 저으면서 강불에서 볶는다. **4** 소금 간을 하고 접시에 담는다. **5** 같은 방식으로 남은 시금치 잎을 마저 볶는다. **6** 랩을 씌워 보관한다.

06.

대구 굽기

1 오븐을 180℃로 예열한다. **2** 소금에 절여둔 대구는 흐르는 찬물에 씻고 키친타월로 물기를 제거한다. **3** 프라이팬에 올리브유 1큰술을 두르고 대구와 버터 10g을 넣은 다음 4분 동안 중불에서 구워 한 면에 색을 낸다. **4** 녹은 버터를 대구 살 위에 지속적으로 뿌리면서 2분 동안 더 굽는다. **5** 날이 넓은 스패튤러를 이용해 대구 살을 뒤집은 다음 남은 버터를 넣고 녹으면 지속적으로 대구 살 위에 뿌리면서 1분 동안 익힌다. **6** 대구를 그릴 위에 올리고 과도한 기름을 제거한다.

07.

마무리와 플레이팅

1 프라이팬에 버터 25g을 두르고 아몬드를 넣은 다음 아몬드가 밝은 황금색이 될 때까지 프라이팬을 흔들면서 1분 30초 동안 볶는다. **2** ①에 케이퍼를 넣고 1분 동안 볶은 다음 레몬 과육을 넣는다. **3** 구운 대구 살은 오븐에 넣고 1분 동안 데운다. **4** 접시에 시금치를 펼치고 데운 다음 대구 살을 얹는다. **5** 대구 살 위에 아몬드와 케이퍼, 레몬 과육을 장식하고 튀긴 이탈리언 파슬리 잎으로 마무리한 다음 바로 내놓는다.

고 급   레 시 피

감귤류로 마리네이드 한 대구
Cabillaud mariné aux agrumes, cuit vapeur

4인분

준비 ○ **1시간**
조리 ○ **30분**
휴지 ○ **5시간**

도구

거품기
필레 나이프
거품국자
찜기

명주실
스패튤러
핸드블렌더
모양커터
붓

소카* 만들기
socca

병아리콩가루 또는 병아리콩 밀가루 ○ **70g**
물 ○ **200㎖**
올리브유 ○ **적당량**
굵은소금 ○ **적당량**
통후추 ○ **적당량**

* 소카(socca) : 병아리콩가루를 이용해 만든
  튀일(tuile)

대구
Cabillaud

대구 필레 ○ **2조각**(개당 300g)
대파 흰 부분 ○ **2줄기**

감귤류
Agrumes

자몽 ○ **1개**
오렌지 ○ **1개**
플뢰르 드 셀 ○ **적당량**
거칠게 간 후추 ○ **적당량**
올리브유 ○ **적당량**
통후추 ○ **적당량**

01.

소카 만들기

1 볼에 병아리콩가루를 넣고 거품기로 저으면서 물을 붓는다. **2** 올리브유 1.5작은술, 굵은소금 2꼬집, 통후추를 5번 갈아 넣고 섞은 다음 랩을 씌워 5시간 동안 냉장 휴지시킨다.

02.

대구

1 대구는 꼬리 부분의 껍질과 살 사이에 필레 나이프를 넣어 껍질을 제거한다. **2** 대구 필레 2조각을 머리와 꼬리 부분을 반대로 위치시키고 안쪽 살이 서로 마주보도록 겹친 다음 4등분으로 두툼하게 자른다.

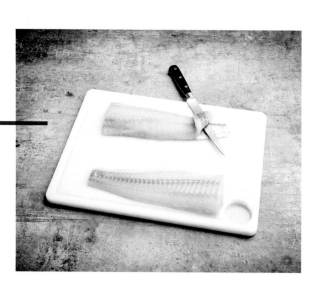

03.

1 찜기에 물을 넣고 끓인다. **2** 볼에 얼음과 찬물을 넣는다. **3** 대파는 뿌리를 제거하고 첫 번째 껍질을 벗긴 다음 씻어서 길이 방향으로 칼집을 낸다. **4** 대파를 찜기에서 1분 동안 찐 다음 거품 국자로 물기를 빼고 얼음물이 담긴 볼에 1분 동안 담근다. **5** 키친타월에 대파를 평평하게 펼쳐 물기를 제거한다.

04.

1 대파를 같은 길이로 맞춰 자른다. **2** 대파 끝부분에 대구 살을 올리고 살 길이에 맞추어 대파를 다시 자른다. **3** 대구 살이 놓인 부분을 시작으로 둥글게 만다. **4** 대구 살이 보이는 면이 바닥으로 가도록 놓고 명주실로 너무 조이지 않게 2바퀴를 돌려서 묶는다. **5** 불필요한 명주실을 자르고 랩으로 잘 싸서 냉장 보관한다.

05.

1 남은 대파 흰 부분은 어슷하게 썬다. **2** 냄비에 올리브유를 두르고 어슷하게 썬 대파를 넣은 다음 소금 간을 하고 5분 동안 약불에서 볶는다.

06.

감귤류

1 오븐을 210℃로 예열한다. **2** 감귤 과육은 끝과 밑부분을 잘라 보기 좋게 손질한다. **3** 자르면서 생긴 과즙은 따로 볼에 모아둔다. **4** 오븐팬에 실리콘 매트를 깔고 오렌지와 자몽을 4그룹으로 나누어 번갈아 나란히 놓는다. **5** 플뢰르 드 셀과 거칠게 간 후추로 간을 한다.

07.

1 대구 필레 양면을 플뢰르 드 셀로 간한다. **2** 붓을 이용해 찜기 바닥면에 올리브유를 바른다. **3** 대구 필레의 살코기가 바닥면을 향하도록 찜기에 놓고 가볍게 올리브유를 뿌린다. **4** 뚜껑을 덮어 5~6분 동안 익히고 대구 필레를 접시에 올린다.

08.

어슷하게 썰어 초벌로 익힌 대파 흰 부분을 다시 냄비에 넣고 몇 분 동안 약불에서 찐 다음 접시에 옮긴다.

09.

1 핸드블렌더를 이용해 01의 소카 반죽을 골고루 섞는다. **2** 프라이팬에 올리브유 1작은술을 두르고 소카 1국자를 부어 균일하게 펼친다. **3** 가장자리가 익기 시작하면 210℃의 오븐에 넣고 3분 동안 굽는다. **4** 작업대로 꺼내 날이 넓은 스패튤러를 이용해 소카를 뒤집고 통후추 간을 한 다음 같은 방식으로 두 번째 소카를 만든다.

10.

1 오븐에서 익힌 감귤류를 2분 동안 데운다. **2** 대구 필레에 묶은 명주실을 자른다. **3** 모양커터를 이용해 소카를 작은 원형으로 자른다. **4** 접시에 대구 필레를 놓고 그 옆에 원형의 소카와 어슷하게 썬 대파를 놓는다. **5** 마지막으로 오븐에서 따뜻하게 데운 감귤류를 대구 필레 위에 얹는다.

11.

1 냄비에 감귤류 즙과 올리브유 1작은술을 넣고 잘 섞어 몇 초 동안 졸인다.
2 대구 살 위에 ①과 플뢰르 드 셀을 뿌리고 바로 낸다.

중 급 레 시 피

올리브유 소스와 호박을 곁들인 도미 필레
Filet de daurade, courgettes cuites et crues, sauce vierge

4인분

준비 ○ **35분**
조리 ○ **20분**
휴지 ○ **20분**

도구

족집게
만돌린 채칼
주물냄비
코팅 프라이팬
과도
금속재질의 모양커터

소믈리에 추천 와인

부르고뉴산(産)화이트 와인 : 지브리
Givry

도미 필레 ○ **2조각**(개당 800~900g)
올리브유 ○ **1큰술**
버터 ○ **30g**
마늘 ○ **1개**
레몬즙 ○ **1개 분량**
플뢰르 드 셀
거칠게 간 후추

올리브유 소스
Sauce vierge

레몬 ○ **1개**
방울토마토 ○ **2개**
씨를 제거한 블랙올리브 ○ **12개**
처빌 ○ **2줄기**
바질 ○ **2줄기**
식초에 재운 케이퍼 ○ **20g**
올리브유 ○ **2큰술**
플뢰르 드 셀 ○ **적당량**
후추 ○ **적당량**

가니시
Garniture

가느다란 녹색 호박 ○ **3개**
노란 호박 ○ **2개**
닭 뼈 육수 ○ **200㎖**
버터 ○ **10g**
올리브유 ○ **2큰술**
소금 ○ **적당량**
후추 ○ **적당량**

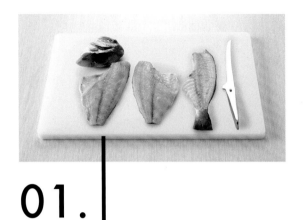

01.

도미 손질하기

족집게를 이용해 도미 필레의 가시를 제거하고 필요없는 부분을
손질한 다음 모서리를 뭉뚝하게 잘라 냉장 보관한다.

02.

올리브유 소스

레몬은 껍질을 벗기고 과도로 과육을 발라낸
다음 작은 정사각형으로 자른다.

03.

1 토마토는 깨끗이 씻어 꼭지를 제거한 다음 4등분
하고 씨를 제거한다. **2** 토마토 과육을 작은 정사각
형으로 자른다. **3** 올리브는 6조각으로 자른다. **4** 처
빌과 바질은 깨끗이 씻어 물기를 제거한 다음 잎을
떼어낸다. **5** 처빌은 곱게 다지고 바질은 얇게 채 썬
다. **6** 케이퍼는 건져서 물기를 제거하고 곱게 다진
다. **7** 손질한 모든 재료를 볼에 넣고 올리브유, 플뢰
르 드 셀, 후추 간을 하고 섞는다. **8** 실온에서 20분
동안 휴지시킨다.

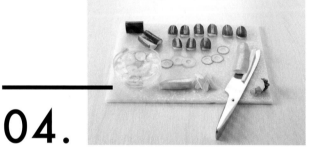

04.

가니시

1 호박은 깨끗이 씻고 물기를 제거한다. **2** 녹색 호박 1개와 노란 호박 1개의
끝부분을 자르고 만돌린 채칼을 이용해 둥글게 슬라이스 한다. **3** 가운데 부
분의 씨를 제거해 링 모양으로 만들고 얼음물에 담근다. **4** 나머지 녹색 호박
2개는 끝부분을 자르고 길이 방향으로 2등분한 다음 모서리를 둥글게 다듬
고 씨를 제거한다.

자른 채소를 얼음물에 담가놓으면 아삭한 식감을 낼 수 있습니다. 냉기가
섬유질을 견고하게 해주기 때문입니다.

05.

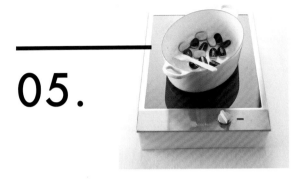

1 주물냄비에 올리브유 1큰술을 두르고 2개 분량의 손질한 녹색 호박을 넣어 소금 간을 한 다음 색이 나지 않을 정도로 2분 동안 볶는다. **2** 호박이 잠길 정도로 따뜻한 닭 뼈 육수를 붓고, 육수가 충분히 졸아들고 호박이 부드럽게 익을 때까지 5~6분 동안 약불에서 익힌다. **3** 필요하면 육수를 약간 더 넣는다.

06.

1 나머지 노란 호박 1개 역시 끝부분을 자르고 길이 방향으로 2등분해 씨를 제거한 다음 얇게 슬라이스 한다. **2** 주물냄비에 올리브유 1큰술을 두르고 얇게 슬라이스 한 호박을 넣어 3분 동안 중불에서 볶은 다음 소금 간을 하고 뚜껑을 덮어 10분 동안 더 익힌다. **3** 포크로 호박을 으깨 거친 퓌레로 만들고 간을 본다.

07.

도미 굽기

1 코팅 프라이팬에 올리브유를 두른다. **2** 도미 살에 소금 간을 하고 껍질 면이 바삭해지고 색이 날 때까지 강불에서 굽는다. **3** 불을 줄이고 도미를 뒤집은 다음 버터 30g과 껍질째 으깬 마늘을 넣는다. **4** 무스 상태의 버터를 도미 살에 계속 끼얹으면서 3분 동안 더 굽는다. **5** 레몬즙을 뿌리고 프라이팬에서 도미살을 꺼내 거칠게 간 후추와 플뢰르 드 셀로 간을 한다. **6** 호박 퓌레는 체에 받쳐 물기를 제거하고, 링 모양의 노란 호박을 녹색 호박에 끼워 넣는다. **7** 05에서 녹색 호박을 익히면서 생긴 즙에 올리브유와 버터 10g을 넣고 섞은 다음 녹색 호박에 끼얹어 코팅하고 후추 간을 한다. **8** 금속재질의 모양 커터를 이용해 접시 가운데에 따뜻한 노란 호박 퓌레를 깔고 구운 도미를 얹는다. **9** 녹색 호박 3조각을 놓고 호박을 익히면서 생긴 즙을 약간 부은 다음 링 모양 노란색 호박을 끼운 녹색 호박을 사이사이에 끼워 놓는다. **10** 접시 한 쪽에 올리브유 소스를 넉넉히 붓고 다른 쪽에는 살짝 뿌려서 마무리한다.

사람들은 이 도미 요리를 일식이라고 이야기합니다.
세련된 디자인과 마리네이드 한 양파와 간장 소스 때문일 것입니다.
도미에는 일본 무 라비올리와 얇게 채 썬 무를 곁들입니다.

일본식 도미 조림
Daurade à la japonaise

4인분

준비 ◦ 40분
조리 ◦ 50분
휴지 ◦ 6시간

도구

고운 시누아
블렌더
만돌린 채칼
모양커터 [지름 5cm]
체

소믈리에 추천 사케

마스미 준마이 다이긴조
Masumi Junmai Dai ginjo

양파 콩피
Oignons confits

양파 ◦ 1개
참기름 ◦ 1작은술
데리야키 소스 ◦ 100㎖

도미와 가니시
Daurade et garniture

나비 모양으로 손질한 도미 필레 ◦ **4조각**
데리야키 소스 ◦ **1큰술**
라임즙 ◦ **1개 분량**
생강 ◦ **10g**
정제버터 ◦ **10g**
옥수수전분 ◦ **5g**
레몬 제스트 ◦ **1개 분량**
일본 무 [왜무] ◦ **1개**
소금 ◦ **적당량**
후추 ◦ **적당량**

일본 무 퓌레
Purée de Navet

크고 둥근 일본 무 [왜무] ◦ **2개**
레몬 콩피 ◦ **1개 분량**
버터 ◦ **50g**
아카시아 꿀 ◦ **10g**

01.

양파 콩피

1 양파는 껍질을 벗기고 작은 정사각형으로 자른 다음 참기름을 두른 프라이팬에 2~3분 동안 볶는다. **2** 작은 용기에 볶은 양파를 넣고 데리야키 소스를 부은 다음 냉장고에 넣어 4시간 동안 마리네이드 한다.

02.

도미

1 접시에 도미 필레를 놓고 데리야키 소스와 라임즙을 바른다. **2** 냉장고에 넣고 2시간 동안 마리네이드 한다. **3** 생강은 껍질을 벗기고 작게 다진다.

도미 중에서도 귀족 도미(daurade royale)를 사용하세요. 일반 도미로도 대체할 수 있지만 귀족 도미보다 살이 더 무르다는 것을 감안하세요.

03.

일본 무 퓌레

1 둥근 일본 무는 껍질을 벗기고 작은 정사각형으로 자른다. **2** 레몬 콩피도 작은 정사각형으로 자른다. **3** 버터와 꿀을 두른 프라이팬에 일본 무와 레몬 콩피를 넣고 40분 동안 약불에서 익힌다. **4** 블렌더로 5분 동안 곱게 갈고 고운 시누아에 거른다.

04.

도미와 가니시

1 도미 필레를 체에 받쳐 물기를 제거한 다음 프라이팬에 껍질 면을 바닥으로 놓고 4분 동안 약불에서 굽는다. **2** 도미 필레 위에 체에 거른 01의 마리네이드 소스를 붓고 약하게 졸이면서 곱게 다진 생강을 넣는다. **3** 소스를 체에 걸러 내고 간을 본 다음 도미를 따뜻하게 보관한다.

05.

1 만돌린 채칼을 이용해 일본 무를 얇고 둥글게 썰어 끓는 소금물에 몇 초 동안 데치고 식힌 다음 깨끗한 천에 물기를 제거한다. **2** 지름 5㎝ 모양커터로 찍어 원형으로 만들고 가운데에 일본 무 퓌레를 채운다. **3** 정제버터와 옥수수전분을 섞어 원형의 일본 무 가장자리에 바르고 다른 원형의 일본 무를 덮어 라비올리 형태를 완성한다.

06.

1 접시마다 일본 무 라비올리를 3개씩 놓는다. **2** 라비올리 위에 레몬 제스트를 곱게 채 썰어 올리고 양파 콩피도 약간 얹는다. **3** 도미를 접시 가운데에 놓고 04의 소스를 조금 뿌린다. **4** 일본 무는 껍질을 벗겨 곱게 채 썰고 도미 위에 얹어 마무리한다.

30㎝ 길이의 일본 무를 곱게 채 썰어서 얼음물에 담가 놓으면 강한 향이 다소 줄어듭니다.

고급 레시피

GUY SAVOY

기 사 부 아

맛이며 향이 바캉스와 동의어 같은 음식들이 몇 개 있습니다.
여러 가지 채소와 아이올리 소스를 곁들인 대구도 그 가운데 하나입니다.
저는 대구의 뼈를 발라내고 통째로 익혀 두툼한 살을 맛볼 수 있도록 했습니다.
다양한 채소를 돌려깎아 넣고요. 그 덕에 대구의 크기가 더 부각되겠죠.
아이올리는 곱절은 무거워 보이는 생선들에 둘러싸여 소스로는 약해보이지만
이 소스가 바로 생선에 스며들어 혀끝에 맛을 전해주는 역할을 한답니다.

아이올리 소스와 채소를 곁들인 대구 통구이
Gros lieu cuit entier et légumes comme un aïoli

4인분

준비 ◦ 2시간
조리 ◦ 30분

도구

온도계
소퇴즈(곡선형 프라이팬)
붓

소믈리에 추천 와인

AOC 인증의 팔레트 화이트와인
Palette blanc

손질 안 된 노란색 대구 ◦ **1마리**(1.4~1.6kg)

채소
Légumes

셀러리액 ◦ **½개**
일본 무(왜무) ◦ **1개**
당근 ◦ **2개**
호박 ◦ **1개**
아티초크(바이올렛) ◦ **4개**
레몬 ◦ **1개**
펜넬 ◦ **2개**
달걀 ◦ **2개**

생선 퓌메 ◦ **1ℓ**(p.557 참고)
타임 ◦ **2줄기**
로즈마리 ◦ **2줄기**
올리브유 ◦ **100㎖**
가는소금 ◦ **적당량**
통후추 ◦ **적당량**

아이올리*
Aïoli

마늘 ◦ **2개**
셰리 식초 ◦ **20㎖**
노른자 ◦ **1개**

머스터드 ◦ **20g**
올리브유 ◦ **150㎖**
포도씨유 ◦ **150㎖**
가는소금 ◦ **적당량**
통후추 ◦ **적당량**

* 아이올리(aïoli) : 마요네즈 베이스에 마늘을 넣어
  만든 소스

01.

대구 손질하기

1 대구를 씻어서 비늘을 제거한다. **2** 등 부위에 칼집을 넣어 필레가 지갑처럼 양쪽으로 펼쳐지도록 자른다. **3** 가운데 뼈는 머리와 꼬리에 일부분만 남기고 제거한다. 이때 머리와 꼬리의 살이 분리되지 않도록 주의한다. **4** 잘라낸 뼈는 따로 보관한다.

이러한 손질법은 노랑촉수와 같이 크기가 작은 생선에도 사용할 수 있습니다.

02.

채소 손질하기

1 모든 채소를 씻는다. **2** 셀러리액, 일본 무, 당근은 껍질을 벗기고 호박과 함께 돌려 깎아 둥글게 다듬는다. **3** 아티초크는 돌려 깎아 길이 방향으로 2등분하고 레몬을 넣은 물에 담가 놓는다. **4** 각각의 채소가 1인당 3조각씩 배분되도록 한다.

03.

1 펜넬은 4등분하고 뿌리를 제거한 다음 아주 얇게 슬라이스 한다. **2** 냄비에 물을 넣고 물 온도를 64℃로 유지하며 달걀을 40분 동안 익힌다. 이때 온도계를 이용해 수시로 온도를 확인한다. **3** 냄비에 손질한 채소를 넣고 채소가 잠길 정도로 생선 퓌메를 부어 기본 간을 한 다음 타임과 로즈마리를 넣는다. **4** 채소가 부드럽게 익을 때까지 끓이고 실온에서 냄비째 천천히 식힌다.

04.

아이올리

1 마늘은 껍질을 벗기고 심을 제거해 곱게 다진다. **2** 셰리 식초에 소금과 후추를 녹이고 노른자와 머스터드를 넣어 섞는다. **3** 올리브유와 포도씨유를 섞어 ②에 넣고 거품기로 잘 섞어 마요네즈를 만든다. **4** 마지막으로 다진 마늘을 넣고 간을 본다. **5** 오븐을 160℃로 예열한다.

05.

대구 굽기

1 대구에 가는소금과 통후추로 간을 한다. **2** 오븐팬에 유산지를 깔고 올리브유를 바른 다음 대구를 놓는다. **3** 대구에 올리브유를 골고루 바르고 오븐에 넣어 12~15분 동안 굽는다. 이때 살코기의 색이 진줏빛처럼 하얀색으로 유지되어야 한다.

06.

플레이팅

1 소퇴즈에 03의 채소와 채소를 익힐 때 사용한 생선 퓌메 부이용을 조금 넣고 데운다. **2** 아이올리 소스에도 생선 퓌메 부이용을 2~3큰술을 넣어 농도를 조절한다. **3** 오목한 접시 가운데에 대구를 놓고 그 안에 각종 채소를 볼륨감 있게 채운다. **4** 붓을 이용해 대구 머리와 꼬리 부분에 올리브유를 발라 윤기를 낸다. **5** 익힌 노른자를 포크로 으깨서 채소 위에 약간 뿌리고 남은 노른자는 아이올리 소스 옆에 따로 내놓는다.

EMMANUEL RENAUT

엠마뉘엘 르노

아주 클래식한 가정요리인 커넬을 재해석했습니다.
계절의 변화에 따라 각기 다른 민물고기와 야생허브를 사용합니다.

양파 부이용과 병꽃풀을 곁들인 비스킷 형태의 아귀와 곤들매기
Lotte du lac et brochet en biscuit, bouillon d'oignon et lierre terrestre

---

6인분

준비 ◦ 1시간
조리 ◦ 2시간 15분 + 15분

도구

시누아
고운체
주물냄비
사각틀
푸드프로세서
핸드블렌더

소믈리에 추천 와인

시냥 베르즈롱, 외프라지
아드리안 베를리오즈 2011
Chignin-bergeron «Euphrasie»,
domaine Adrien Berlioz, 2011

양파 부이용
Bouillon d'oignon

양파 ◦ 1kg
버터 ◦ 200g
설탕 ◦ 10g
채소 부이용 ◦ 1ℓ(p.556 참고)
병꽃풀 ◦ 1단

타피오카
Billes de tapioca

양파 부이용 ◦ 100g
타피오카 ◦ 10g

비스킷
Biscuit

아귀 살 ◦ 100g
곤들매기 살 ◦ 160g
소금 ◦ 10g
설탕 ◦ 10g
달걀 ◦ 2개
생크림 ◦ 260g
버터 ◦ 40g
민물가재 비스크 ◦ 25g(p.556 참고)
2㎜ 두께로 썬 식빵 ◦ 4조각(p.556 참고)
정제버터 ◦ 50g

01.

양파 부이용

1 양파는 껍질을 벗기고 슬라이스 한다. **2** 버터 50g을 두른 주물냄비에 양파를 천천히 볶고 설탕을 넣어 캐러멜화시킨 다음 채소 부이용을 붓는다. **3** 약하게 끓는 정도로 2시간 동안 익힌 다음 시누아에 거르고 다시 ½ 분량으로 졸아들 때까지 끓인다. **4** 타피오카에 사용할 양파 부이용 100g을 따로 보관한다. **5** 남은 양파 부이용에 버터 150g을 넣고 잘 섞은 다음 간을 보고 따뜻하게 보관한다.

02.

타피오카

01에서 따로 보관해둔 양파 부이용 100g에 타피오카를 넣고 투명하게 익을 때까지 끓인다.

03.

비스킷

1 버터를 녹인다. **2** 푸드프로세서에 아귀와 곤들매기 살을 넣고 소금, 설탕 간을 한 다음 곱게 간다. **3** ②에 달걀, 생크림, 녹인 버터, 민물가재 비스크를 넣고 다시 2분 동안 곱게 간다. **4** 고운체에 거른다.

04.

1 밑부분을 랩으로 감싼 사각틀에 곱게 간 생선 살 혼합물을 채우고 스패튤러로 평평하고 윤기 나게 정리한 다음 윗부분도 랩으로 단단하게 감싼다. **2** 증기로 15분 동안 익혀 식힌 다음 직사각형으로 자른다. **3** ②와 같은 모양으로 식빵을 자른다. **4** 자른 식빵 위에 익힌 생선 살 비스킷을 올린다.

05.

1 먹기 15분 전에 양파 부이용을 따뜻하게 데우고 병꽃풀을 넣어 향을 우려낸다. **2** 정제버터를 두른 프라이팬에 생선 비스킷의 식빵이 붙은 면을 구워 색을 내고 따뜻하게 보관한다.

06.

1 병꽃풀이 담긴 양파 부이용 소스를 시누아에 거르고 간을 본 다음 핸드블렌더로 갈아 유화(에멀션)시킨다. **2** 생선 살 비스킷에 투명하게 익힌 타피오카와 양파 부이용 소스를 곁들여 먹는다.

PIERRE SANG BOYER

피에르 상 부아예

저는 담수어에 각별한 애정을 가지고 있습니다.
담수어는 친할아버지와 낚시하던 기억을 떠올리게 합니다.
온종일 낚시를 하고도 빈손일 때 우리는 체면을 잃지 않기 위해
양어장에 들렀다가 집에 돌아가곤 했습니다.

한국식 크럼블과 레몬 과육을 곁들인 곤들매기 콩피
Omble chevalier confit, pulpe de citron, crumble coréen

10인분

준비 ◦ 20분
조리 ◦ 2시간 10분
휴지 ◦24시간 5분 + 30분

도구

중심 온도계
블렌더
강판(마이크로플레인®)
제과용 붓

곤들매기 콩피
Omble chevalier confit

곤들매기 ◦ 1kg
굵은소금 ◦ 1kg
올리브유 ◦ 300㎖
해바라기유 ◦ 700㎖

레몬 과육
Pulpe de citron

유기농 레몬 ◦ 5개
설탕 ◦ 50g
물 ◦ 250㎖
올리브유 ◦ 50㎖
소금 ◦ 적당량

한국식 크럼블
Crumble coréen

껍질 제거한 피스타치오(무가염) ◦ 20g
해바라기씨 ◦ 20g
쌀 과자 ◦ 20g
볶은 깨 ◦ 10g
볶은 잣 ◦ 10g
적색 프랄린* ◦ 10g

플레이팅
Dressage

쌀 과자 ◦ 1개

* 적색 프랄린(pralines roses) : 아몬드에
설탕을 입힌 프랑스식 사탕 또는 이를
거칠게 간 덩어리. 벨기에에선 주로
초콜릿을 입히는 데 사용한다.

01.

곤들매기 콩피

하루 전

1 곤들매기를 씻어 조심스럽게 물기를 제거한 다음 평평한 용기에 놓는다. **2** 가운데 뼈를 기준으로 칼날을 집어넣어 필레를 분리하고 가장자리를 잘라 깨끗이 정리한다. **3** 곤돌매기 필레에 굵은소금을 골고루 뿌리고 5분 동안 휴지시킨다. **4** 곤들매기의 굵은소금을 흐르는 물에 씻어내고 물기를 제거한 다음 접시에 올려 24시간 동안 냉장 휴지시킨다.

02.

당일

1 곤들매기 필레를 용기에 옮긴다. **2** 올리브유와 해바라기유를 섞어 38℃로 데운다. 이때 중심 온도계를 이용해 온도를 확인한다. **3** 38℃로 데운 기름을 곤들매기에 붓고 30분 동안 실온에 두고 익힌다.

더 넓은 용기에 얼음을 깔고 곤들매기가 담긴 용기를 올린다.

이 방법은 생선 자체의 온도를 빠르게 내려 생선이 더 이상 익지 않도록 합니다.

03.

04.

레몬 과육

1 알루미늄포일로 레몬을 감싸 160℃로 예열한 오븐에서 2시간 동안 익힌다. **2** 오븐에서 꺼내 식힌 다음 알루미늄포일을 벗겨 설탕, 물, 올리브유, 약간의 소금과 함께 블렌더에 넣고 곱게 간다. **3** 간을 본다.

05.

한국식 크럼블

모든 재료를 블렌더에 넣고 굵직하게 간다.

플레이팅

1 곤들매기는 5조각으로 자른다. **2** 쌀 과자는 강판을 이용해 곱게 갈아 쌀가루처럼 보이도록 접시 위에 놓는다. **3** 붓을 이용해 접시에 레몬 과육을 놓는다. **4** 곤들매기 콩피를 놓고 그 위에 한국식 크럼블을 뿌린다.

06.

고 급 레 시 피

적색 채소를 곁들인 노랑촉수
Rouget, légumes rouges

4인분

준비 ◦ 40분
조리 ◦ 45분

도구

주물냄비
모양커터

소믈리에 추천 와인

프로방스산(産) 레드와인 : 방돌
Bandol

라비올리 파르스
Farce à raviolis

홍피망 ◦ 2개
올리브 모양의 작은 토마토 ◦ 2개
홍고추 ◦ 1개
레드칠리고추(피미엔토스 델 피키요*) ◦ 4개
적양파 ◦ ½개
바질 ◦ 2줄기
올리브유 ◦ 1큰술
소금 ◦ 적당량
통후추 ◦ 적당량

* 피미엔토스 델 피키요(pimientos del piquillo)
 : 스페인 북부지방 원산의 칠리고추로,
 매운맛이 덜하고 향미가 있다.
 보통 껍질과 씨를 제거하고 올리브유에 절인
 상태로 가공해 판매한다.

익히지 않은 가니시
Garniture crue

적양파 ◦ ½개
홍피망 ◦ 1개
라디치오 ◦ 1개
방울토마토 ◦ 6개
올리브유 ◦ 50㎖
셰리 와인 식초 ◦ 20㎖
통후추 ◦ 적당량
플뢰르 드 셀 ◦ 적당량

글라사주
Glaçage

손질하고 남은 채소 ◦ 적당량
올리브유 ◦ 1큰술
소금 ◦ 적당량
통후추 ◦ 적당량

라비올리
Raviolis

중국식 만두피 ◦ 12장

노랑촉수
Rougets

노랑촉수 필레 ◦ 2조각(개당 500g)
셰리 와인 식초 ◦ 1작은술
디종 머스터드 ◦ 1작은술
노른자 ◦ 1개
올리브유 ◦ 100㎖
소금 ◦ 적당량
통후추 ◦ 적당량
에스플레트 고춧가루 ◦ 1꼬집

라비올리 파르스

1 모든 채소는 깨끗이 씻는다. **2** 피망은 열선이 달린 그릴 밑에 두고 규칙적으로 회전시켜 굽는다. **3** 모든 면이 검게 그을리면 볼에 옮기고 랩을 씌워 10분 동안 휴지시킨다. **4** 토마토는 끓는 물에 잠시 담갔다가 꺼내 식힌 다음 껍질을 벗긴다.

01.

02.

1 홍고추와 레드칠리고추는 얇게 슬라이스 한다. **2** 적양파는 껍질을 벗겨 얇게 슬라이스 한다. **3** 토마토는 4등분해 씨를 제거하고 껍질과 씨는 글라사주용으로 따로 보관한다. **4** 홍피망도 껍질을 벗기고 씨를 제거한 다음 껍질과 씨는 글라사주용으로 따로 보관한다.

03.

1 주물냄비에 올리브유를 두르고 달군다. **2** 적양파를 넣고 3분 동안 볶은 다음 홍피망, 토마토, 홍고추, 레드칠리고추를 넣는다. **3** 수분이 빠진 마멀레이드 형태가 될 때까지 천천히 익힌다. **4** 바질을 깨끗이 씻어 크기가 작은 잎은 장식용으로 따로 보관하고 나머지는 얇게 썬다. **5** 줄기는 글라사주용으로 따로 보관하고 얇게 썬 잎의 절반을 마멀레이드에 넣는다.

04.

익히지 않은 가니시

1 모든 채소는 깨끗이 손질하고 물기를 제거한다. **2** 적양파와 홍피망은 껍질을 벗기고 4×0.5㎝ 크기로 12등분한다. **3** 라디치오는 잎 12장을 미리 떼어낸다. **4** 방울토마토는 4등분한다. **5** 접시에 담기 10분 전에 준비한 채소를 모두 볼에 담고 플뢰르 드 셀, 후추, 올리브유, 셰리 와인 식초로 밑간을 한다.

05.

글라사주

1 냄비에 올리브유를 두르고 자르다 남은 적양파 자투리를 넣어 3분 동안 볶는다. **2** 토마토와 피망의 껍질과 씨, 바질 줄기를 넣고 잘 저으면서 15분 동안 뚜껑을 덮고 익힌다. **3** 고운체에 거른다. **4** 냄비에 옮겨 졸이고 올리브유를 넣어, 붓으로 라비올리를 코팅할 정도의 농도로 만든다.

06.

라비올리

1 중국식 만두피 가운데에 03의 파르스를 넉넉하게 1큰술 떠 넣는다. **2** 만두피 가장자리에 붓으로 물을 바르고 접어서 이어 붙인다. **3** 모양 커터로 눌러 테두리를 자른다. **4** 끓는 물에 2분 동안 삶고 얼음물에 곧바로 담가 식힌 다음 물기를 제거한다.

자르고 남은 만두피는 기름에 튀겨 아페리티프로 먹을 수 있습니다.

07.

노랑촉수

1 볼에 머스터드, 노른자, 셰리 와인 식초를 넣고 섞어 소금, 후추 간을 한다. **2** ①에 올리브유를 넣으면서 거품기로 잘 저어 단단한 농도의 마요네즈를 만든다. **3** 남은 바질을 넣어 마요네즈에 녹색을 입힌다.

08.

1 올리브유를 바른 오븐팬에 뼈를 제거한 필레 형태로 준비한 노랑촉수를 껍질 부분이 위로 가도록 놓는다. **2** 소금과 에스플레트 고춧가루로 간을 한다. **3** 오븐의 그릴 기능을 활성화시켜 2분 동안 굽는다. **4** 오븐에서 꺼내 녹색 마요네즈를 껍질에 골고루 바르고 2분 동안 더 굽는다. **5** 접시에 라비올리를 놓고 글라사주를 얹은 다음 익히지 않은 채소 가니시와 노랑촉수를 놓는다. **6** 작은 바질 잎을 올려 마무리한다.

고 급 레 시 피

토마토, 올리브, 바질을 곁들인 노랑촉수구이
Rouget poêlé, tomate, olive, basilic

4인분

준비 ◦ 35분
조리 ◦ 4시간

도구

생선 집게
주물냄비
에코놈 칼
시누아
코팅 프라이팬
원형틀

소믈리에 추천 와인

프로방스산(産) 레드와인 : 방돌
Bandol

노랑촉수
Rougets

노랑촉수 ◦ 4마리 [마리당 300g]
생선 퓌메 ◦ 200㎖ [p.544 참고]
바질 ◦ ½단
올리브유 ◦ 적당량
플뢰르 드 셀 ◦ 적당량
후추 ◦ 적당량

토마토 콩피
Tomates confites

올리브 모양의 작은 토마토 ◦ 6개
올리브유 ◦ 1큰술
타임 ◦ 5줄기
마늘 ◦ 3개
소금 ◦ 적당량
후추 ◦ 적당량

토마토 퐁뒤
Fondue de tomates

줄기 토마토* ◦ 8개
올리브유 ◦ 1큰술
블랙올리브 ◦ 20개
소금 ◦ 적당량
마늘 ◦ 1개
설탕 ◦ 적당량

* 줄기 토마토 : 하나의 줄기에 달려 있는
  중간 크기의 토마토

생선 퓌메와 바질 칩
**Fumet de poisson et chips
de basilic**

노랑촉수 머리와 뼈 ◦ 4마리 분량
양파 ◦ 1개
펜넬 ◦ 1개
레몬 ◦ 1개
올리브유 ◦ 2큰술
버터 ◦ 50g
마늘 ◦ 3개
건조 펜넬 스틱 ◦ 1개
흑후추 ◦ 10알
잘 익은 토마토 ◦ 3개
토마토 페이스트 ◦ 10g
화이트와인 ◦ 350㎖
닭 뼈 육수 ◦ 500㎖
바질 ◦ 1단
플뢰르 드 셀 ◦ 적당량

노랑촉수

1 노랑촉수는 지느러미를 자르고 비늘과 내장을 제거한다. **2** 머리는 잘라서 따로 보관한다. **3** 노랑촉수의 배에서 꼬리까지 칼집을 넣고 가운데 뼈에서 양쪽의 필레를 떼어내 나비 모양으로 펼친다. **4** 가운데 뼈를 잡아당겨 꼬리 정도에서 자른다. **5** 생선 집게를 이용해 가시를 제거하고 껍질에 가볍게 칼집을 낸다.

01.

02.

토마토 준비하기

1 줄기 토마토와 올리브 모양의 토마토는 꼭지를 따고 반대편에 +자 모양으로 칼집을 내어 껍질을 벗긴다. **2** 냄비에 물을 끓여 토마토를 몇 초 동안 데친 다음 얼음물에 담근다.

03.

토마토 콩피

1 올리브 모양의 토마토는 2등분해 씨를 제거한다. **2** 제거한 씨는 생선 퓌메용으로 따로 보관한다. **3** 볼에 토마토, 올리브유 40㎖를 넣고 소금, 후추 간을 한 다음 조심스럽게 섞는다. **4** 오븐을 90℃로 예열하고 오븐팬에 유산지를 깐다. **5** 토마토를 겹치지 않도록 깔고 타임과 으깬 마늘을 뿌린다. **6** 총 4시간 동안 오븐에서 익히면서 중간에 토마토를 뒤집는다. **7** 콩피가 된 토마토부터 순서대로 오븐에서 꺼낸다.

───

토마토가 덜 익었을 땐 설탕 1꼬집을 토마토 콩피에 뿌리면 됩니다. 남는 것은 병에 담아 올리브유를 채워 냉장 보관하면 됩니다.

04.

토마토 퐁뒤

1 줄기 토마토는 4등분하고 씨를 제거한다. **2** 제거한 씨는 생선 퓌메용으로 따로 보관한다. **3** 넉넉한 크기의 주물냄비에 올리브유를 두르고 토마토를 너무 겹치지 않게 깔아 소금과 마늘로 간을 한 다음 2분 동안 중불에서 볶는다. **4** 냄비에 유산지를 덮고 160℃의 오븐에서 토마토의 수분이 완전히 날아갈 때까지 1시간 동안 익힌다. **5** 블랙올리브는 둥글게 썰어 토마토 퐁뒤에 넣는다.

05.

생선 퓌메

1 흐르는 찬물에 노랑촉수 뼈와 머리를 깨끗이 씻은 다음 물기를 제거한다. **2** 양파와 펜넬은 껍질을 벗기고 씻은 다음 약 1㎝ 두께로 슬라이스 한다. **3** 레몬을 씻어 에코놈 칼로 껍질을 미리 벗겨둔다. **4** 주물냄비에 올리브유를 두르고 노랑촉수 뼈와 머리를 넣어 색이 나도록 볶는다. **5** 내용물을 꺼내고 주물냄비를 닦는다.

06.

1 닦은 주물냄비에 버터 20g을 두르고 펜넬, 양파, 으깬 마늘, 건조 펜넬 스틱, 레몬 껍질, 흑후추를 넣어 10분 동안 약불에서 볶는다. **2** ①에 토마토 페이스트를 넣고 갈색이 될 때까지 2분 동안 볶은 다음 토마토 3개를 넣고 5분 동안 약불에서 볶는다. **3** ②에 색을 낸 노랑촉수 뼈, 머리를 넣는다. **4** 화이트와인을 넣고 한차례 끓인 다음 절반 분량이 될 때까지 졸인다. **5** 내용물의 높이만큼 따뜻하게 데운 닭 뼈 육수를 붓고 주기적으로 거품을 제거하면서 20분 동안 약불에서 끓인다.

07.

1 바질은 씻어서 잎을 떼어낸다. **2** 생선 퓌메를 불에서 내리고 바질 줄기를 넣어 20분 동안 우려낸 다음 시누아에 거르고 식힌다. **3** 거른 생선 퓌메에 버터 30g, 올리브유 2큰술을 넣고 진한 농도의 소스가 될 때까지 졸인다.

바질 칩

1 바질 잎을 크기에 따라 나누어 크기가 작은 것은 장식용으로 따로 보관한다. **2** 랩을 펼쳐서 크기가 큰 바질 잎을 올리고 가볍게 올리브유를 바른 다음 다시 랩을 덮는다. **3** 전자레인지를 최대 출력으로 설정해 1~2분 동안 데운다. **4** 노랑촉수에 플뢰르 드 셀로 간을 한다. **5** 코팅 프라이팬에 올리브유를 두르고 노랑촉수의 껍질 면을 바닥으로 해 굽는다. **6** 껍질에 색이 나기 시작하면 뒤집고 껍질의 바삭함을 유지시켜 보관한다. **7** 원형틀을 이용해 접시 위에 토마토 퐁뒤를 깔고 노랑촉수 필레를 올린다. **8** 토마토 콩피 3개를 둥글게 말아 각 접시에 놓고 그 위에 둥글게 자른 올리브와 바질 칩을 올린다. **9** 노랑촉수 퓌메를 뿌려 완성한다.

08.

요리란, 모든 감각을 만족시키는 기쁨입니다.
오감은 요리사들에게 가장 확실한 가이드이며
또한 식도락의 기쁨을 알게 해주는 최고의 지표이기도 합니다.
이 신선한 노랑촉수를 보세요! 물에서 갓 건져 올린 섬세하고 연한 장밋빛을 띠고 있습니다.
검정색, 오렌지색, 노란색, 흰색 등 무지갯빛의 등지느러미에 감탄사가 절로 나옵니다.
타프나드의 보라색이 곁들여진 검정색은 길게 썬 호박에 생명력 있는 녹색을 끄집어내죠.
또 다양한 향은 여러분의 코와 혀에 도달해 전율을 느끼게 할 것입니다.

햇감자, 호박과 호박꽃, 타프나드를 곁들인 노랑촉수
Rouget de roche, pomme nouvelle, fleur et ruban de courgette, tapenade

4인분	**도구**	**소믈리에 추천 와인**
준비 ◦ 35분	주물냄비	프로방스산(産) 레드와인 : 방돌
조리 ◦ 35분	제과용 붓	Bandol
	유발	
	에코놈 칼	

노랑촉수
Rougets

지중해 연안에서 어획한 노랑촉수 ◦ **4마리**
(마리당 120g)
구울 때 사용할 올리브유 ◦ **50㎖**
마조람 ◦ **2줄기**
버터 ◦ **적당량**
소금 ◦ **적당량**
통후추 ◦ **적당량**

가니시
Garniture

햇감자 ◦ **200g**
주키니호박 ◦ **2개**
호박꽃 ◦ **4개**
볶을 때 사용할 올리브유 ◦ **50㎖**
굵은 바다소금
버터 ◦ **5g**
세이지 ◦ **3장**
닭 뼈 육수 ◦ **150㎖**
통후추 ◦ **적당량**
닭 뼈 육수 ◦ **2큰술**

튀김
Tempura

밀가루 ◦ **50g**
찬물 ◦ **100㎖**
튀김용 포도씨유 ◦ **1ℓ**
소금 ◦ **적당량**
통후추 ◦ **적당량**

타프나드

Tapenade

타지아스케 올리브 ◦ 250g
소금에 절인 엔초비 필레 ◦ **2조각**
마늘 ◦ 1개
올리브유 ◦ 150㎖

셰리 와인 식초 ◦ 20㎖
마조람 ◦ **2줄기**
통후추 ◦ **적당량**

01.

노랑촉수

1 노랑촉수는 칼로 머리를 자르고 배 쪽으로 칼집을 넣어 등뼈가 분리되지 않도록 조심스럽게 손질한다. **2** 가위를 이용해 꼬리와 등의 뼈를 잘라 제거한다. **3** 뼈를 제거한 살코기 필레 부분에 마조람을 얹고 소금, 후추 간을 한다.

———

생선가게에서 손질한 노랑촉수를 구입해 사용할 수도 있습니다.

02.

1 프라이팬에 올리브유를 두르고 노랑촉수를 넣어 색이 나도록 2~3분 동안 굽고 조심스럽게 뒤집는다. **2** 약간의 버터와 마조람 줄기를 넣고 버터를 노랑촉수 위에 계속 끼얹으면서 굽는다. **3** 노랑촉수를 그릴 위에 올려 휴지시킨다.

가니시

1 햇감자는 깨끗이 씻어 1㎝ 두께로 자르고 모서리를 칼끝으로 둥글게 다듬는다. **2** 주물냄비에 올리브유를 두르고 햇감자를 볶다가 색이 충분히 나면 소금 간을 한다. **3** 감자를 뒤집고 약간의 버터와 세이지 잎 1장을 넣는다. **4** 불을 줄이고 감자가 절반 정도 잠기도록 닭 뼈 육수 150㎖를 붓는다. **5** 뚜껑을 덮고 감자가 반들반들하게 코팅되도록 익힌다.

03.

04.

1 호박꽃은 세로로 2등분하고 밑부분을 자른다. **2** 촉촉한 천에 호박꽃을 올려 보관한다. **3** 에코놈 칼을 이용해 호박을 얇고 길게 자른다. **4** 올리브유를 두른 프라이팬에 세이지 잎 1장을 넣어 향을 낸 다음 길게 자른 호박과 닭 뼈 육수 2큰술을 넣는다. **5** 뚜껑을 덮고 호박이 반들반들하게 코팅되도록 익힌다.

05.

튀김

1 밀가루에 아주 차가운 물을 조금씩 넣어 농도가 된 반죽을 만든다. **2** 붓을 이용해 호박꽃 안쪽에 반죽을 바른다. **3** 140℃로 예열한 튀김유에 호박꽃을 바삭하게 튀기고 키친타월에 올려 소금, 후추 간을 한다.

호박꽃이나 다른 재료를 전자레인지로 튀길 수도 있습니다. 랩을 펼쳐서 호박꽃을 올리고 올리브유를 바른 다음 다시 랩을 덮습니다. 전자레인지에 넣고 최대 출력으로 1~2분 동안 익히면 바짝 마른 튀김 또는 칩이 완성됩니다.

06.

타프나드

1 깨끗한 물에 엔초비를 5분 동안 담가 소금기를 제거한다. **2** 유발에 심을 제거한 마늘, 엔초비, 씨를 제거한 올리브를 넣고 페이스트 형태가 될 때까지 빻는다. **3** 올리브유를 넣어 농도를 진하게 하고 셰리 와인 식초, 통후추, 마조람 잎을 넣어 마무리한다.

07.

마무리와 플레이팅

1 평평한 접시 위에 동그란 감자를 깔고 사이사이에 얇고 긴 호박을 놓는다. **2** 노랑촉수를 올리고 약간의 타프나드와 호박꽃 튀김을 볼륨감 있게 놓는다. **3** 여분의 타프나드는 따로 내놓는다.

중 급   레 시 피

정어리 티앙과 민트 페스토
Tian aux sardines et pesto à la menthe

4인분

준비 ○ 35분
조리 ○ 30분
휴지 ○ 1시간

도구

필레 나이프
에코놈 칼
슬라이스용 칼
주물냄비
절구

정어리 ○ **10마리**(마리당 35g)
민트 ○ **3줄기**
레몬 ○ **1개**
가지 ○ **2개**
홍피망 ○ **2개**
양파 ○ **2개**
마늘 ○ **1개**
빵가루 ○ **25g**
올리브유 ○ **적당량**
가는소금 ○ **적당량**
백후추 ○ **적당량**

민트 페스토
Pesto à la menthe

마늘 ○ **2개**
소금 ○ **1꼬집**
볶은 잣 ○ **30g**
올리브유 ○ **2큰술**
민트 ○ **2줄기**

01.

1 정어리는 흐르는 물에 조심스럽게 문질러서 비늘을 제거한다. **2** 필레 나이프로 아가리 밑을 통과해 머리를 자르고 등뼈 방향으로 칼집을 넣어 필레를 분리한다. **3** 뒤집어 뼈를 제거하고 꼬리에서 머리로 칼집을 넣어 두 번째 필레를 분리한다. **4** 키친타월로 물기를 제거하고 접시에 올려둔다.

1 민트를 씻어서 물기를 제거한 다음 잎을 떼어낸다. **2** 민트 잎을 한데 뭉쳐 슬라이스용 칼로 곱게 다진다. **3** 볼에 레몬즙을 짠다. **4** 접시에 레몬즙 절반 분량, 올리브유 2큰술을 넣고 소금, 후추 간을 한 다음 민트 잎 절반을 뿌린다. **5** 민트 잎 위에 정어리 필레를 머리와 꼬리를 교차시켜 살 부분이 바닥을 향하도록 깐다. **6** 남은 레몬즙과 올리브유 2큰술을 넣고 소금, 후추 간을 한다. **7** 랩으로 잘 싸서 1시간 이상 냉장 보관한다.

02.

03.

1 가지는 깨끗이 씻어 끝부분을 자른다. **2** 에코놈 칼을 이용해 가지 껍질을 길이 방향으로 간격을 두고 벗긴다. **3** 슬라이스 칼을 이용해 길이 방향으로 2등분하고 다시 4.5mm 두께의 반원 모양으로 자른다.

04.

1 피망은 씻어서 에코놈 칼을 이용해 껍질을 벗긴다. **2** 길이 방향으로 2등분하고 꼭지를 떼어낸 다음 씨와 흰 부분을 제거한다. **3** 다시 길이 방향으로 2등분하고 슬라이스 칼을 이용해 5㎜ 두께로 길게 자른다. **4** 양파는 껍질을 벗기고 얇게 슬라이스 한다. **5** 마늘은 껍질을 벗기고 2등분해 심을 제거한다.

05.

1 오븐을 210℃로 예열한다. **2** 주물냄비에 올리브유 3큰술을 두르고 양파와 피망을 넣어 1분 동안 강불에서 볶는다. **3** ②에 가지, 마늘, 올리브유 2큰술을 넣고 잘 섞은 다음 소금, 후추 간을 한다. **4** 15분 동안 중불에서 천천히 익히면서 주걱으로 가끔씩 저어주고 물을 적신 붓으로 주물냄비 옆면을 닦아낸다. **5** 오븐용 용기에 익힌 채소를 넣고 빵가루를 뿌려 15분 동안 오븐에서 굽는다.

06.

민트 페스토

1 마늘은 껍질을 벗기고 반으로 잘라 심을 제거한다. **2** 절구에 마늘, 소금 1꼬집, 볶은 잣, 올리브유 1큰술을 넣고 빻는다. **3** 민트 잎, 올리브유 1큰술을 넣고 재료가 골고루 섞여 원하는 농도가 될 때까지 다시 빻는다.

07.

1 오븐에서 채소가 담긴 용기를 꺼내 정어리를 살 부분이 밑을 향하도록 올린다. **2** 페스토를 곁들여 마무리한다.

저는 이 레시피의 탄생 비화를 좋아합니다.
이 레시피는 오베르주 드 릴(Auberge de l'Ill) 레스토랑에서
정어리 통조림과 같은 사기그릇을 제작하면서 탄생하게 되었죠.
이 독특한 디자인은 그릇 장인 코케(Coquet)와 함께 개발한 것이며
이 레시피 구상에 필요한 모든 영감 또한 그에게서 비롯되었습니다.

정어리 마리네이드와 물냉이를 넣은 조개 라구
Boîte de sardines marinées, ragoût de coquillages au cresson

4인분

준비 ○ 40분
조리 ○ 25분
휴지 ○ 12시간 20분 + 12시간

도구

생선 집게
만돌린 채칼
소퇴즈(곡선형 프라이팬)
체

소믈리에 추천 와인

알자스산(産) 드라이 화이트와인 : 실바네
Sylvaner
루아르산(産) 화이트와인 : 상세르
Sancerre

정어리 마리네이드
Sardines marinées

정어리 ○ 500g
가는소금 ○ 200g
레몬즙 ○ 100㎖ (레몬 3개)
타임 ○ 2줄기
월계수 ○ 1잎
올리브유 ○ 180㎖
후추 ○ 적당량

조개 라구
Ragoût de coquillages

꼬막 ○ 500g
대합 ○ 500g
홍합 ○ 500g
차이브 ○ ½단
물냉이(크레송) ○ ¼단
감자 ○ 300g
큰 샬롯 ○ 1개
올리브유 ○ 8큰술
마늘 ○ 3개
타임 ○ 3줄기

화이트와인 ○ 9큰술
버터 ○ 20g
레몬즙 ○ 2큰술
굵은소금 ○ 적당량
통후추 ○ 적당량

01.

정어리 마리네이드

하루 전

1 정어리는 꼬리에서 머리까지 비늘을 긁어 씻어내고 천에 올려 말린다. **2** 머리 부분부터 칼집을 넣어 중심부 뼈를 기준으로 필레를 2등분한다. **3** 생선 집게를 이용해 필레에 있는 작은 뼈를 제거한다. 뼈를 뽑을 때마다 집게를 찬물에 담근다. **4** 필레에 묻은 피를 깨끗이 제거한다.

———

정어리 뼈를 제거하기 위해선 집게를 꼭 사용해야 합니다. 뼈를 뽑아 집게를 찬물에 담그면 뼈는 물속에 가라앉고 집게는 깨끗하게 유지됩니다.

02.

1 접시에 손질한 필레를 껍질 부분이 바닥을 향하도록 1줄로 가지런히 놓는다. **2** 가는소금을 뿌리고 10분 동안 냉장 보관한다.

03.

1 정어리를 조심스럽게 씻어내고 물기를 제거한다. **2** 접시에 껍질 부분이 위를 향하도록 가지런히 놓고 레몬즙을 뿌린다. **3** 다시 10분 동안 냉장 보관한다. **4** 물기를 제거하고 조심스럽게 씻어서 말린다. **5** 잎만 떼어낸 타임, 월계수 잎, 올리브유를 넣고 후추 간을 한다. **6** 뚜껑을 덮어 12시간 동안 냉장 보관한다.

04.

조개 라구

`당일`

1 소금을 푼 물에 꼬막과 대합을 각각 넣고 12시간 동안 해감한다. **2** 홍합 표면의 불순물을 긁어내고 깨끗이 씻는다. **3** 꼬막과 대합을 건져 물에 씻는다. **4** 차이브는 곱게 자르고 물냉이는 깨끗이 씻어 잎만 떼어낸 다음 굵게 자른다.

조개류는 ℓ당 굵은소금 1큰술을 넣은 물에 담가 어둡고 차가운 곳에서 해감합니다.

05.

1 감자는 껍질을 벗기고 씻은 다음 만돌린 채칼을 이용해 5㎜ 두께로 썬다. **2** 감자를 직사각형 기둥 모양으로 자르고 다시 정사각형으로 잘라 찬물을 넣은 냄비에 넣고 굵은소금을 약간 넣어 3~4분 동안 익힌다. **3** 감자를 건져 물기를 제거한다.

06.

1 샬롯은 껍질을 벗기고 2등분해 곱게 다진다. **2** 소퇴즈에 올리브유 2큰술을 두르고 샬롯 ⅓ 분량과 마늘을 껍질째로 넣어 2분 동안 중불에서 볶는다. **3** 대합, 타임 1줄기, 화이트와인 3큰술을 넣고 잘 섞은 다음 뚜껑을 덮은 채 3분 동안 가끔씩 저으면서 익힌다. **4** 같은 방법으로 꼬막, 홍합을 각각 익힌다.

07.

1 각각 익힌 대합, 꼬막, 홍합을 조심스럽게 건져내고 홍합 육수는 모아둔다. **2** 조갯살을 모두 발라낸다. **3** 홍합 육수를 체에 걸러 100㎖를 소퇴즈에 붓고 감자를 넣어 한차례 끓인 다음 불을 줄인다. **4** 조갯살과 버터를 넣고 2분 동안 세게 흔들어준다. **5** 올리브유 2큰술을 넣고 다시 5초 동안 저은 다음 물냉이와 차이브를 넣고 섞는다. **6** 후추 간을 하고 레몬즙을 넣는다.

08.

1 조개 라구를 4개의 사기그릇에 옮겨 담는다. **2** 정어리는 정확히 3등분한다. **3** 조개 라구 위에 정어리를 얹어 표면을 완전히 덮는다.

———

정어리를 3등분할 때는 도마에 정어리를 정렬하고 끝부분을 일정하게 자릅니다. 실제 중량보다 시각적으로 같은 크기로 보이는 것이 더 중요합니다. 이 정어리는 마리네이드 상태에서 3일 동안 보관이 가능하기 때문에 미리 만들어 놓아도 됩니다.

초 급   레 시 피

연어 타르타르
Tartare de saumon

4인분

준비 ◦ 25분
조리 ◦ 3분 + 20분

도구

블리니 프라이팬(지름 10~12㎝)
스패튤러
제스터
원형틀(지름 10㎝)

소믈리에 추천 와인

로제 샴페인

연어
Saumon

껍질 제거한 꼬리 부분의 연어 필레 ◦ 500g
적양파 ◦ 1개
라임 ◦ 1개
바질 ◦ 2줄기
올리브유 ◦ **적당량**
플뢰르 드 셀 ◦ **적당량**
통후추 ◦ **적당량**
연어알 ◦ 100g
시판용 혼합 샐러드(메스클랭) ◦ 150g
레몬즙 ◦ 1큰술

감자 퓌레(200g)
Purée de pomme de terre

감자(퐁파두르*) ◦ 300g
굵은소금 ◦ 물 1ℓ당 12g

* 퐁파두르(pompadour) : 길쭉한 모양의
  중간 크기 감자로, 프랑스 농림수산성에서
  최우수 품질의 식품에 부여하는
  적색라벨 (label rouge)을 획득했다.

블리니
Blinis

우유 ◦ 150㎖
버터 ◦ 250g
체 친 밀가루 ◦ 80g
중간 크기의 달걀 ◦ 2개
흰자 ◦ 3개
소금 ◦ **적당량**

01.

연어

1 연어는 길이 방향으로 2등분하고 다시 각각 3등분한 다음 얇고 긴 직사각형에서 작은 정사각형으로 자른다. **2** 볼에 담는다.

연어를 자를 때 칼날에 올리브유를 발라두면 달라붙지 않아요.

02.

1 양파는 껍질을 벗기고 단단한 뿌리 부분을 제거한다. **2** 양파의 첫 번째 겹을 4등분해 겹친 다음 얇고 길게 자르고 다시 정사각형으로 잘라 연어가 담긴 볼에 넣는다. **3** 라임을 씻어 제스터로 껍질을 간다. **4** 라임 껍질을 벗기고 과육을 정사각형으로 자른다. **5** 라임 제스트와 과육을 연어가 담긴 볼에 넣는다.

03.

1 바질은 씻어서 잎을 떼어낸다. **2** 잎을 한데 겹쳐서 가장 큰 잎으로 감싼 다음 얇게 슬라이스 해 연어가 담긴 볼에 넣는다.

감자 퓌레

1 감자는 껍질을 벗기고 적당한 크기로 자른다. **2** 굵은소금을 넣은 물에 감자를 넣고 중불로 20분 동안 익힌다. 이때 표면에 떠오르는 거품을 틈틈이 제거한다. **3** 감자를 건져내고 채소용 강판에 갈아 퓌레 200g을 만든다.

04.

익힌 감자를 오래 두면 매우 건조해집니다.

05.

블리니

1 우유는 미지근하게 데워 버터와 섞는다. **2** 냄비에 감자 퓌레, 따뜻한 상태의 ①, 체 친 밀가루를 넣고 거품기를 이용해 둥근 반죽이 될 때까지 섞는다. **3** 달걀 1개를 넣고 세게 젓는다. **4** 달걀 1개를 더 넣고 조심스럽게 젓는다. **5** 볼에 흰자를 넣고 거품기로 거품을 단단하게 올린 다음 ④의 냄비에 섞는다. **6** 간을 본다.

밀가루를 고운체에 거르면 반죽을 만들 때 덩어리가 생기는 것을 방지할 수 있습니다.

06.

1 지름 10~12㎝의 블리니 전용 프라이팬을 달궈서 버터를 녹이고 숟가락을 이용해 반죽의 ¼을 넣는다. **2** 물을 약간 묻힌 숟가락 등을 이용해 반죽을 넓게 펴서 1분 30초 동안 굽는다. **3** 스패튤러를 이용해 반대로 뒤집고 다시 1분 30초 동안 굽는다. **4** 같은 방식으로 매번 버터를 조금씩 추가하며 4장의 블리니를 만든다. **5** 완성된 블리니는 키친타월 위에 놓는다.

작업대 근처에 찬물이 담긴 작은 볼을 놓고 규칙적으로 숟가락을 담가 사용하면 블리니 반죽이 들러붙지 않습니다.

07.

1 연어 타르타르에 올리브유 2큰술과 플뢰르 드 셀로 간을 하고 잘 섞은 다음 후추 간을 하고 다시 섞는다. **2** 블리니를 접시에 깔고 그 위에 지름 10㎝의 원형틀을 놓는다. **3** 숟가락 등을 이용해 원형틀 안에 연어 타르타르를 채운다. **4** 틀을 제거하고 연어알을 덮는다. **5** 혼합 샐러드에 올리브유 2큰술, 레몬즙, 플뢰르 드 셀로 간을 해 곁들인다.

중 급 레 시 피

다이어트 베아네즈 소스, 셀러리액, 래디시, 감자를 곁들인 연어
Saumon, rave et radis, pomme de terre grillée, Diet béarnaise

4인분
준비 ◦ 40분
조리 ◦ 1시간 30분
휴지 ◦ 30분

도구
밀대
모양커터
거품기

소믈리에 추천 와인
발레 드 루아르산(産) 화이트와인 : 상세르
Sancerre

연어
Saumon

연어 필레 ◦ 500g
타라곤 ◦ 3줄기
소금 ◦ 250g
설탕 ◦ 25g
거칠게 간 후추 ◦ 적당량
라임 ◦ 1개
적후추 ◦ 적당량

가니시
Garniture

검은색 순무 ◦ 1개
셀러리액 ◦ ½개
라임 ◦ ½개
케이퍼 베리 ◦ 9개
식빵 슬라이스 ◦ 2장
정제버터 ◦ 50㎖ +1큰술(p.534 참고)
큰 감자(아그리아*) ◦ 4개
소금 ◦ 적당량
후추 ◦ 적당량

* 아그리아(agria) : 감자튀김에 적합하도록
  개량시킨 독일 품종 감자로 전분기가 많고
  노란색이다.

다이어트 베아네즈 소스
Diet béarnaise

샬롯 ◦ 2개
타라곤 ◦ 3줄기
백후추 ◦ 1작은술
화이트와인 식초 ◦ 100㎖
노른자 ◦ 2개
프로마주 블랑(무지방) ◦ 50g
소금 ◦ 적당량

01.

연어

1 연어는 뼈, 껍질, 지방이 많은 부분을 제거하고 손질한다.
2 타라곤을 곱게 다져 볼에 넣고 소금, 설탕, 거칠게 간 후
추, 라임 제스트와 적색 후추를 넣고 섞는다. **3** 접시에 연어
를 깔고 그 위에 ②를 덮는다.

———

손질하고 남은 연어 조각은 부이용 등 다른 용도로 사용
할 수 있습니다.

02.

1 연어를 냉장고에 넣고 30분 동안 마리네이드 한다. **2** 깨
끗이 씻어 건조시킨 린넨 위에 연어를 올리고 말려서 4등분
한다. **3** 오븐을 45℃로 예열한다. **4** 코팅 오븐팬에 연어를
놓고 올리브유를 골고루 바른 다음 오븐에서 40분 동안 익
힌다. **5** 오븐에서 꺼내 후추로 간을 하고 라임 과육을 잘라
서 뿌린다.

———

연어는 45℃에서 40분 동안 익히거나 60℃에서 15분 동
안 익힙니다.

03.

가니시

1 모든 채소를 깨끗이 씻는다. **2** 라임은 껍
질을 절반만 벗기고 과육을 발라서 작은 크
기로 자른다. **3** 셀러리액은 껍질을 벗기고
검은색 순무와 함께 채 썬다.

04.

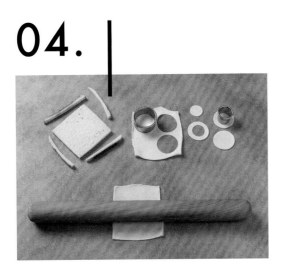

1 식빵은 가장자리를 잘라내고 제과용 밀대로 납작하게 밀어 편다. **2** 모양커터를 이용해 원형으로 자른 다음 정제버터를 바르고 소금 간을 한다. **3** 오븐팬 2장 사이에 놓고 180℃ 오븐에서 15분 동안 굽는다.

05.

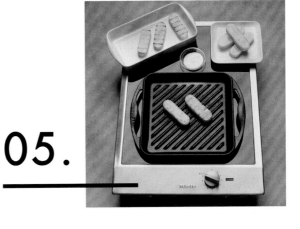

1 감자는 껍질을 벗기고 일정한 모양으로 자른 다음 깨끗이 씻어 물기를 제거한다. **2** 프라이팬이나 그릴팬을 달군다. **3** 감자에 정제버터와 소금으로 간을 한 다음 그릴 자국이 나도록 굽는다. **4** 접시에 옮겨 랩을 씌운 다음 450W의 전자레인지에서 4분 동안 익힌다. **5** 잘 익었는지 확인한다.

―

손질하고 남은 감자 조각은 수프나 그라탱에 사용할 수 있습니다.

06.

다이어트 베아네즈 소스

1 샬롯은 껍질을 벗기고 곱게 다진다. **2** 백후추는 거칠게 다진다. **3** 타라곤 2줄기는 깨끗이 씻고 잎을 떼어내어 곱게 다진다. **4** 스테인리스 냄비에 샬롯, 백후추, 남은 타라곤 1줄기, 화이트와인 식초를 넣고 끓여서 완전히 수분이 증발할 때까지 졸인다. **5** 타라곤을 꺼내고 냄비째 식힌다. **6** 노른자, 찬물 2큰술, 소금 1꼬집을 넣고 아주 약한 불에 올려 80~85℃를 유지하도록 거품기로 휘핑한다. **7** 불에서 내려 1분 동안 휘핑한 다음 프로마주 블랑을 넣으면서 계속 세게 휘핑한다. **8** 간을 보고 곱게 다진 타라곤을 넣는다.

07.

플레이팅

1 접시에 채 썬 채소와 라임 과육을 놓고 다이어트 베아네즈 소스에 간을 한다. **2** 감자를 놓고 케이퍼 베리와 오븐에 구운 식빵과 연어를 놓는다. **3** 타라곤을 뿌리고 소스는 따로 내놓는다.

고급 레시피

치즈의 신선함과 요오드 맛이 나는 연어의 결합은
이게 마카롱이라는 사실을 잊게 할 거예요!

연어와 청사과를 샌드한 염소치즈 마카롱
Macarons chèvre frais, saumon et pomme verte

10인분

준비 ○ 45분
조리 ○ 14분
휴지 ○ 30분

도구

스탠드믹서
스패튤러
짤주머니(7호 깍지)
고무주걱

마카롱 셸
Coques de macarons

아몬드 분말 ○ 110g
슈거파우더 ○ 225g
흰자 ○ 125g(4개 분량)
설탕 ○ 50g
플뢰르 드 셀 ○ **적당량**
통후추 ○ **적당량**

청사과 염소치즈 크림
Crème de chèvre à la pomme verte

리코타 치즈 ○ 150g
염소치즈 ○ 150g
고수 ○ 2g
차이브 ○ 2g
청사과 ○ 25g
레몬즙 ○ 15g
가는소금 ○ **적당량**
통후추 ○ **적당량**

플레이팅
Dressage

훈제 연어 슬라이스 ○ **4장**
플뢰르 드 셀 ○ **적당량**
통후추 ○ **적당량**

01.

마카롱 셸

1 아몬드 분말과 슈거파우더를 20초 동안 섞은 다음 체에 내린다. **2** 스탠드믹서에 흰자를 넣고 휘핑한 다음 면도 크림 같은 텍스처가 되면 설탕을 조금씩 넣어 고운 머랭을 만든다. **3** 머랭에 체 친 아몬드 분말, 슈거파우더를 넣고 고무주걱으로 큰 원을 그리면서 골고루 섞일 때까지 조심스럽게 섞는다. **4** 반죽이 윤기 나는 리본 상태가 될 때까지 세게 섞는다.

―――

흰자를 휘핑해 거품을 올릴 때는 스탠드믹서를 저속으로 설정합니다. 그리고 거품이 단단하게 올라와야 하는 설탕을 넣는 단계에서 속도를 올려줍니다.

02.

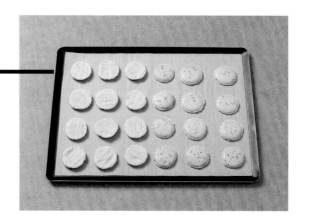

1 오븐을 160℃로 예열한다. **2** 오븐팬에 유산지를 깔고 7호 깍지를 끼운 짤주머니에 반죽을 채워 지름 3.5㎝ 크기로 마카롱 셸을 짠다. **3** 실온에서 30분 동안 건조시킨다. **4** 마카롱 셸에 플뢰르 드 셸과 후추로 간을 하고 14분 동안 오븐에서 굽는다.

03.

청사과 염소치즈 크림

1 작은 체를 이용해 염소치즈와 리코타 치즈의 수분을 제거한다. **2** 고수와 차이브는 곱게 다진다. **3** 청사과는 작은 정사각형 크기로 잘라 레몬즙과 섞는다. **4** 볼에 염소치즈와 리코타 치즈, 차이브, 고수를 넣고 섞은 다음 레몬즙과 섞은 청사과를 넣는다. **5** 간을 하고 냉장 보관한다.

―――

치즈의 수분을 빼는 것은 중요한 과정입니다. 가니시에 수분이 많으면 마카롱이 축축해지기 때문입니다.

04.

성형하기

1 유산지를 깐 평평한 도마에 훈제 슬라이스 연어를 깐다.
2 가운데에 03의 청사과 염소치즈 크림을 길게 올린다.

05.

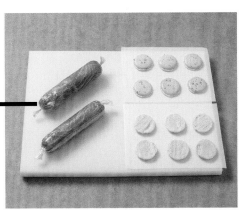

1 훈제 연어 슬라이스를 유산지째로 롤케이크처럼 만다. **2** 유산지를 떼어내고 랩으로 훈제 슬라이스 연어를 만다. **3** 마카롱과 비슷한 지름이 되도록 팽팽하게 모양을 잡아 양끝의 랩을 묶는다.

예쁜 모양으로 연어 롤을 말려면 일단 연어 슬라이스가 얇으면서도 직사각형 모양이어야 합니다.

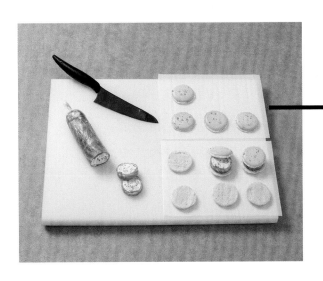

06.

1 연어 롤을 1㎝ 두께로 일정하게 잘라 마카롱 셸에 얹는다. **2** 연어 롤 위에 다른 마카롱 셸을 덮어 완성하고 약간 차가운 상태로 먹는다.

연어 롤을 냉동실에 잠깐 보관했다가 꺼내면 자르기가 쉽습니다.

연어는 이제 우리 식탁에서 꽤 큰 자리를 차지하는 재료가 되었습니다.
연어에는 자연산, 양식 뿐만 아니라 제가 샤를르 바리에(Charles Barrier) 레스토랑에서
정말 맛있게 먹은, 비교할 수 없는 맛의 루아르산(産) 연어도 있는데,
사람들이 그 다양한 산지를 잘 모르는 것 같아 안타깝습니다.
매우 열정적이고 위대한 셰프 중 한 사람인 샤를르 바리에와의 만남은
제 이력에서 아주 중요한 일입니다. 그릴과 로스팅의 굽기를 조절해
연어 중심부의 부드러움을 유지시키는 이 레시피는 샤를르 바리에의 영향을 많이
받았습니다. 이 방법은 질 좋은 연어 그대로의 맛을 간직하게 하지요.
저는 부드러운 연어 맛을 보존하기 위해 거의 안 익은 연어보다는
좀 더 익힌 연어를 선호하는 편입니다.

올리브유 소스를 곁들인 연어 애벌구이
Saumon rôti en peau, mi-cuit, à l'huile vierge

4인분

준비 ◦ 35분
조리 ◦ 15분

도구

짤주머니
코팅 프라이팬

소믈리에 추천 와인

보르도산(産) 드라이 화이트와인 :
샤토 퐁브로주
Château Fombrauge

8kg짜리 연어의
가장 두꺼운 부분의 필레(껍질째) ◦ 1kg
미니오징어 또는 꼴뚜기 ◦ 250g
올리브유(엑스트라 버진) ◦ 7큰술
정사각형으로 자른 토마토 과육 ◦ 30g
정사각형으로 자른 니스산(産) 올리브 ◦ 30g
바질 ◦ 5g
게랑드 소금 ◦ 4g

소금 ◦ 적당량
통후추 ◦ 적당량

타프나드
Tapenade

타프나드 ◦ 25g
바질 ◦ 8g
타라곤 ◦ 3g
딜 ◦ 3g
올리브유(엑스트라 버진) ◦ 25㎖
통후추 ◦ 0.5g

샐러드
Salade

딜 ○ 6g
마조람 ○ 2g
바질 ○ 2g
타라곤 ○ 3g

처빌 ○ 8g
셀러리 ○ 1g
이탤리언 파슬리 ○ 2g
비네그레트 ○ 20㎖

01.

1 미니오징어(또는 꼴뚜기)는 머리와 몸통을 분리한다. **2** 머리에 달린 주둥이를 제거하고 씻은 다음 물기를 제거한다. **3** 몸통은 다른 레시피를 위해 따로 보관한다.

02.

타프나드

1 모든 허브를 씻고 물기를 제거한 다음 곱게 다진다. **2** 허브가 담긴 볼에 타프나드, 후추, 올리브유를 넣고 조심스럽게 섞어 냉장 보관한다.

―――

미니오징어의 몸통을 제거하려면 왼손으로 미니오징어를 잡고 오른손으로 머리를 천천히 잡아당깁니다. 그리고 이쑤시개나 올리브 씨 빼는 도구를 이용해 미니오징어의 주둥이를 제거합니다. 몸통은 본 레시피에서 사용하지 않기 때문에 안을 비우고 따로 보관했다가 다른 레시피에 사용합니다.

03.

1 오븐을 200℃로 예열한다. **2** 연어 껍질 밑으로 가늘고 긴 칼을 2㎝ 간격으로 총 4번 나란히 찔러 넣는다. **3** 짤주머니에 타프나드를 채우고 손가락으로 연어 껍질을 누르면서 4군데의 칼집에 타프나드를 채운다.

―――

연어에는 전용 가시 집게를 사용하고, 가시가 깨끗하게 제거되었는지도 확인합니다. 연어에 칼집을 낼 때는 날이 얇고 긴 필레 나이프를 사용하면 편리합니다. 껍질 밑으로 타프나드를 채울 땐 5㎜ 지름의 원형 깍지를 짤주머니에 끼워 작업합니다.

04.

1 연어 양면에 소금, 후추 간을 한다. **2** 코팅 프라이팬에 올리브유 2큰술을 두르고 각각의 면을 1~2분 동안 색이 나도록 굽는다. **3** 연어를 코팅 프라이팬째 오븐에 넣고 10~11분 동안 익힌 다음 중심 온도가 21℃가 되는지 확인한다. **4** 오븐에서 연어를 꺼내 중심 온도가 36℃가 될 때까지 휴지시킨다.

오븐 안에 넣을 수 있도록 손잡이 분리가 가능한 큰 프라이팬을 준비하세요.

05.

1 프라이팬에 올리브유 2작은술을 두르고 미니오징어의 머리를 넣어 바삭해질 때까지 볶는다. **2** 기름기를 제거하고 소금, 후추 간을 한다. **3** 바질 잎을 얇게 썬다.

06.

1 연어를 4조각으로 자른다. **2** 프라이팬에 올리브유 3큰술을 두르고 정사각형으로 자른 토마토, 올리브, 바질 잎을 넣어 볶는다. **3** 각종 허브를 이용해 샐러드를 만들고 비네그레트(만드는 방법은 하단을 참고)로 간을 한다. **4** 접시에 샐러드와 미니오징어를 담고 게랑드 소금과 후추로 간을 한다. **5** ②의 볶은 토마토와 올리브 가니시를 올린다.

비네그레트는 볼에 와인 식초 1큰술과 소금 1꼬집을 넣어 포크로 섞고, 올리브유 또는 식용유 3큰술과 백후추를 2번 갈아 넣은 다음 다시 섞어 완성합니다. 연어는 여러 조각으로 얇게 잘라도 됩니다.

중급 레시피

FRÉDÉRIC ANTON

프 레 데 릭   앙 통

요리의 기본이라는 관점에서 이 음식은 얼마나 간결한지요.
진줏빛으로 익힌 흰색 넙치와 토마토와 라임으로 만든 올리브유.
저는 이 단순함을 극대화시키기 위해 소스에 섬세함을 곁들였습니다.

올리브유 소스와 튀긴 케이퍼를 곁들인 넙치
Le turbot cuit au naturel, sauce vierge et câpres frites

4인분

준비 ○ 30분
조리 ○ 1시간 50분

도구

찜기

소믈리에 추천 와인

클로 카나렐리 빈티지 2013
Clos Canarelli

넙치 필레 ○ **400g**
방울토마토 ○ **10개**
올리브유 ○ **적당량**
타임 ○ **적당량**
마늘 ○ **2개**
슈거파우더 ○ **1꼬집**
자몽 ○ **1개**
고수 씨앗 ○ **적당량**

핑거 라임 ○ **4개**
고수 ○ **¼단**
올리브유 ○ **500㎖**
땅콩유 ○ **1ℓ**
케이퍼 ○ **12개**
소금 ○ **적당량**
후추 ○ **적당량**

01.

1 오븐을 80℃로 예열한다. **2** 넙치는 40g의 직사각형으로 8등분한다. **3** 넙치에 소금과 후추로 간을 하고 2조각씩 겹쳐 랩으로 잘 싼다.

02.

1 방울 토마토는 꼭지를 따고 칼집을 약간 낸 다음 끓는 물에 몇 초 동안 담갔다가 꺼낸다. **2** 물기를 제거하고 껍질을 벗긴 다음 2등분해 씨를 제거한다. **3** 유산지를 깐 오븐팬에 방울토마토를 골고루 놓고 올리브유를 뿌린 다음 타임, 마늘을 껍질째 놓는다. **4** 슈거파우더를 골고루 뿌리고 1시간 30분 동안 오븐에서 익힌다.

03.

자몽은 껍질을 벗기고 과육을 1㎝ 크기의 정사각형으로 자른다.

04.

1 고수 씨앗은 아무것도 두르지 않은 프라이 팬에서 강불로 5분 동안 볶는다. **2** 핑거 라임을 잘라 알갱이 과육을 모은다. **3** 고수 잎을 곱게 다진다. **4** 모든 재료를 올리브유와 섞어 간을 해 보관한다.

05.

랩에 싼 넙치를 찜기에 올려 8분 동안 익힌다.

06.

1 케이퍼는 땅콩유에 튀긴다. **2** 접시에 올리브유 소스를 뿌리고 그 위에 넙치를 놓고 케이퍼로 장식해 마무리한다.

———

땅콩유 대신 포도씨유로 대체 가능합니다.

중 급 레 시 피

부야베스
Bouillabaisse

6인분

준비 ○ **1시간**
조리 ○ **1시간 30분**

도구

에코놈 칼
조리용 냄비
체
핸드블렌더
유발
마늘 압착기
소퇴즈 [곡선형 프라이팬]

소믈리에 추천 와인

프로방스산[産] 화이트와인 : 카시스
Cassis

부야베스
Bouillabaisse

껍질 제거하고 토막 썬 아귀 필레 ○ **1.1kg**
[연골 따로]
손질된 달고기 필레 ○ **1.2kg**
[머리와 뼈 따로]
노랑촉수 필레 [머리와 뼈 따로] ○ **800g**
유럽산 붕장어 또는 노랑촉수 필레 ○ **400g**
도루묵 필레 ○ **2조각** [개당 300g]
[머리와 뼈 따로]

큰 양파 ○ **1개**
펜넬 ○ **1개**
토마토 ○ **2개**
오렌지 ○ **1개**
올리브유 ○ **적당량**
펜넬 씨앗 ○ **적당량**
마늘 ○ **5개**
토마토 페이스트 ○ **적당량**
화이트와인 ○ **120mℓ**
팔각 ○ **1개**
사프란 ○ **적당량**
소금 ○ **적당량**
작은 감자 ○ **600g**

루유
Rouille

감자 ○ **1개** [60g]
마늘 ○ **5개**
노른자 ○ **1개**
사프란 ○ **적당량**
소금 ○ **적당량**
올리브유 ○ **적당량**
에스플레트 고춧가루 ○ **적당량**

부야베스

1 양파는 껍질을 벗기고 3㎜ 두께로 자른다. **2** 펜넬을 두껍게 슬라이스 한다. **3** 토마토는 한 방향으로 8등분하고 다시 다른 방향으로 각각 2등분한다. **4** 오렌지는 깨끗이 씻은 다음 에코놈 칼을 이용해 제스트 5장을 2~3㎝ 길이로 얇게 벗긴다. 이때 껍질 바로 밑의 흰 부분은 포함되지 않도록 한다. **5** 조리용 냄비에 올리브유 2큰술을 두르고 양파, 펜넬, 펜넬 씨앗 1작은술을 넣은 다음 색이 나지 않도록 3분 동안 중불에서 볶는다. **6** 토마토, 토마토 페이스트 1큰술, 마늘을 껍질째 넣고 1분 동안 잘 섞는다.

01.

02.

1 01에 유럽산 붕장어(또는 노랑촉수)의 머리와 뼈를 넣고 잘 섞은 다음 화이트와인을 넣는다. **2** 재료가 잠길 정도로 물을 붓고 오렌지 제스트, 팔각, 사프란 ½작은술을 넣은 다음 소금 간을 한다. **3** 거품을 제거하면서 20분 동안 끓인다.

03.

1 작은 감자는 깨끗이 씻어 2㎝ 두께로 자른다. **2** 02에서 만든 부야베스를 체에 거르고 큰 뼈를 건져내 200㎖를 계량한 다음 자른 감자를 넣고 수분이 완전히 흡수될 때까지 삶는다. **3** 체에 거른 부야베스의 단단한 재료를 거친 강판이 달린 채소 압착기로 여러 번 간다. **4** 남은 부야베스 부이용에 곱게 간 퓌레를 넣고 다시 핸드블렌더로 곱게 간다. **5** 국자로 꾹꾹 눌러 고운체에 거른다.

1 노랑촉수와 달고기는 3등분하고 아귀와 도루묵은 2등분한 다음 각각 소금 간을 한다. **2** 소퇴즈에 부야베스 부이용 1ℓ와 함께 절반의 생선을 넣는다. **3** 사프란을 넣고 뚜껑을 덮어 강불에서 한차례 끓인다. **4** 불을 줄이고 약하게 끓을 정도로 7~8분 동안 더 익힌다. **5** 크기가 작은 생선부터 꺼낸다. **6** 남은 절반의 생선도 같은 방식으로 익힌다.

04.

05.

루유

1 감자는 껍질을 벗겨 부야베스 500㎖가 담긴 냄비에 넣고 뚜껑을 덮어 20분 동안 익힌다. **2** 03에서 익힌 뜨거운 상태의 감자를 유발에 넣어 으깬다. **3** 마늘을 2등분해 껍질을 벗기고 심을 제거한 다음 마늘 압착기에 넣고 갈아 감자가 담긴 유발에 넣는다. **4** 마늘 위에 달걀 노른자를 넣고 절굿공이로 잘 섞은 다음 부야베스 부이용 2큰술과 사프란 1꼬집을 넣고 더 섞는다. **5** 소금 간을 하고 올리브유 70㎖를 조금씩 넣으면서 젓는다. **6** 취향에 따라 에스플레트 고춧가루를 넣는다.

유발 안에 절굿공이를 똑바로 세울 수 있을 정도의 농도가 되면 완성입니다.

06.

플레이팅

1 감자를 익히는 데 사용한 부야베스 수프와 생선을 익히는 데 사용한 부야베스 수프를 한데 섞어 블렌더로 곱게 간다. **2** 따뜻하게 데운 오목한 접시에 생선과 감자를 놓고 부야베스 수프를 붓는다. **3** 루유는 옆에 따로 내 놓는다.

달 걀,
푸 아 그 라,
가 금 류

중 급 레 시 피

푸아그라와 꾀꼬리버섯을 곁들인 달걀 코코트
Œuf cocotte au foie gras et girolles

4인분

준비 ○ 40분
조리 ○ 25분

도구

붓
핸드블렌더
고운 시누아
체
쿡팟
코팅 프라이팬

소믈리에 추천 와인

발레 뒤 론산(産) 화이트와인 : 생-조셉
Saint -joseph

달걀 ○ 4개

가니시
Garniture

꾀꼬리버섯 ○ 500g
샬롯 ○ 2개
차이브 ○ ½단
올리브유 ○ 1큰술
마늘 ○ 1쪽
타임 ○ 1줄기
포마드버터 ○ 25g
식빵 슬라이스 ○ 2장
말린 염장 삼겹살 ○ 1장(50g)
캉파뉴 슬라이스 ○ 2장
오리 푸아그라 콩피 ○ 80g
소금 ○ 적당량
후추 ○ 적당량

푸아그라(가니시와 소스)
Foie gras(garniture et sauce)

오리 푸아그라 ○ 180g
생크림(Crème fleurette) ○ 300㎖
소금 ○ 적당량
후추 ○ 적당량

01.

가니시

1 꾀꼬리버섯은 흙이 많은 끝부분을 잘라내고 칼로 긁어 손질한다. **2** 조심스럽게 붓으로 닦으며 찬물에 여러 번 헹구어 깨끗이 씻는다. **3** 물기를 제거하고 깨끗한 천으로 말린다. **4** 빵에 얹을 8개를 골라 따로 보관한다.

02.

푸아그라 (가니시와 소스)

1 푸아그라는 2㎝ 크기의 정사각형으로 잘라 냉장 보관한다. **2** 자투리 조각(약 60g 정도)은 따로 모아 소스에 사용한다.

03.

1 샬롯은 껍질을 벗겨 1개는 잘게 다지고 나머지 1개는 장식용으로 따로 보관한다. **2** 말린 염장 삼겹살은 길게 자른다. **3** 차이브는 ⅔ 분량만 잘게 다진다.

04.

1 냄비에 생크림과 푸아그라 자투리를 넣고 푸아그라가 완전히 녹을 때까지 끓인다. **2** 소금, 후추 간을 하고 핸드블렌더로 곱게 간다. **3** 고운 시누아에 거른다.

05.

꾀꼬리버섯 볶기

1 프라이팬에 올리브유를 두르고 꾀꼬리버섯, 껍질
째인 마늘, 타임 줄기를 넣은 다음 2~3분 동안 볶는
다. **2** 소금 간을 살짝 한다. **3** 작은 체에 걸러 볶으
면서 나온 즙을 제거한다. **4** 마늘과 타임 줄기를 꺼
내고 꾀꼬리버섯은 작게 다진다. **5** 4개의 쿡팟에 가
볍게 버터를 칠하고 볶은 꾀꼬리버섯, 다진 차이브
와 샬롯을 넣는다.

06.

1 오븐을 120℃로 예열한다. **2** 각각의 쿡팟 가운데에 달걀을 1개씩 깨 넣고 그 주위에 푸아그
라 소스를 채운다. **3** 오븐에 쿡팟을 넣고 15분 동안 굽는다. 이때 흰자는 익고 노른자는 익지
않고 흐르는 상태가 되어야 한다. **4** 식빵은 테두리를 잘라낸 다음 얇고 긴 막대 모양으로 자른
다. **5** 코팅 프라이팬에 기름을 두르지 않은 채 말린 염장 삼겹살과 식빵을 넣고 색이 날 때까
지 굽는다. **6** 키친타월에 올려 기름기를 제거한다. **7** 캉파뉴는 통째로 토스트 해 슬라이스 하
고 다시 2등분한 다음 푸아그라 콩피를 얇게 바른다. **8** 따로 보관한 꾀꼬리버섯 8개를 얇게 잘
라서 푸아그라 콩피를 바른 캉파뉴 위에 뿌리고 소금, 후추 간을 한다. **9** 다른 프라이팬에 정사
각형으로 잘라 냉장 보관한 푸아그라를 2분 동안 볶아 색을 낸다. **10** 식빵을 잘라 만든 크루
통, 구운 삼겹살, 얇게 썬 생샬롯, 남은 차이브를 쿡팟에 넣고 노른자에 후추 간을 해 내놓는다.

중급 레시피

JEAN-FRANÇOIS PIÈGE

장 - 프 랑 수 아   피 에 주

외프 알 라 코크(œuf à la coque)는 반숙 달걀에 버터와 함께 빵을 적셔 먹는 것을
말합니다. 저는 기존의 재료에 참신한 아이디어를 더해 외프 알 라 코크를
껍질이 없는 달걀 형태로 만들어 보았습니다.

민물가재, 꾀꼬리버섯, 아몬드를 곁들인 껍질 없는 달걀
Œuf coque 《sans coque》, écrevisses, girolles, amandes

4인분

준비 ○ 1시간
조리 ○ 1시간 15분
휴지 ○ 1시간 30분

도구

소트와르(프라이팬)
체
주물냄비
소퇴즈(곡선형 프라이팬)

껍질 없는 달걀
Œuf coque sans coque

가염버터 ○ 50g
차이브 ○ ½단
레몬즙 ○ ½개 분량
통후추 ○ 적당량
달걀 ○ 4개
식빵 ○ 500g
땅콩유 ○ 2ℓ

빨간 다리 민물가재
Écrevisses pattes rouges

빨간 다리 민물가재 ○ 16마리
마늘 ○ 5쪽
이탤리언 파슬리 ○ ¼단
코냑 ○ 30㎖
올리브유 ○ 20㎖
후추 ○ 적당량

꾀꼬리버섯 즙
Jus de girolles

닭다리 ○ 600g
올리브유 ○ 40㎖
버터 ○ 150g
곱게 다진 샬롯 ○ 125g
당근 슬라이스 ○ 125g
마늘 ○ 5쪽
꾀꼬리버섯 자투리 ○ 300g

양송이버섯 ∘ 300g
화이트와인 ∘ 250㎖
옐로와인(샤토 다를레이) ∘ 250㎖
닭고기 부이용 ∘ 500㎖(p.554 참고)
송아지 족 즐레 ∘ 200g
이탤리언 파슬리 ∘ 1단
거품 올린 생크림(crème légère) ∘ 50g
통후추 ∘ 적당량

꾀꼬리버섯과 아몬드
Girolles / amandes

작은 꾀꼬리버섯 ∘ 200g
올리브유 ∘ 20㎖
버터 ∘ 20g
신선한 아몬드 ∘ 12개
플뢰르 드 셀 ∘ 적당량
후추 ∘ 적당량

꾀꼬리버섯 퓌레
Purée de girolles

작은 꾀꼬리버섯 ∘ 200g
올리브유 ∘ 20㎖
버터 ∘ 20g
닭고기 부이용 ∘ 100㎖(p.554 참고)

이탤리언 파슬리 튀김
Persil frit

이탤리언 파슬리 ∘ 1단
포도씨유 ∘ 1ℓ

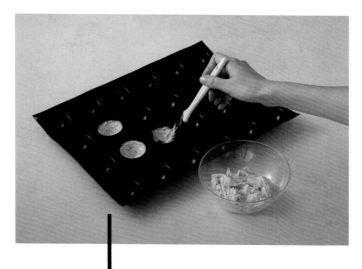

02.

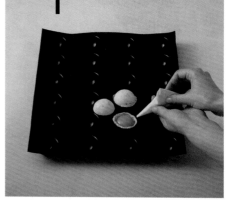

껍질 없는 달걀

1 차이브는 깨끗이 씻어서 아주 곱게 다진다. **2** 버터는 포마드 상태로 만든다. **3** 버터에 차이브와 레몬즙을 넣고 후추 간을 한다. **4** 노른자와 흰자를 분리한다. **5** 실리콘 반구형 틀에 버터 혼합물을 4g씩 발라 30분 동안 냉장 보관한다.

1 실리콘 반구형 틀에 넣은 버터 혼합물 중 절반을 빼낸다. **2** 남은 절반의 반구형 버터 혼합물에 노른자를 각각 1개씩 채운다. **3** 틀에서 빼낸 반구형 버터 혼합물로 덮고 버터를 넣은 작은 짤주머니를 이용해 붙인다. **4** 30분 동안 냉장 보관해 단단하게 굳힌 다음 이음매를 다듬는다.

———

버터 혼합물을 냉장고에서 굳히는 것이 중요합니다. 이 요리의 성공 여부는 버터로 만든 껍질의 견고함에 달려있습니다.

03.

1 식빵은 오븐에서 말리고 부숴서 가루로 만든다. **2** 달걀 모양의 버터 혼합물에 잘 섞은 달걀 흰자를 골고루 바르고 식빵가루를 입힌다. **3** ②의 과정을 1번 더 반복한 다음 1시간 동안 냉장 휴지시킨다.

———

집에서 빵가루를 만들면 시간이 오래 걸리지만, 상품화된 빵가루 제품보다 훨씬 더 좋은 결과물을 얻을 수 있습니다.

04.

빨간 다리 민물가재

1 이탈리언 파슬리는 깨끗이 씻어 다진다. **2** 프라이팬에 올리브유를 두른다. **3** 민물가재의 머리와 몸통을 분리하고 사용하지 않는 머리는 따로 보관한다. **4** 프라이팬에 민물가재의 몸통을 넣고 강불에서 볶은 다음 색이 반 정도 나면 으깬 마늘과 이탈리언 파슬리를 넣는다. **5** 코냑을 넣어 데글라세(p.567 참고) 하고 바로 뚜껑을 덮는다. **6** 프라이팬을 불 가장자리로 옮겨 1분 동안 더 익힌다. **7** 후추를 넉넉히 뿌리고 바로 프라이팬에서 꺼내 식힌다.

05.

1 민물가재 몸통의 껍질을 벗긴다. 4개는 꼬리 2마디를 남겨둔다. **2** 남긴 꼬리 끝을 가위로 둥글게 손질한다. **3** 모든 민물가재의 내장을 빼고 가재 살 양쪽 끝을 손질한다. **4** 꼬리가 있는 4개의 민물가재는 냉장보관한다. **5** 나머지 12개의 민물가재는 몸통을 작게 자른다.

민물가재의 내장을 제거하려면, 작은 칼을 이용해 꼬리 바로 앞부분에 있는 등에 칼집을 내고, 칼끝으로 가볍게 내장을 들어 올려서 부드럽게 당겨주면 됩니다.

06.

꾀꼬리버섯 즙

1 닭다리는 껍질을 벗기고 일정한 크기로 자른다. **2** 주물 냄비에 올리브유를 두르고 닭다리 살을 볶는다. **3** 버터를 넣어 캐러멜리제 하고 당근, 샬롯, 으깬 마늘을 넣어 익힌다. **4** 꾀꼬리버섯 자투리와 정사각형으로 자른 양송이버섯을 넣고 가볍게 색을 낸다. **5** 화이트와인으로 데글라세(p.567 참고) 하고 수분이 날아가도록 졸인다.

07.

1 옐로와인을 붓고 다시 절반으로 졸인다. **2** 닭고기 부이용과 송아지 족 즐레를 넣고 45분 동안 약불에서 끓인다. **3** 끓이는 동안 이탈리언 파슬리와 통후추를 넣고 20분 동안 우려낸다. **4** 체에 거르고 다시 고운 시누아에 거른 다음 간을 본다.

08.

꾀꼬리버섯과 아몬드

1 아몬드 껍질을 벗긴다. **2** 꾀꼬리버섯을 손질하고 씻어 물기를 제거한다. **3** 올리브유를 두른 프라이팬에 꾀꼬리버섯을 강불로 볶아 버섯에서 수분이 나오면 체에 받쳐 물기를 제거한다. **4** 프라이팬에 버터를 넣어 누아제트 버터를 만든 다음 물기를 제거한 꾀꼬리버섯을 넣고 플뢰르 드 셀과 후추로 간을 한다. **5** 아몬드를 넣고 05의 작게 자른 민물가재 살을 넣는다.

꾀꼬리버섯 퓌레

1 08과 같은 방식으로 올리브유와 버터를 이용해 꾀꼬리버섯을 볶는다. **2** 닭고기 부이용을 붓고 끓어오르면 5분 동안 더 익힌다. **3** 핸드블렌더로 곱게 갈아 체에 거른다.

꾀꼬리버섯은 신중하게 골라야 합니다. 버섯의 머리와 다리는 단단하고, 표면에 상처가 없으며, 색이 일정해야 합니다. 또한 만졌을 때 부드러우면서 축축하지 않아야 합니다.

1 190℃로 예열한 땅콩유에 03의 빵가루를 입힌 달걀을 넣고 밝은 갈색이 될 때까지 튀긴 다음 키친타월로 기름기를 제거한다. **2** ①에 플뢰르 드 셀과 후추로 간을 한다. **3** 소퇴즈에 07의 꾀꼬리버섯 즙과 거품을 올린 생크림을 넣고 섞은 다음 옐로와인을 붓고 후추로 간을 한다.

09.

10.

이탤리언 파슬리 튀김

1 적당한 크기의 이탤리언 파슬리 잎을 골라 깨끗이 씻고 물기를 제거한다. **2** 거품국자 2개 사이에 이탤리언 파슬리 잎을 놓고 160℃로 예열한 포도씨유에 넣어 투명해질 때까지 튀긴 다음 소금 간을 한다. **3** 접시 4개에 민물가재, 아몬드와 꾀꼬리버섯을 넣고 09에서 조리한 꾀꼬리버섯 즙을 뿌린다. **4** 꾀꼬리버섯 퓌레를 깔고 그 위에 달걀을 얹고 민물가재 꼬리, 이탤리언 파슬리 튀김, 반으로 자른 신선한 아몬드를 올린다.

고 급 레 시 피

베이컨과 아스파라거스를 곁들인 튀긴 달걀
Œuf frit, bacon, asperges

4인분

준비 ◦ **20분**
조리 ◦ **35분**

도구

만돌린 채칼
코팅 프라이팬
요리용 냄비
시누아

달걀 ◦ **4개**
노른자 ◦ **4개**
화이트아스파라거스 ◦ **13개**
그린아스파라거스 ◦ **13개**
야생아스파라거스 ◦ **1묶음**
참기름 ◦ **2큰술**
플뢰르 드 셀 ◦ **적당량**
올리브유 ◦ **2큰술**
무염버터 ◦ **20g**

닭고기 부이용 ◦ **100㎖**
레몬즙 ◦ **1큰술**
훈제 베이컨 슬라이스 ◦ **4장**
우유 ◦ **200㎖**
새우 칩 ◦ **200g**
튀김유 ◦ **2ℓ**
소금 ◦ **적당량**
통후추 ◦ **적당량**

01.

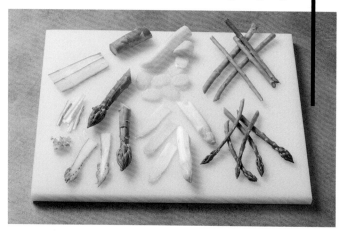

아스파라거스

1 모든 아스파라거스를 깨끗이 씻은 다음 그린아스파라거스는 몸통에 붙어있는 삼각형 돌기를 제거하고 화이트 아스파라거스는 껍질을 벗긴다. **2** 모든 아스파라거스를 10㎝ 길이로 자른다. **3** 그린아스파라거스의 밑부분을 얇게 썰고 다시 작은 정사각형으로 자른 다음 참기름, 플뢰르 드 셀, 통후추로 간을 해 실온에서 마리네이드 한다.

02.

1 10㎝의 그린, 화이트아스파라거스는 만돌린 채칼로 얇게 슬라이스 해 참기름을 발라 접시에 놓는다. **2** 야생아스파라거스는 소금을 넣은 끓는 물에 2분 동안 익힌 다음 건져서 얼음물에 식힌다.

―――
야생아스파라거스를 찬물에 담그면 잔열에 익는 것을 막을 수 있으며 녹색이 선명하게 유지됩니다.

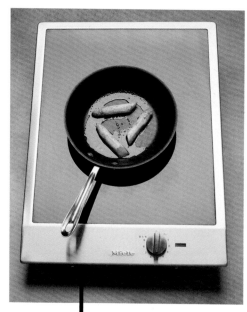

03.

1 코팅 프라이팬에 올리브유를 두르고 화이트아스파라거스를 익혀 색을 낸 다음 소금 간을 한다. **2** 불을 줄이고 버터 10g을 넣어 더 구운 다음 불에서 내리고 후추 간을 한다.

1 코팅 프라이팬에 올리브유를 두르고 그린아스파라거스를 넣어 소금 간을 한 다음 색이 나지 않도록 1분 동안 굽는다. **2** 닭고기 부이용 50㎖와 남은 버터를 넣고 뚜껑을 덮어 천천히 졸이면서 부드럽게 익힌다. 졸인 소스가 아스파라거스를 코팅할 정도의 농도가 되어야 한다. **3** 레몬즙을 뿌리고 후추 간을 한다.

04.

05.

아스파라거스 우유 만들기

1 화이트아스파라거스의 아랫 부분을 둥글게 슬라이스 한다. **2** 냄비에 베이컨 슬라이스를 넣고 색이 날 때까지 바삭하게 구운 다음 꺼내서 정사각형으로 자른다. 자투리는 따로 모아 놓는다. **3** 같은 냄비에 슬라이스 한 아스파라거스와 베이컨 자투리를 넣고 3분 동안 볶는다. **4** 남은 50㎖의 닭고기 부이용과 우유를 넣고 반으로 졸아들 때까지 약불에서 끓인다. **5** 곱게 갈아 시누아에 거른다.

06.

부드러운 달걀 튀김 준비하기

1 소금을 넣은 끓는 물에 달걀을 넣고 5분 30초 동안 익힌다. **2** 건져서 찬물에 담가 껍질을 벗긴 다음 다시 찬물에 담가 놓는다. **3** 새우 칩을 거칠게 간다. **4** 노른자에 소금, 후추 간을 하고 거품기로 잘 섞는다. **5** 튀김유를 160℃로 예열한다. **6** 달걀은 물기를 닦고 풀어놓은 노른자에 담갔다가 꺼내 새우 칩을 묻힌 다음 튀김유에 넣어 바삭하게 튀긴다. **7** 키친타월에 올려 기름기를 제거한다. **8** 접시에 정사각형으로 자른 아스파라거스와 베이컨을 놓고 구운 아스파라거스, 야생아스파라거스를 같이 올린다. **9** 마지막으로 튀긴 달걀을 올리고 아스파라거스 우유는 옆에 따로 내놓는다.

유기농 신선란을 사용하세요.

FRÉDÉRIC ANTON

프 레 데 릭   앙 통

저는 달걀을 매우 좋아합니다. 그래서 제 레스토랑 르 프레 카틀랑(Le Pré Catelan)의
메뉴에는 달걀로 만든 요리가 빠지지 않고 들어 있습니다.
이 요리는 달걀 플로랑틴이라는 클래식한 음식을
아주 우아한 현대 요리로 변형시킨 것입니다.

플로랑틴 스타일로 만든 부드러운 달걀과 콩테 크림
L'œuf mollet façon florentine, crème de comté

4인분

준비 ○ 30분
조리 ○ 30분

도구

블렌더
시누아
모양커터(지름 2㎝와 3㎝)

소믈리에 추천 사케

기모토 준마이 다이긴조 : 다이시치 미노와몬
Daishichi Minowamon

달걀 ○ 4개

시금치 퓌레
Purée d'épinard

시금치 ○ 300g
생크림(crème fraîche) ○ 10㎖
버터 ○ 20g
넛메그(육두구) ○ 적당량
소금 ○ 적당량

콩테 치즈크림
Crème de comté

콩테 치즈 ○ 150g
샬롯 ○ 1개
버터 ○ 20g
화이트와인 ○ 500㎖
생크림(crème fraîche) ○ 200㎖
소금 ○ 적당량
후추 ○ 적당량

01.

시금치 퓌레

1 시금치 줄기에서 잎을 떼어내고, 장식용으로 사용할 적당한 크기의 잎 4장은 따로 챙겨 둔다. **2** 냄비에 물을 끓이고 소금을 넣은 다음 시금치를 넣고 2~3분 동안 데친다. **3** 꺼내서 얼음물에 담가 식히고 물기를 제거한 다음 블렌더에 곱게 간다.

02.

콩테 치즈크림

1 샬롯은 껍질을 벗겨 얇게 슬라이스 한다. **2** 냄비에 버터를 두르고 샬롯을 넣고 익힌다. **3** 화이트와인으로 데글라세(p.567 참고) 하고 수분이 날아가도록 충분히 졸인다. **4** 생크림을 넣고 간을 한 다음 ¼로 졸아들 때까지 끓인다.

03.

1 콩테 치즈 1장을 만돌린 채칼로 슬라이스 해 마무리용으로 따로 보관한다. **2** 나머지 콩테 치즈는 작은 정사각형으로 잘라 02의 냄비에 넣고 크림 농도가 될 때까지 데운다. **3** 시누아에 거른다.

04.

부드러운 달걀

1 냄비에 물을 끓이고 숟가락을 이용해 조심스럽게 달걀을 넣어 6분 동안 익힌다. **2** 달걀을 꺼내 찬물에 담가 껍질을 벗긴다.

05.

1 따로 챙겨놓은 시금치 4장을 끓는 물에 데치고 지름 2㎝ 모양커터로 동그랗게 자른다. **2** 슬라이스 한 콩테 치즈는 지름 3㎝ 모양커터를 이용해 자른다.

달걀을 찬물에 담그면 껍질 벗기기가 수월합니다.

06.

1 50℃의 물에 달걀을 담가 5분 동안 데운 다음 물기를 제거한다. **2** 달걀 위에 시금치를 올리고 그 위에 콩테 치즈를 올린다. **3** 오븐에 넣고 1분 동안 데워 치즈를 녹인다. **4** 치즈를 녹이는 동안 냄비에 시금치 퓌레를 넣고 데운다. **5** 시금치 퓌레에 생크림과 버터를 조금씩 넣고 넛메그를 갈아 넣어 간을 한다. **5** 접시에 시금치 퓌레를 깔고 그 위에 달걀을 놓고 소스는 따로 내놓는다.

고급 레시피

PAUL BOCUSE

폴 보 퀴 즈

아주 단순한 이 요리는 아페리티프나 앙트레로 활용할 수 있습니다.
고급스러움을 더하려면 약간의 송로버섯을 갈아서 올리세요.

보졸레 소스를 곁들인 수란
Œufs pochés à la beaujolaise

4인분

준비 ◦ 20분
조리 ◦ 15분

도구

거품국자
모양커터 (지름 5cm)

소믈리에 추천 와인

물랑 아 방, 레 트루아 로셰, 도멘 드 비수
Un moulin-à-vent Les Trois Roches,
domaine de Vissoux

수란
Œufs pochés

신선한 달걀 ◦ 4개
화이트와인 식초 ◦ 100㎖

보졸레 소스
Sauce beaujolaise

노른자 ◦ 1개
머스터드 ◦ 1작은술
땅콩유 ◦ 150㎖
올리브유 ◦ 50㎖
보졸레 와인 ◦ 150㎖
설탕 ◦ 1꼬집
레드와인 식초 ◦ 1큰술
소금 ◦ 1꼬집

마무리
Finition

식빵 슬라이스 ◦ 4장
올리브유 ◦ 3큰술
이탈리언 파슬리 ◦ 1줄기
처빌 ◦ 적당량
통후추 ◦ 적당량

01.

달걀 익히기

1 냄비에 물을 끓이고 화이트와인 식초를 넣는다. **2** 얼음물을 준비한다. **3** 달걀을 깨서 작은 볼에 넣는다. **4** 작은 볼을 돌리면서 조심스럽게 달걀을 끓는 물에 넣는다. **5** 같은 방식으로 나머지 달걀도 넣는다. **6** 2분 30초~3분 동안 달걀을 익힌다. 익힌 달걀은 손가락으로 잡고 흔들었을 때 약간의 단단함이 느껴져야 한다. **7** 거품국자로 달걀을 건져 얼음물에 담근다.

수란을 만들 땐 되도록이면 지름 20㎝의 냄비를 사용하세요.
달걀이 담긴 볼을 돌리면서 끓는 물에 달걀을 떨어뜨리면 흰자가 흘러내리면서 노른자 주위로 이동합니다.
얼음물에 수란을 담그면 더 이상 익지 않습니다.
이러한 요소들이 수란을 성공적으로 만드는 비법입니다.

02.

보졸레 소스 (가)

1 볼에 노른자, 소금, 머스터드를 넣고 섞는다. **2** 땅콩유와 올리브유를 조금씩 넣으면서 거품기로 저어 마요네즈를 만든다.

03.

장식 준비

1 지름 5㎝ 모양커터를 이용해 식빵을 자른다. **2** 자투리 식빵은 테두리를 잘라내고 정사각형으로 자른다. **3** 프라이팬에 올리브유 3큰술을 두르고 원형 식빵과 정사각형 식빵의 모든 면을 구워 색을 낸다.

04.

보졸레 소스 (나)

1 프라이팬에 보졸레 와인 100㎖와 설탕을 넣고 시럽 농도가 될 때까지 졸인 다음 작은 용기에 옮긴다. **2** 마요네즈에 보졸레 와인 시럽을 조금씩 넣으면서 섞은 다음 레드와인 식초를 넣고 잘 섞는다. **3** 남은 보졸레 와인을 넣고 다시 섞는다.

05.

마무리

1 달걀을 건져 물기를 제거하고 흰자 테두리를 정리한다. **2** 이탤리언 파슬리와 처빌을 씻어서 물기를 제거한 다음 잎을 떼어내 곱게 다진다. **3** 오목한 접시 가운데에 원형 식빵 쿠르통을 깔고 조심스럽게 수란을 올린다. **4** 수란 위에 보졸레 소스 1큰술, 다진 이탤리언 파슬리와 처빌, 정사각형 식빵을 올린다. **5** 접시에 올리브유를 가볍게 두르고 통후추를 갈아 뿌려 마무리한다.

이 레시피엔 몇 가지 장점이 있습니다. 별 어려움 없이 쉽게 만들 수 있으며 동시에 경제적이라는 점입니다. 꼭 지켜야 할 주의사항으로는 신선한 달걀을 사용하고, 익히는 시간을 준수해야 한다는 것입니다.

중급 레시피

전통 방식의 푸아그라 테린
Terrine de foie gras traditionelle

6인분

준비 ◦ 30분
조리 ◦ 50분
냉장 ◦ 2~3일 + 하룻밤 + 5~6시간

도구

작은 테린 용기

푸아그라 ◦ 1개 (500g)
가는소금 ◦ 8g
백후춧가루 ◦ 2g
설탕 ◦ 1g
코냑 또는 마데이라 와인 ◦ 2큰술
캉파뉴 ◦ 1개
플뢰르 드 셀 ◦ **적당량**
거칠게 간 후추 ◦ **적당량**

01.

4일 전

1 푸아그라의 핏줄을 제거한다. **2** 가는소금, 백후춧가루, 설탕을 섞는다. **3** 푸아그라 2개의 간엽 안쪽에 ②의 절반을 사용해 간을 한 다음 조심스럽게 눌러서 뒤집는다. **4** 남은 ②로 바깥쪽에도 간을 한다.

1 작은 테린 용기 바닥에 큰 간엽을 껍질 면이 밑으로 가도록 놓는다. **2** 용기 밖으로 튀어나오는 부분은 잘 접어서 밀어 넣는다. **3** 큰 간엽 위에 작은 간엽을 껍질 면이 위로 가도록 놓는다. 이때 두 간엽이 서로 엇갈려서 용기가 골고루 채워져야 한다. **4** 테린 용기 테두리를 키친타월로 닦아 물기를 제거한다. **5** 코냑을 부어 푸아그라를 적신 다음 뚜껑을 덮고 랩으로 잘 싼다. **6** 하룻밤 동안 냉장 보관한다.

02.

03.

3일 전

1 다음날 작업 시작 30분 전에 테린을 냉장고에서 꺼내 랩을 벗긴다. **2** 중탕에 사용할 물을 80℃로 데운다. **3** 오븐을 120℃로 예열한다. **4** 깊이가 있는 오븐팬 가운데에 키친타월을 깔고 테린을 놓은 다음 테린 중간 높이까지 80℃의 물을 붓는다. **5** 오븐에 넣고 50분 동안 익힌다.

온도계를 이용해 푸아그라 테린의 온도를 확인하세요.
푸아그라의 표면 온도가 56~58℃에 도달하게 되면 열관성(온도의 변화에 대한 반응으로 현재의 온도를 유지하려는 성질)에 의해 중심 온도는 48℃가 됩니다.
푸아그라 미퀴(mi-cuit, 원래 도달해야 할 온도보다 낮은 온도로 익히는 것)의 경우 푸아그라를 58℃에서 익혀 중심 온도를 56.5℃로 맞춥니다.

04.

1 오븐팬에서 꺼내 테린 표면에 녹아 있는 과도한 지방을 숟가락으로 떠내 따로 보관한다. **2** 테린 용기 테두리를 깨끗이 정리한 다음 테린 위에 판을 놓고 그 위에 무거운 물체를 올려 30분 동안 식힌다. **3** 그대로 5~6시간 동안 냉장 보관한다.

05.

1 판자 위에 놓은 무거운 물체를 치우고 판에 넘친 과도한 지방과 미리 보관한 지방을 섞는다. **2** 푸아그라 표면에 ①의 지방을 깔끔하게 덮는다. **3** 키친타월로 테린 용기 테두리를 닦고 뚜껑을 덮은 다음 랩으로 잘 싸서 2~3일 동안 냉장 보관한다.

06.

시식 당일

1 테린을 꺼내 뜨거운 물에 데운 칼로 일정하게 썬다. **2** 토스트한 캉파뉴 슬라이스를 곁들이고 플뢰르 드 셀과 거칠게 간 후추로 간을 한다.

중 급 레 시 피

무화과와 계절 버섯을 곁들인 푸아그라 파피요트*
Foie gras en papillotes aux figues et champignons de saison

4인분

준비 ∘ **20분**
조리 ∘ **15분**

도구

과도
제과용 붓

익히지 않은 푸아그라 슬라이스 ∘ **4장** (개당 100g)

무화과 ∘ **4개**

갈색 양송이버섯 ∘ **8개**
(또는 포르치니버섯, 삿갓버섯, 꾀꼬리버섯 등)

샬롯 ∘ **1개**

백후춧가루 ∘ **적당량**

거품 올린 흰자 ∘ **1개 분량**

플뢰르 드 셀 ∘ **적당량**

거칠게 간 후추 ∘ **적당량**

셰리 와인 식초 ∘ **적당량**

가는소금 ∘ **적당량**

* 파피요트(papillote) : 종이나 알루미늄포일 안에 가금류 등의
   재료를 넣고 감싸 만든 요리

01.

1 무화과는 깨끗이 씻어 4등분한다. **2** 버섯은 흙이 묻은 부분을 과도로 벗기고 다리는 긁어낸다. **3** 물에 적신 붓으로 버섯을 문지르고 버섯 4개는 4등분한다.

02.

1 남은 버섯 4개는 작은 정사각형으로 자른다. **2** 샬롯은 껍질을 벗기고 곱게 다진다. **3** 푸아그라 슬라이스, 버섯, 무화과의 양면에 가는소금과 백후춧가루로 간을 한다.

03.

1 오븐을 210℃로 예열한다. **2** 알루미늄포일을 직사각형으로 깔고 그 위에 같은 크기의 유산지를 놓는다. **3** 작은 정사각형으로 자른 버섯과 곱게 자른 샬롯을 유산지 왼쪽에 직사각형으로 깐다.

04.

1 버섯과 샬롯 위에 푸아그라 슬라이스 1개를 놓고 그 주위에 무화과 4개와 4등분한 버섯 4조각을 놓는다. **2** 붓을 이용해 유산지 테두리에 흰자를 바르고 접어 파피요트를 완성한다. **3** 오븐에 넣고 12분 동안 익힌다. 오븐에서 꺼냈을 때 공처럼 부풀어 있어야 한다. **4** 칼로 알루미늄포일에 구멍을 낸 다음 가위를 이용해 윗부분을 X자 모양으로 자른다. **5** 같은 방식으로 유산지도 자른다. **6** 플뢰르 드 셀과 거칠게 간 후추로 간을 하고 셰리 와인 식초를 뿌려 바로 내놓는다.

파피요트를 미리 만들어놓고 냉장 보관하다가 먹기 전에 구울 수도 있습니다. 이 경우, 샬롯과 버섯을 3분 동안 강불에서 볶아 넣어야 푸아그라의 맛이 배어들지 않습니다.

중급 레시피
MARC HAEBERLIN
마르크 에베를랑

제 요리는 세대를 거쳐 계승해 온 기술의 축적물입니다.
이 푸아그라 레시피가 그 증거라고 할 수 있죠.
향신료, 알코올, 송로버섯의 조합은 저희 가문의 전통입니다.
이 레시피는 장-피에르 클로즈라는 푸아그라 파테로 유명한 콩타드 후작의
전속 요리사에게 영감을 받아 만든 레시피입니다.

송로버섯을 넣은 푸아그라 테린
Terrine de foie gras truffée

8인분

준비 ○ 30분
조리 ○ 1시간
휴지 ○ 8~10일 + 12시간

도구

테린 용기

소믈리에 추천 와인

알자스산(産) 토케 피노 그리
또는 소테른 또는 랑송
Tokay pinot gris vendanges tardives,
sauternes, jurançon

푸아그라 마리네이드
Foie mariné

익히지 않은 푸아그라 ○ 1개 (500~600g)
소금 ○ 7g
후추 ○ 1g
설탕 ○ 2g
곱게 간 넛메그(육두구) ○ 1개 분량
코냑 ○ 1작은술
포트 와인 ○ 1큰술
소테른 와인 ○ 1큰술
송로버섯즙 ○ 1큰술

송로버섯 푸아그라 테린
Terrine foie gras-truffe

송로버섯 ○ 1개 (20g)
거위 기름 ○ 50g

마무리와 플레이팅
Finition et dressage

소고기 즐레 ○ 200㎖

01.

이 레시피는 완성하기까지 약 10일이 걸립니다.

첫째 날

푸아그라 마리네이드

1 푸아그라는 간엽을 2개로 나눈다. **2** 첫 번째 간엽을 엄지손가락으로 쪼개서 손가락으로 평평하게 한다. **3** 작은 칼을 이용해 신경이 닿아 있는 부분까지 긁어 신경을 제거한다. **4** 두 번째 간엽도 같은 방식으로 손질한다.

02.

1 소금, 후추, 설탕, 넛메그를 섞는다. **2** 푸아그라를 접시에 놓고 ①, 코냑, 2종의 와인, 송로버섯즙을 뿌린 다음 굴려서 골고루 묻힌다. **3** 랩을 싸서 12시간 동안 냉장 보관한다.

지방이 너무 많은 푸아그라보다는 색이 연하고 표면이 매끈한 500~600g의 푸아그라를 고릅니다. 지방이 너무 많으면 기름기를 많이 배출해 풍미가 덜 하고 덜 단단해지기 때문입니다.

손으로 만졌을 때 너무 단단하거나 무르지 않아야 균형이 잘 잡힌 푸아그라라고 할 수 있습니다.

푸아그라는 구입한 당일 손질하는 것이 좋습니다. 며칠 전에 구입했다면 냉장고에서 꺼내 부드러워질 때까지 실온에서 휴지시켜야 신경을 제거할 수 있습니다.

03.

송로버섯 푸아그라 테린

둘째 날

1 송로버섯을 두껍게 슬라이스 하고 다시 작은 기둥 모양으로 자른다. **2** 냉장고에서 마리네이드 한 푸아그라를 꺼내 600㎖ 부피의 테린 용기에 1㎝를 남긴 높이까지 채운다. **3** 작은 칼을 이용해 푸아그라의 가운데를 파내고 작은 기둥 모양의 송로버섯을 채운다.

송로버섯을 구하기 힘들면 송로버섯 없이 만들어도 됩니다.
송로버섯을 다져서 푸아그라와 섞는 방법도 있습니다.

04.

1 테린 용기에 푸아그라를 채우고 표면을 매끄럽게 정리한다. **2** 용기 테두리를 닦고 뚜껑을 덮거나 랩으로 싼다. **3** 65℃의 중탕에서 중심 온도가 42℃가 되도록 1시간 동안 익힌 다음 얼음에 담가 식힌다. **4** 냄비에 거위 기름을 넣고 30~40℃가 될 때까지 끓인 다음 완전히 녹으면 푸아그라 위에 붓고 식힌다. **5** 테린 용기를 냉장고에 넣고 최소 일주일 이상 숙성시킨다.

온도계를 이용해 중탕 온도를 확인하세요.

05.

마무리와 플레이팅

`시식일`

1 소고기 즐레를 고운 채소용 강판에 거른다. **2** 수프용 숟가락을 아주 따뜻한 물에 데워서 테린 윗면에 있는 지방층을 제거한다. **3** 다시 따뜻한 물에 숟가락을 데워 푸아그라를 조개 모양으로 떠낸다. **4** 각 접시마다 3조각의 푸아그라를 놓고 소고기 즐레를 옆에 곁들인다.

즐레 500㎖당 토케 그리, 소테른이나 포트 와인 50㎖을 넣어 향을 내줍니다. 송로버섯을 넣은 푸아그라 테린은 15일 동안 냉장 보관이 가능하지만 8~10일째 최상의 맛이 됩니다. 캉파뉴나 토스트한 브리오슈와 함께 드세요.

고 급 레 시 피

이 독창적인 미니버거는 축제나 미식을 즐기는 순간을 더욱 돋보이게 해줄 것입니다.
푸아그라의 기름진 맛이 여러 향신료와 어우러지고, 마카롱의 달고 짭짤한 맛이
여러분의 혀를 자극시킬 겁니다.

팽데피스와 무화과로 만든 푸아그라 마카롱
Macarons foie gras, figue et pain d'épices

마카롱 10개 분량
준비 ◦ 40분
조리 ◦ 2시간 + 14분

도구
체
고무주걱
스패튤러
짤주머니 (7호, 8호 깍지)
스탠드믹서
거품기

팽데피스 분말
Poudre de pain d'épices

팽데피스 ◦ 100g

마카롱 셸
Coques de macarons

아몬드 분말 ◦ 110g
슈거파우더 ◦ 225g
카트르 에피스* ◦ 2g
흰자 ◦ 125g(4개)
설탕 ◦ 50g
노란색 식용색소 ◦ 적당량
빨간색 식용색소 ◦ 적당량

무화과 마멀레이드
Marmelade de figue

무화과 ◦ 150g
건무화과 ◦ 60g
산딸기 과육 ◦ 125g
설탕 ◦ 50g
NH펙틴 ◦ 6g
레몬즙 ◦ 10g

플레이팅
Dressage

야생루콜라 ◦ 10g
푸아그라 테린 ◦ 150g
플뢰르 드 셀 ◦ 적당량
통후추 ◦ 적당량

* 카트르 에피스(quatre-épices) : 4가지 향신료
(넛메그, 정향, 건생강가루, 통후추)를 섞어
만든 향신료

01.

팽데피스 분말

1 팽데피스를 슬라이스 해 유산지를 깐 오븐팬에 놓고 90℃의 오븐에서 2시간 동안 건조시킨 다음 식힌다. **2** 곱게 갈아 체에 거른 다음 밀폐용기에 보관한다.

팽데피스 분말이 아주 건조해야 마카롱 셸에 불필요한 수분이 들어가지 않습니다.

마카롱 셸

1 오븐을 160℃로 예열한다. **2** 믹서볼에 아몬드 분말, 슈거파우더, 카트르 에피스를 넣고 20초 동안 섞은 다음 체에 거른다. **3** 스탠드믹서에 흰자를 넣고 휘핑해 거품이 올라오면 설탕을 조금씩 넣어 머랭을 만든다. **4** 머랭에 ②를 넣고 골고루 섞이도록 고무주걱으로 큰 원을 그리면서 조심스럽게 젓는다. **5** 반죽이 윤기 나는 리본 상태가 될 때까지 세게 섞는다.

흰자에 거품을 올릴 땐 스탠드믹서를 저속으로 설정하세요. 설탕을 넣는 단계에서 거품이 충분히 단단해야 하기 때문입니다. 그런 다음 믹싱 속도를 높이면 됩니다.

02.

03.

1 반죽에 2종의 식용색소를 넣고 섞는다. **2** 짤주머니(7호 깍지)에 반죽을 넣고 지름 5cm 크기의 마카롱 셸을 짠다. **3** 셸 위에 팽데피스 분말을 골고루 뿌리고 오븐에서 14분 동안 익힌다. **4** 유산지에서 셸을 분리해 보관한다.

이 마카롱 셸은 짜고 난 뒤 말리지 않고 바로 오븐에 굽습니다. 그러면 표면이 예쁘게 갈라집니다.

04.

무화과 마멀레이드

1 무화과는 껍질을 벗겨 건무화과, 산딸기 과육과 함께 블렌더로 곱게 간다. **2** 냄비에 넣고 미지근하게 데운다. **3** 볼에 설탕과 펙틴을 섞는다. **4** 냄비에 담긴 과일 퓌레를 거품기로 저으면서 ③을 넣는다.

05.

1 강불로 올려 끓어오르면 레몬즙을 넣고 1분 동안 더 끓인다. **2** 볼에 옮겨 식히고 냉장 보관한다.

생무화과가 없으면 산딸기나 오렌지, 또는 블루베리(프랑스산 카시스) 마멀레이드를 사용합니다. 마멀레이드가 약간 새콤해야 여러 맛이 섞였을 때 균형을 잡아줄 수 있습니다.

06.

플레이팅

1 짤주머니(8호 깍지)에 무화과 마멀레이드를 채우고 절반의 마카롱 셸 위에 작은 원형을 짠다. **2** 마멀레이드 위에 야생루콜라를 1개씩 얹고 그 위에 마카롱 셸과 같은 크기로 자른 푸아그라를 얹는다. **3** 통후추와 플뢰르 드 셀로 간을 한다. **4** 푸아그라 위에 다시 마멀레이드를 약간 짜고 조심스럽게 두 번째 마카롱 셸을 덮는다.

약간 차가운 상태로 맛보세요.

볼륨감 있는 결과물을 얻기 위해 재구성하고 재조합한 레시피입니다.
저는 메추리의 모든 요소를 다듬었습니다. 연약한 살코기와 그릴에 구운 껍질은
바삭한 튀일 형태로 재구성했습니다. 곁들이는 가니시는 셀러리액과 완두콩,
건포도와 아몬드로 진짜와 가짜가 섞인 쿠스쿠스를 만들었습니다.

고깔 모양 메추리
Caille conique

8인분

준비 ○ 30분
조리 ○ 3시간

도구

블렌더
작은 체

소믈리에 추천 와인

론산(産) 코트 로티 와인 : 자메 2000
Jamet 2000

메추리 ○ 8마리
완두콩알 ○ 300g
완두콩 깍지 ○ 70g
올리브유 ○ 1큰술

파르스 만들기
Farce

고수 ○ 1움큼(40g)
양파 ○ 2개
마늘 ○ 2쪽
가염버터 ○ 180g
볶아서 다진 헤이즐넛 ○ 100g
식빵 ○ 60g
야생아니스 씨앗 ○ 2g
큐민가루 ○ 15g
고수 씨앗 ○ 30g
에스플레트 고춧가루 ○ 2g
설탕 ○ 4g
소금 ○ 3g

셀러리액 쿠스쿠스 (p.554 참고)
Couscous de céleri

셀러리액 ○ 300g
버터 ○ 150g
아몬드 ○ 100g
완두콩 ○ 100g
건포도 ○ 50g
아스코르브산 ○ 2g

01.

완두콩 손질하기

1 2개의 냄비에 물을 끓여 완두콩알과 깍지를 각각 데친다. **2** 얼음물에 담가 식힌 다음 천에 올려 물기를 제거한다. **3** 유산지를 깐 오븐팬에 같이 넣고 50℃의 오븐에 2~3시간 동안 건조시킨다. **4** 블렌더에 데친 완두콩알과 깍지, 큐민 1꼬집을 넣고 곱게 간다.

———

완두콩알과 깍지를 찬물에 담그면 잔열에 익는 것을 막을 수 있으며 녹색이 선명하게 유지됩니다.

02.

메추리 손질하기

1 메추리는 다리살과 가슴살로 분리하고 다리살의 뼈를 완전히 제거한다. **2** 뼈와 껍질은 따로 보관한다. **3** 메추리 살을 두드려 얇게 편 다음 냉장 보관한다.

03.

파르스 만들기

1 고수는 씻어서 물기를 제거하고 잎만 떼어낸다. **2** 양파와 마늘은 껍질을 벗겨 아주 작은 정사각형으로 자른다. **3** 블렌더에 버터와 헤이즐넛을 넣고 곱게 간 다음 식빵, 야생아니스 씨앗, 큐민가루, 고수 씨앗, 에스플레트 고춧가루, 설탕, 소금을 넣고 입자가 고운 반죽 형태가 되도록 간다. **4** 냉장 보관한다.

04.

메추리 육수 만들기

1 냄비에 올리브유를 두르고 강불에서 달군 다음 메추리 뼈를 넣고 몇 분 동안 볶는다. **2** 물 1ℓ를 붓고 25분 동안 계속 강불에 끓인다. **3** 작은 체에 거르고 따뜻하게 보관한다.

메추리 익히기

1 랩 위에 얇게 두드려 편 메추리 가슴살을 놓고 그 위에 파르스를 얇게 깐다. **2** 고깔 모양으로 랩을 말아 냉장 보관한다. **3** 셀러리액 쿠스쿠스를 만든다(p.554 참고).

05.

06.

1 오븐을 160℃로 예열한다. **2** 유산지를 깐 제과용 팬에 메추리 껍질을 깔고 유산지를 덮는다. **3** 다른 제과용 팬으로 눌러 평평하게 만들고 오븐에 넣어 15분 동안 굽는다. **4** 고깔 모양의 메추리 살을 62℃의 증기에서 16분 동안 익히고 랩을 제거한다. **5** 01의 완두콩 분말에 굴린 다음 각 접시에 세운다. **6** 구운 메추리 껍질을 꽂고 약간의 쿠스쿠스와 메추리 육수를 곁들인다.

메추리 뼈가 아주 진한 색이 될 때까지 볶아야 로스팅한 맛을 낼 수 있습니다.

중 급 레 시 피

얇게 저민 오리 가슴살과 비가라드 소스
Aiguillettes de canard, sauce bigarade

4인분

준비 ◦ **1시간 45분**
조리 ◦ **1시간 15분**

도구

에코놈 칼
요리용 냄비
거품국자
소퇴즈(곡선형 프라이팬)

비가라드 소스
Sauce bigarade

오렌지 ◦ **1개**
레몬 ◦ **1개**
설탕 ◦ **40g**
셰리 와인 식초 ◦ **2큰술**
닭 뼈 육수 ◦ **500㎖에서**
100㎖로 졸인 것(p.545 참고)

버섯 뒥셀
Duxelles de champignons

양송이버섯 ◦ **250g**
레몬 ◦ **½개**
작은 양파 ◦ **1개**
샬롯 ◦ **1개**
정사각형으로 자른 버터 ◦ **15g**
가는소금 ◦ **적당량**

얇게 저민 오리 가슴살
Aiguillettes de canard

오리 가슴살(마그레*) ◦ **1조각**(400g)
그린아스파라거스 ◦ **1단**
굵은소금 ◦ **1큰술**
가는소금 ◦ **적당량**
통후추 ◦ **적당량**
플뢰르 드 셀 ◦ **적당량**
거칠게 간 후추 ◦ **적당량**

* 마그레(magret) : 푸아그라를 생산한
  오리의 가슴살

02.

1 냄비에 설탕을 붓고 물 2큰술을 넣은 다음 3분 동안 강불에서 익혀 갈색의 캐러멜을 만든다. **2** 캐러멜에 셰리 와인 식초를 붓고 거품기로 잘 젓는다. **3** 오렌지즙과 레몬즙을 넣고 절반으로 졸아들 때까지 9분 동안 끓인다. **4** 다른 냄비에 물 100㎖를 끓이고 닭 뼈 육수를 붓는다. **5** ③의 시럽에 붓고 20분 동안 약불에서 졸여 농도를 되게 만든다.

01.

비가라드 소스

1 오렌지와 레몬은 깨끗이 씻어 물기를 제거한다. **2** 에코놈 칼을 이용해 5㎝ 길이로 제스트를 벗겨내 끓는 물에 3번 데친다. **3** 레몬과 오렌지는 반으로 잘라 각각 50㎖, 80㎖의 즙을 짜내 따로 보관한다.

03.

04.

1 냄비에 물을 넣고 불에 올린 다음 끓어오르면 굵은소금 1큰술을 넣는다. **2** 아스파라거스를 넣고 뚜껑을 덮지 않은 채 3분 동안 익힌다. **3** 건져서 얼음물에 2분 동안 담가 식힌 다음 명주실을 잘라 키친타월에 올린다.

1 아스파라거스는 표면의 삼각형 껍질을 제거하고 같은 길이로 자른다. **2** 명주실로 6개씩 2묶음으로 묶어 얼음물에 담가 놓는다.

버섯 뒥셀

1 양송이버섯은 다리를 잘라낸다. **2** 버섯 머리의 껍질을 벗기고 작은 정사각형으로 자른 다음 레몬즙을 뿌린다. **3** 양파와 샬롯은 껍질을 벗겨 곱게 다진다. **4** 냄비에 버터를 두른 다음 양파와 샬롯을 넣고 소금 간을 가볍게 해 1분 30초 동안 볶는다. **5** 양송이버섯을 넣고 소금 2꼬집으로 간을 한 다음 잘 섞는다. **6** 뚜껑을 덮고 15분 동안 약불에서 익힌다.

05.

06.

얇게 저민 오리 가슴살

1 오리 가슴살은 살코기 부분의 얇은 껍질과 과도한 지방, 비계 부분의 과도한 지방을 제거한다. **2** 비계에 양대각선으로 칼집을 내서 바둑판 모양을 낸 다음 소금과 후추 간을 한다.

07.

1 달군 프라이팬에 비계 면이 밑으로 가도록 오리 가슴살을 놓고 4분 동안 강불에서 굽는다. **2** 오리기름을 숟가락으로 제거하고 4분 동안 중불에서 더 굽는다. **3** 소금, 후추 간을 하고 뒤집은 다음 4분 동안 중불에서 더 굽는다. **4** 키친타월에 올려 과도한 기름을 제거한다.

08.

1 아스파라거스는 머리를 자르고 밑부분은 3㎜ 두께로 어슷썰어 버섯 뒥셀과 섞는다. **2** 아스파라거스 머리를 몇 초 동안 익힌다. **3** 비가라드 소스를 약불에서 데운다. **4** 오리 가슴살은 5㎜ 두께로 잘라 반으로 접어 꼬챙이에 꽂는다. **5** 접시에 버섯 뒥셀 2큰술을 얹고 오리 가슴살 꼬치 1개를 올린다. **6** 아스파라거스를 곁들인다.

09.

마무리와 플레이팅

1 비가라드 소스에 오렌지와 레몬 제스트를 몇 초 동안 담근다. **2** 제스트를 꼬치에 올리고 비가라드 소스를 뿌린다. **3** 플뢰르 드 셀과 거칠게 간 후추를 뿌려 마무리한다.

중 급 레 시 피

막심 감자와 비가라드 소스를 곁들인 어린 오리 가슴살 로스팅
Filet de canette rôti, sauce bigarade et pommes Maxim's

4인분

준비 ◦ 40분
조리 ◦ 3시간 20분

도구

에코놈 칼
주물냄비용 체
시누아
만돌린 채칼

소믈리에 추천 와인

보르도산(産) 레드와인 : 코트 드 부르그
Côtes-de-bourg

오리 육수
Jus de canard

오리 날개 ◦ 500g
샬롯 ◦ 2개
올리브유 ◦ 50㎖
버터 ◦ 150g
마늘 ◦ 8개
통후추 ◦ 15알
타임 ◦ 5줄기
닭 뼈 육수 ◦ 1.5ℓ(p.545 참고)

어린 오리와 오렌지 제스트 콩피
Canette et zeste confits

어린 오리 가슴살 ◦ 4조각(개당 180g)
오렌지 ◦ 3개
설탕 ◦ 50g
팔각 ◦ 1개
화이트와인 식초 ◦ 30㎖

막심 감자
Pommes Maxim's

큰 감자(아그리아*) ◦ 4개
정제버터 ◦ 25g(p.534 참고)
소금 ◦ 적당량
후추 ◦ 적당량

비가라드 소스
Sauce bigarade

설탕 ◦ 50g
물 ◦ 20g
와인 식초 ◦ 100㎖
오렌지즙 ◦ 2개 분량
오리 육수 ◦ 200㎖

* 아그리아(agria) : 감자튀김에 적합하도록
  개량시킨 독일 품종 감자로 전분기가 많고
  노란색이다.

01.

어린 오리와 오렌지 제스트 콩피(가)

1 오렌지 2개는 작은 칼로 껍질을 제거하고 과육만 발라낸다. **2** 오렌지 1개는 에코놈 칼로 제스트를 벗겨 얇게 채 썰고, 과육의 즙을 짠다.

02.

1 오리 가슴살(마그레)을 일정한 크기로 손질하고 과도한 지방과 힘줄을 제거한다.
2 껍질에 바둑판 모양 칼집을 낸다.

03.

오리 육수

1 오리 날개는 작게 자르고, 샬롯은 어슷하게 썬다. **2** 주물냄비에 올리브유를 두르고 오리 날개를 넣어 진하게 색이 날 때까지 굽는다. **3** 샬롯, 버터, 으깬 마늘, 후추, 타임을 넣는다. **4** 불을 줄이고 10분 동안 더 굽는다.

04.

1 체를 이용해 오리 육수의 기름기를 거른 다음 다시 절반을 오리 날개가 담긴 냄비에 넣는다. **2** 닭 뼈 육수 120㎖를 넣어 바닥에 눌어붙은 갈색 덩어리를 데글라세(p.567 참고) 한다. **3** 절반으로 졸아들 때까지 끓이고 다시 닭 뼈 육수 250㎖를 넣고 졸인다. **4** 건더기가 잠길 정도로 닭 뼈 육수를 넣고 주기적으로 거품을 걷어내면서 1시간 30분 동안 약불에서 끓인다.

05.

1 큰 체에 5분 동안 받쳐 거른다. **2** 다시 시누아에 거른다. **3** 육수를 냄비에 옮겨 시럽 농도가 될 때까지 다시 졸인다.

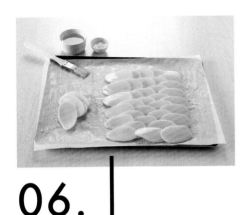

06.

막심 감자 만들기

1 감자는 씻고 껍질을 벗겨 동그란 모양으로 다듬은 다음 만돌린 채칼을 이용해 3㎜ 두께의 길이 방향으로 썬다. **2** 오븐팬에 유산지를 깔고 정제버터를 바른다. **3** 유산지 위에 감자를 조금씩 겹쳐서 깐다. **4** 감자에 정제버터를 바르고 소금, 후추 간을 한다. **5** 유산지로 덮고 다른 오븐 팬을 덮는다. **6** 160℃의 오븐에서 1시간 동안 구운 다음 윗면에 덮은 오븐팬을 제거하고 30분 동안 더 구워 색을 더 낸다.

07.

오렌지 제스트 콩피(나)

1 냄비에 오렌지 1개 분량의 즙, 팔각, 화이트와인 식초, 설탕을 넣고 잘 섞은 다음 오렌지 제스트를 넣고 1시간 동안 졸여 콩피를 완성한다.

되도록이면 유기농 오렌지를 사용하세요. 유기농이 아니라면 껍질을 깨끗이 씻어서 사용하세요.

09.

어린 오리 가슴살

1 차가운 상태의 어린 오리 가슴살에 소금 간을 한다. **2** 비계 면이 밑으로 가도록 프라이팬에 놓고 껍질이 바삭해질 때까지 3분 동안 굽는다. **3** 불의 세기를 올리고 뒤집은 다음 녹은 기름을 반복해서 끼얹어준다. **4** 취향에 따라 5~8분 동안 굽고 최소 5분 동안 그릴에 얹어 휴지시킨다. **5** 프라이팬의 기름을 제거하고 오렌지 과육과 오리 육수 1큰술을 넣어 데운다. **6** 180℃로 예열한 오븐에 어린 오리 가슴살을 넣고 2분 동안 데운 다음 길이 방향으로 2등분하고 소금과 후추 간을 해 접시에 놓는다. **7** 각 접시에 오렌지 과육을 5개씩 깔고 오렌지 제스트 콩피를 작은 돔 모양으로 놓는다. **8** 비가라드 소스를 접시 주위에 뿌린다. **9** 오렌지 제스트에서 나온 즙을 비가라드 소스 주위에 살짝 뿌리고 막심 감자는 따로 내놓는다.

기름은 버리지 말고 다른 용도로 사용하세요.

08.

비가라드 소스

1 냄비에 물과 설탕을 끓여 황금색 캐러멜을 만든다. **2** 와인 식초를 부어 데글라세(p.567 참고) 하고 오렌지 2개 분량의 즙을 넣어 절반으로 졸아들 때까지 끓인다. **3** 오리 육수를 넣고 오리 가슴살을 코팅할 정도의 농도가 될 때까지 졸인다.

고 급 레 시 피

토끼 등심과 감자로 만든 티앙
Tian au lapin et pommes de terre

4인분

준비 ◦ **1시간**
조리 ◦ **1시간**
휴지 ◦ **5분**

도구

소퇴즈[곡선형 프라이팬]
스패튤러
고기 손질용 칼

소믈리에 추천 와인

프로방스산(産) 레드와인 : 보 드 프로방스
Baux-de-Provence

토끼 등심 ◦ **2마리 분량**
감자 ◦ **800g**
마늘 ◦ **2쪽**
양파 ◦ **2개**
씨를 제거한 타지아스케* 블랙올리브 ◦ **50g**
로즈마리 ◦ **1줄기**
올리브유 ◦ **적당량**
가는소금 ◦ **적당량**
백후추 ◦ **적당량**

닭 뼈 육수 ◦ **500㎖**(p.545 참고)
파마산 치즈 ◦ **50g**
바질 ◦ **2줄기**

* 타지아스케(taggiasche) : 이탈리아 북서부
리구리앙 지방의 특산물인 올리브. 크기가 작고
보라색, 검은색, 갈색 등 여러 색을 띠며
첫맛은 섬세하고 단맛이 나지만 끝맛은
날카로우며 동시에 쓴맛을 지녔다.

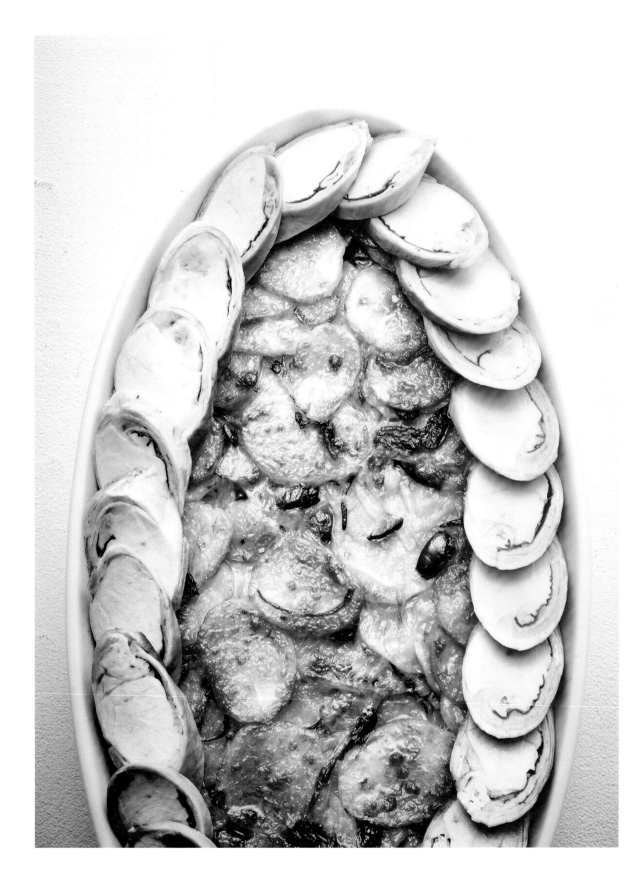

01.

1 오븐을 180℃로 예열한다. **2** 감자는 껍질을 벗기고 씻어 2㎜ 두께로 썬다. **3** 마늘은 껍질을 벗겨 2등분하고 심을 제거한 다음 칼등으로 으깬다. **4** 양파는 슬라이스 한다. **5** 작은 과도로 블랙올리브를 4등분한다. **6** 로즈마리는 씻어서 말린 다음 잎을 떼어낸다.

올리브를 2등분할 때는 씨를 제거한 후보다 씨가 들어있는 상태에서 씨 주변을 자르는 것이 더 쉽습니다.

02.

1 프라이팬에 올리브유 2큰술을 두르고 양파, 으깬 마늘, 로즈마리, 올리브를 넣어 스패튤러로 저으면서 2분 동안 약불에서 볶는다. **2** 감자를 넣고 소금 2꼬집, 후추로 간을 하고 섞는다. **3** 닭 뼈 육수를 넣고 한차례 끓인 다음 약하게 끓을 정도로 불을 줄여 2분 동안 더 익힌다.

03.

1 마늘 반쪽을 포크에 꽂아 티앙 용기 바닥에 문지른다. **2** 올리브유 1큰술을 뿌리고 용기를 흔들어 골고루 묻도록 한다. **3** 감자를 깔고 그 위에 파마산 치즈를 갈아서 뿌린다. **4** 오븐 하단에 넣고 45분 동안 굽는다.

시판용 파마산 치즈가루는 원산지 표시가 명확하지 않은 경우가 많습니다. 때문에 직접 갈아 쓰는 파르미지아노 레지아노 치즈를 추천합니다.

04.

1 바깥쪽 살코기가 위로 가도록 토끼 등심을 도마에 놓는다. **2** 뾰쪽한 등 중심부에 고기 손질용 칼을 넣고 뼈를 따라 가볍게 살을 들어 올리며 잘라서 뼈와 살을 분리한다.

05.

1 등 쪽의 안심 끝부분을 발라낸다. **2** 등뼈를 경계로 2등분한 등심 2개 옆에 안심 끝부분을 놓는다. **3** 티앙 용기를 문지른 마늘로 등심을 문지르고 소금, 후추 간을 한다. **4** 등심의 살이 많은 부분을 바질로 덮고 올리브유 몇 방울을 뿌린다. **5** 살이 많은 부분을 시작으로 둥글게 말아 소금, 후추 간을 한다.

밝은 색상의 고기에는 백후추를 사용하는 것이 좋습니다. 접시 위에 검은 덩어리를 남기지 않기 때문입니다.

06.

1 알루미늄포일을 40㎝ 폭으로 잘라 양 옆에 2㎝의 여분을 남기고 토끼 등심을 놓아 둥글게 만다. **2** 알루미늄포일의 끝을 꽉 묶어서 비튼다. **3** 뜨겁게 달군 프라이팬에 둥글게 만 등심을 놓고 4면을 2분씩 중불에서 골고루 익힌다. **4** 5분 동안 휴지시킨다.

07.

1 칼끝으로 찔러 감자가 잘 익었는지 확인한다. **2** 토끼 등심을 오븐에 넣고 4분 동안 더 익힌다. **3** 오븐에서 꺼내 알루미늄포일을 벗기고 가운데를 약간 비스듬히 자른 다음 8㎜ 두께로 어슷하게 썬다. **4** 티앙 용기에 담긴 감자 위에 자른 등심을 깔고 올리브유와 바질을 뿌린다. **5** 따뜻하거나 차게 내놓는다.

EMMANUEL RENAUT

엠마뉘엘 르노

벽난로, 장작, 볏짚, 주니퍼 베리 등 날씨가 추워지기 시작할 때의
산 향기를 떠올리게 하는 가을 최고의 레시피입니다.
콜라비와 헤이즐넛을 곁들인 섬세한 맛의 조화를 느낄 수 있습니다.

감자 수플레와 콜라비 헤이즐넛 퓌레를 곁들인 훈제 비둘기
Pigeon fermier fumé, purée chou-rave et noisette, pommes soufflées

---

4인분

준비 ○ 1시간
조리 ○ 1시간 10분

도구

찜기
블렌더
과도
만돌린 채칼
거품국자
소퇴즈 (곡선형 프라이팬)
고기 손질용 칼

소믈리에 추천 와인

프리외레 생-크리스토프 - 미셸 그리사르 2009
Prieuré Saint-Christophe - Michel Grisard
2009

비둘기 훈제, 삶기, 굽기
Pigeon fumé, poché et poêlé

농장에서 키운 비둘기 ○ 2마리
가문비나무 껍질 ○ 500g
버터 ○ 50g
카놀라유 ○ 20㎖

나무와 볏짚 부이용
Bouillon de bois et de foin

볶은 가문비나무 부스러기 ○ 100g
볏짚 ○ 1움큼

콜라비 헤이즐넛 퓌레
Purée chou-rave et noisette

콜라비 ○ 400g
헤이즐넛 ○ 200g

감자 수플레
Pommes soufflées

감자 ○ 1kg
튀김유 ○ 4ℓ

주니퍼 베리를 넣은 비둘기 육수
Jus de pigeon au genièvre

비둘기 육수 ○ 200㎖(p.556 참고)
주니퍼 베리 ○ 적당량

플레이팅
Dressage

헤이즐넛 분말 ○ 10g
소금 ○ 적당량

01.

비둘기 훈제

1 요리용 냄비에 가문비나무 껍질을 넣고 연기를 피운 다음 찜기를 얹는다. **2** 비둘기고기를 넣고 뚜껑을 덮은 다음 30분 동안 훈연한다.

나무와 볏짚 부이용

냄비에 볶은 가문비나무 부스러기와 볏짚을 넣고 물 2ℓ를 부어 끓인다.

02.

03.

비둘기 삶기

나무와 볏짚 부이용이 끓기 시작하면 비둘기고기를 넣고 끓지 않을 정도로 20분 동안 익힌다.

콜라비 헤이즐넛 퓌레

1 콜라비는 씻어서 첫 번째 잎을 제거한 다음 적당한 크기로 자른다. **2** 찜기에 콜라비를 넣고 15분 동안 익힌다. **3** 블렌더에 찐 콜라비를 넣고 매끈해질 때까지 곱게 간다.

04.

1 180℃로 예열한 오븐에 헤이즐넛을 넣고 3분 동안 굽는다. **2** 식혀서 곱게 갈아 윤기 나는 퓌레 상태로 만든다. **3** 콜라비 퓌레에 헤이즐넛 퓌레 1작은술을 넣고 섞는다.

05.

감자 수플레

1 감자는 씻지 않은 상태에서 과도를 이용해 길이 방향으로 일정하고 두꺼운 띠 모양으로 껍질을 벗긴다. 이때 눈에 보이는 칼자국이 없어야 한다. **2** 감자의 껍질을 완전히 제거한 다음 만돌린 채칼을 이용해 밑부분부터 2mm 두께로 얇게 자른다. **3** 깨끗한 천 위에 놓는다.

06.

07.

1 요리용 냄비에 튀김유를 넣고 140℃까지 예열한다. **2** 감자를 넣고 냄비를 흔들어 감자가 서로 부딪히게 한다. 이때 화상을 입지 않도록 주의한다. **3** 거품국자를 이용해 감자를 건져 그릴 위에 놓는다.

감자 수플레의 성공 여부를 결정짓는 것은 140℃에서 처음 튀길 때입니다. 감자끼리 서로 잘 부딪히도록 하는 것이 중요합니다.

08.

1 튀김유를 190℃로 예열하고 감자를 4개씩 넣는다. **2** 감자가 부풀고 표면에 색이 충분히 날 때까지 뜨거운 기름을 계속 끼얹는다.

190℃에서 두 번째로 감자를 튀길 때는 색을 확실히 내야 합니다. 그렇지 않으면 기름에서 꺼냈을 때 주저앉아 버립니다.

09.

주니퍼 베리를 넣은 비둘기 육수

1 칼로 주니퍼 베리를 으깨 비둘기 육수에 넣고 5분 동안 데운다. **2** 체에 거른다.

10.

비둘기 굽기

1 소퇴즈에 버터와 카놀라유 1큰술을 두르고 비둘기고기를 넣은 다음 5분 동안 구워 모든 표면에 색을 낸다. **2** 비둘기 고기를 도마에 옮긴다.

11.

플레이팅

1 비둘기 다리를 자르고 발목을 제거한다. **2** 고기 손질용 칼을 이용해 가슴 팍 뼈를 따라 가슴살을 분리한다. **3** 접시에 콜라비 헤이즐넛 퓌레 1큰술을 얹고 숟가락으로 가운데를 긁어 선을 넣는다. **4** 퓌레 주위에 비둘기 다리와 가슴살을 놓는다. **5** 소금과 헤이즐넛 분말로 간을 한다. **6** 감자 수플레와 주니퍼 베리를 넣은 비둘기 육수를 각각 따로 내놓는다.

ALAIN DUCASSE

알랭 뒤카스

요리란 테루아르(땅)입니다. 요리는 인간의 본질에 도달할 수 있는
최선의 방법이기도 합니다. 세상 어디에서나 요리는 남성과 여성들로 하여금
자연과 관계를 맺게 합니다. 또한 요리는 과거와 현재 그리고 세대를 이어줍니다.
요리는 각자의 언어, 각각의 문화로 살아가게 해주는 또 다른 수단입니다.
초가을에 어울리는 이 레시피는 프로방스의 잘 알려지지 않은 산간 지역을
떠오르게 합니다. 프랑스 극작가 마르셀 파뇰과 소설가 장 지오노의 고향 말이지요.

감자와 살미 소스를 곁들여 구운 어린 비둘기
Poitrine de pigeonneau grillée, pommes de terre au thym, sauce salmis

4인분
준비 ◦ 25분
조리 ◦ 55분

도구
소퇴즈(곡선형 프라이팬)
고기 손질용 칼

소믈리에 추천 와인
랑그독산(産) 최고급 레드와인(그랑 뱅)
Grand vin rouge de Languedoc

어린 비둘기
Pigeonneaux

도축하지 않고 질식시킨
어린 비둘기 ◦ 2마리(마리당 600g)
얇게 썬 염장 삼겹살 ◦ 4장
(라르도 디 콜로나타*)
세이지 ◦ 4잎
가는소금 ◦ 적당량
곱게 간 백후추 ◦ 적당량
플뢰르 드 셀 ◦ 적당량

감자
Pommes de terre

햇감자 ◦ 12개(개당 50g)
튀김용 올리브유 ◦ 1ℓ
마늘 ◦ ½쪽
타임 ◦ 1줄기
굵은소금 ◦ 2g
통후추 ◦ 적당량

푸아그라
Foie gras

익히지 않은 푸아그라 슬라이스 ◦ 4조각(개당 50g)

* 라르도 디 콜로나타(Lardo di colonnata) : 이탈리아
  토스카나에 위치한 콜로나타 마을에서 생산하는
  염장 삼겹살

살미 소스
Sauce salmis

비둘기 뼈 육수 ◦ 80㎖(p.551 참고)
이탤리언 파슬리 ◦ 2줄기
처빌 ◦ 2줄기
차이브 ◦ 3개
셰리 와인 식초 ◦ 1큰술

타임 버터
Beurre de thym

닭 뼈 육수 ◦ 120㎖
타임 ◦ 1줄기
버터 ◦ 25g

어린 비둘기

1 토치로 비둘기고기에 남아 있는 잔털을 제거한다.
2 닭발과 머리를 자르고 내장을 제거한다. 이때 심장과 간은 따로 보관한다. **3** 다리를 자른다. **4** 가위를 이용해 등뼈 부근의 가슴살을 발라낸다.

01.

02.

1 가슴살의 껍질과 살 사이에 삼겹살과 세이지를 넣는다. **2** 목 껍질을 등까지 당겨 겉을 덮는다.

비둘기 뼈와 다리는 비둘기 뼈 육수를 만드는 데 사용하세요(p. 551참고).

03.

감자

1 튀김용 올리브유에 마늘, 타임, 굵은소금, 통후추를 넣고 섞은 다음 감자를 담가 콩피 한다. **2** 감자를 둥글게 자른 다음 표면에 격자무늬가 새겨지도록 방향을 바꾸며 그릴팬에 굽는다.

04.

푸아그라

1 비둘기 가슴살에 감자를 콩피한 올리브유를 바르고 소금, 후추 간을 한다. **2** 뜨겁게 달군 그릴팬에 가슴살을 올리고 가끔씩 뒤집으면서 15분 동안 로제[*]로 구운 다음 휴지시킨다. **3** 그릴팬에 아주 차가운 상태의 푸아그라 슬라이스를 몇 초 동안 굽는다. 푸아그라는 매우 빨리 구워지므로 유의한다.

반으로 자른 감자 위에 비둘기 가슴살을 올려놓고 구워도 됩니다.

* 로제(Rosé) : 소고기를 포함한 다른 육류의 굽기와 달리 오리, 비둘기, 양의 굽기에는 로제라는 명칭을 사용하는데, 실제 굽는 온도는 소고기의 미디엄 레어와 비슷하다. 프랑스에선 특별한 요구사항이 없는 한 일반적으로 오리, 비둘기, 양은 로제로 굽는다.

05.

살미 소스

1 비둘기 심장과 간을 잘게 다진다. **2** 이탤리언 파슬리, 처빌, 차이브를 잘게 다진다. **3** 소퇴즈에 비둘기 뼈 육수를 데우고 다진 심장과 간을 넣어 농도를 진하게 만든다. **4** 다진 허브를 넣고 불에서 내려 10분 동안 우려낸다. **5** 셰리 와인 식초를 넣는다.

06.

타임 버터

1 냄비에 닭 뼈 육수를 끓여 ⅔까지 졸인다. **2** 타임을 넣고 작게 자른 버터를 넣어 진한 농도로 만든다.

비둘기 심장과 간은 살미 소스의 중요한 부분을 차지합니다.

07.

마무리와 플레이팅

1 고기 손질용 칼로 비둘기의 뼈를 따라 칼집을 내고 각 부위마다 칼을 뼈에 붙여서 살을 분리한다. **2** 접시에 감자를 놓고 06의 타임 버터, 푸아그라, 가슴 살을 놓는다. **3** 살미 소스 2큰술을 얹고 플뢰르 드 셀과 후추로 마무리한다.

중 급 레 시 피

사프란, 골든레이즌, 아몬드를 곁들인 닭고기 쿠스쿠스
Couscous de poulet, amandes, raisins et safran

4인분

준비 ○ 30분
조리 ○ 1시간
휴지 ○ 하룻밤 + 30분

도구

거품국자
쿠스쿠시에(쿠스쿠스 요리용 2단 냄비)

닭고기
poulet

내장을 제거한 닭 ○ 1마리
양파 ○ 1개
마늘 ○ 2쪽
생강 ○ 60g
사프란 분말 ○ 1g
올리브유 ○ 60㎖ + 1큰술
토마토 ○ 1개
월계수 ○ 1잎
닭 뼈 육수 ○ 700㎖(p.545 참고)
소금 ○ 적당량
통후추 ○ 적당량

쿠스쿠스
Semoule

쿠스쿠스 ○ 400g
소금 ○ 4g
올리브유 ○ 60㎖
골든레이즌 ○ 60g
닭 뼈 육수 ○ 500㎖(p.545 참고)
껍질 벗긴 아몬드 ○ 80g
물 ○ 1ℓ

01.

닭고기

하루 전

1 닭을 8등분한다. **2** 양파는 껍질을 벗기고 곱게 다져서 오목한 용기에 절반 가량 담는다. **3** 마늘과 생강은 껍질을 벗겨 얇게 슬라이스 한 다음 닭 위에 절반 가량 뿌린다. **4** 사프란 0.5g을 넣고 손질한 닭을 채운다.

1 남은 양파, 마늘, 생강, 사프란으로 닭을 덮고 올리브유 60㎖를 뿌린다. **2** 용기째 랩으로 싸서 하룻밤 동안 냉장 보관한다.

닭을 손질할 땐 항상 용골 돌기 부위부터 시작해야 합니다. 용골 돌기란 가슴살 가운데에 있는 V자 모양의 얇은 뼈를 말하는데 서양에서는 '행운의 뼈'라고도 부릅니다. 부서지기 쉬운 용골 돌기를 부러뜨리지 않고 제거했을 때 행운이 깃든다는 데서 유래한 말입니다.

02.

03.

당일

1 토마토는 껍질을 벗겨 12조각으로 자르고 씨를 제거한다. **2** 닭 위에서 마리네이드 한 채소를 걷어낸다. **3** 주물냄비에 올리브유 1큰술을 두르고 닭을 구워 색을 낸다. **4** 토마토, 월계수 잎, 마리네이드 한 채소를 넣고 소금, 후추로 간을 한다. **5** 차가운 닭 뼈 육수를 붓고 잘 섞어 한차례 끓인다. **6** 뚜껑을 덮고 45분 동안 약불에서 익힌다.

04.

쿠스쿠스

1 볼에 쿠스쿠스를 넣고 찬물을 1잔 부은 다음 볼을 좌우로 흔들어 쿠스쿠스를 씻는다. **2** 고운체에 거른다. **3** 다시 볼에 담아 올리브유를 넣고 10분 동안 휴지시킨다.

05.

1 두 손바닥 사이에 쿠스쿠스를 3분 동안 굴려서 올리브유가 코팅되도록 한다. **2** 쿠스쿠스에 골든레이즌을 넣고 따뜻한 닭 뼈 육수를 붓는다. **3** 랩으로 싸서 10분 동안 휴지시켜 쿠스쿠스가 부풀어 오르도록 한다. **4** 쿠스쿠시에에 넣고 10분 동안 찐다. **5** 수증기가 충분히 스며들었으면 쿠스쿠스를 볼에 붓고 포크로 잘 섞는다. **6** 랩을 씌워 따뜻하게 보관한다.

1 뜨겁게 달군 프라이팬에 아몬드를 넣고 볶은 다음 접시에 옮긴다. **2** 잘 익은 닭고기 위에 볶은 아몬드를 뿌리고 5분 동안 약불에서 더 익힌다. **3** 쿠스쿠스와 함께 바로 내놓는다.

06.

중급 레시피
PAUL BOCUSE
폴 보 퀴 즈

론-알프스 지방의 유명한 클래식 요리로,
브레스산(産) 닭고기를 사용하면 더더욱 풍미가 깊어지죠.
버섯 수확기에 해당하는 기간이 이 요리의 제철이라고 할 수 있습니다.

샷갓버섯을 곁들인 브레스산(産) 닭고기 프리카세
Fricassée de volaille de Bresse aux morilles

4인분

준비 ◦ **20분**
조리 ◦ **1시간 5분**
휴지 ◦ **30분**

도구

요리용 냄비
주물냄비

소믈리에 추천 와인

에르미타주 르 루에 블랑 1999,
또는 코르통-샤를마뉴 1993

Hermitage Le Rouet Blanc 1999,
corton-charlemagne 1993

닭[프랑스 브레스산(産)] ◦ **1마리**[1.8kg]
건조 샷갓버섯 ◦ **30g**
마데라 와인 ◦ **100㎖**
치킨스톡 ◦ **2.5개**
양송이버섯 ◦ **100g**
작은 샬롯 ◦ **6개**
타라곤 ◦ **3줄기**
노일리 프랏®[베르무트*] ◦ **100㎖**

화이트와인 ◦ **500㎖**
버터 ◦ **20g**
밀가루 ◦ **20g**
크렘 에페스[crème épaisse] ◦ **500g**

* 베르무트[vermouth] : 레드와인 또는
  화이트와인에 향료를 가미해 가공한
  리큐어의 일종
* 크렘 에페스[crème épaisse] : 파스퇴르 살균을
  거친 후 첨가제를 넣어 농도를 높인 크림

01.

1 삿갓버섯을 따뜻한 물에 30분 동안 담가둔다. **2** 물기를 제거하고 2등분한다. **3** 냄비에 마데라 와인을 붓고 끓여서 졸인다. **4** 졸인 와인에 삿갓버섯과 치킨스톡 ½개를 넣고 물을 채워 40분 동안 중불에서 익힌다.

———

건조 삿갓버섯은 미리 물에 담가 수분을 흡수시킵니다. 그리고 나서 바로 2등분해 버섯 안에 불순물이 들어 있는지 확인합니다.

02.

1 닭을 8등분해 살코기 부분에 소금 간을 한다. **2** 양송이버섯은 다리를 잘라내고 머리를 슬라이스 한다. **3** 샬롯은 껍질을 벗기고 슬라이스 한다. **4** 타라곤은 씻어서 말린다.

———

닭고기를 8등분해 흰색의 가슴살 부위 4조각과 붉은색의 다리살 위아래 부위 4개로 나눕니다. 작은 샬롯 6개를 대신해 큰 샬롯 2개를 사용할 수 있습니다.

03.

요리용 냄비에 물 250㎖, 노일리 프랏, 화이트와인을 붓고 타라곤, 샬롯, 버섯, 치킨스톡 2개를 넣어 강불에서 끓인다.

04.

1 03에 8조각 낸 닭고기를 넣고 뚜껑을 덮지 않은 채 12분 동안 익힌다. **2** 가슴살만 꺼내고 다리살은 13분 동안 더 익힌다.

———

닭고기가 충분히 잠겨야 합니다. 부족하면 물을 더 붓습니다. 닭 가슴살은 너무 익으면 퍽퍽해지기 때문에 다른 부위보다 일찍 건져내는 것입니다.

05.

1 버터를 포마드 상태로 만든 다음 밀가루를 넣고 섞어 뵈르 마니에를 만든다. **2** 냄비에서 다리살을 건져내고 타라곤을 제거한다. **3** 기름기만 남도록 졸인 다음 뵈르 마니에를 넣는다.

———

버터를 아주 부드럽게 풀어야 밀가루와 잘 섞입니다.

06.

1 바로 크렘 에페스를 넣고 5분 동안 저으면서 끓인다. **2** 가슴살과 다릿살을 다시 넣고 잘 저어 충분히 데운다. **3** 뜨겁게 달군 주물냄비에 ②를 옮겨 담고 01의 샷갓버섯과 새로이 곱게 다진 약간의 타라곤을 넣는다. **4** 바로 내놓는다.

고 급 레 시 피

바삭한 양파, 로메인, 피클을 곁들인 닭고기 리예트
Rillettes de volaille, pickles, cœur de laitue et oignon croustillant

4인분

준비 ○ 40분
조리 ○ 1시간 10분
휴지 ○ 30일

도구

주물냄비 또는 요리용 냄비
튀김기

소믈리에 추천 와인

부르고뉴산(産) 화이트와인 : 마콩-빌라주
Mâcon-villages

피클
Pickles

줄기 달린 작은 당근 ○ 2개
적양파 ○ 1개
미니컬리플라워 ○ 1개
통후추 ○ 18알
고수 씨앗 ○ 18개
긴 후추 ○ 3개
홀그레인 머스터드 ○ 3작은술
정향 ○ 3개
레몬 시럽 ○ 40㎖
석류 시럽 ○ 40㎖
쌀 식초 ○ 750㎖
설탕 ○ 200g
굵은소금 ○ 적당량

리예트
Rillettes

랑드산(産) 닭 가슴살 ○ 4조각
타임 ○ 1줄기
마늘 ○ 2쪽
양파 ○ 1개
올리브유 ○ 1큰술
드라이 화이트와인 ○ 100㎖
닭고기 부이용 ○ 100㎖
돼지기름 ○ 50g
오리기름 ○ 50g
와인 식초 ○ 1큰술
플뢰르 드 셀 ○ 적당량
후추 ○ 적당량

바삭한 양파
Oignons croustillants

양파 ○ 4개
밀가루 ○ 50g
포도씨유 ○ 500㎖
소금 ○ 적당량

바삭한 빵과 양상추
Pain croustillant et la laitue

캉파뉴 슬라이스 ○ 16개
올리브유 ○ 3큰술
로즈마리 ○ 1줄기
양상추 ○ 2개
발사믹 식초 ○ 1큰술
플뢰르 드 셀 ○ 적당량
후추 ○ 적당량

01.

피클

1 당근은 껍질을 벗기고 비스듬히 썬다. **2** 적양파는 껍질을 벗기고 4등분한 다음 1겹씩 떼어낸다. **3** 미니컬리플라워는 씻어서 작은 송이로 분리한다. **4** 소금을 넣은 끓는 물에 당근, 적양파, 미니컬리플라워를 각각 2분 동안 익히고 물기를 제거한 다음 3개의 용기에 따로 담는다.

02.

1 3개의 용기에 각각 통후추 6알, 고수 씨앗 6개, 긴 후추 1개, 홀그레인 머스터드 1작은술, 정향 1개씩을 넣는다. **2** 컬리플라워가 든 용기에는 레몬 시럽을, 적양파가 든 용기에는 석류 시럽을 붓는다. **3** 냄비에 쌀 식초, 물 250㎖, 설탕을 넣고 끓인 다음 3개의 용기에 각각 나눠 담는다. **4** 식혀서 최소 30일 동안 냉장 보관한다.

같은 방식으로 얼마든지 다른 채소를 이용해 피클을 담글 수 있습니다.

03.

리예트

1 닭 가슴살은 껍질, 신경, 피가 섞인 부분을 제거한다. **2** 얇은 천에 타임을 넣고 묶는다. **3** 마늘은 껍질을 벗기고 2등분한다. **4** 양파는 껍질을 벗기고 얇게 슬라이스 한다.

04.

1 주물냄비나 요리용 냄비에 올리브유를 두른다. **2** 닭 가슴살의 모든 면에 골고루 소금 간을 하고 냄비에 넣어 먹음직스러운 색이 날 때까지 굽는다. **3** 닭 가슴살을 꺼낸다. **4** 같은 냄비에 양파와 마늘을 넣고 색이 안 나도록 주의하면서 5분 동안 익힌다. **5** 화이트와인을 3번에 나누어 데글라세(p.567 참고)하면서 매번 충분히 졸인다.

05.

06.

1 냄비에 구운 가슴살, 닭고기 부이용, 얇은 천에 묶은 타임을 넣고 약하게 끓을 정도로 30분 동안 익힌다. **2** 닭 가슴살을 꺼내고 부이용을 식혀서 체에 거른 다음 ¾ 분량으로 졸아들 때까지 다시 끓인다. **3** 양파와 마늘은 곱게 다진다.

1 실온에 돼지기름과 오리기름을 꺼내둔다. **2** 닭 가슴살을 가늘게 찢어 졸인 부이용과 함께 볼에 넣고 섞는다. **3** ②의 볼에 돼지기름과 오리기름을 조금씩 넣고 와인 식초, 다진 양파와 마늘을 넣는다. **4** 간을 보고 표면에 기름을 덮어 얇은 막을 만든 다음 랩으로 싸 냉장 보관한다.

07.

08.

바삭한 양파

1 양파는 껍질을 벗기고 깨끗이 씻은 다음 뿌리 부분을 기준으로 2mm 두께로 둥글게 썰어 겹겹이 분리한다. **2** 양파에 밀가루를 묻히고 체에 올려 적당히 털어낸다. **3** 냄비나 튀김기에 포도씨유를 넣고 160℃로 예열한 다음 둥글게 자른 양파를 넣는다. **4** 포크로 잘 휘저으면서 양파에 색이 날 때까지 튀긴다. **5** 양파를 건져 키친타월에 놓고 소금 간을 해 따뜻하게 보관한다.

바삭한 빵과 양상추

1 슬라이스 한 빵에 올리브유를 뿌리고 잘게 자른 로즈마리와 플뢰르 드 셀로 간을 한다. **2** 오븐에 넣고 그릴 기능으로 굽는다. **3** 양상추는 4등분한다. **4** 따로 보관한 부이용, 약간의 발사믹 식초와 올리브유를 섞어 비네그레트를 만들고 소금, 후추 간을 한다. **5** 준비한 모든 재료를 나무도마에 놓고 샐러드와 비네그레트는 따로 내놓는다.

———

양파를 놓은 키친타월을 자주 바꿔주면 양파를 보다 바삭하게 먹을 수 있습니다.

고 급 레 시 피

허브를 곁들인 바삭하고 부드러운 닭고기
Volaille crousti-fondante aux herbes

4인분

준비 ◦ 1시간
조리 ◦ 1시간 30분
휴지 ◦ 1시간

도구

소형 토치
요리용 냄비

닭고기
Volaille

닭다리 윗부분 ◦ **4조각** (개당 150g)
타임 ◦ **1줄기**
닭 뼈 육수 ◦ **250㎖** (p.545 참고)
닭 날개 ◦ **8조각**
샬롯 ◦ **1개**
올리브유 ◦ **2큰술**
처빌 ◦ **4줄기**
이탈리언 파슬리 ◦ **2줄기**
마조람 ◦ **1줄기**
타라곤 ◦ **1줄기**
바질 ◦ **2줄기**
세이지 ◦ **2잎**
미니양상추 ◦ **2개**
가는소금 ◦ **적당량**
통후추 ◦ **적당량**

바비큐 소스
Sauce barbecue

양파 ◦ **1개**
마늘 ◦ **1쪽**
토마토 ◦ **2개**
설탕 ◦ **20g**
꿀 ◦ **1큰술**
셰리 와인 식초 ◦ **30㎖**
소고기 로스팅 육수 또는 닭고기 육수 ◦ **150㎖** (p.552 참고)
모* 머스터드 ◦ **1큰술**
라임즙 ◦ **½개 분량**
플뢰르 드 셀 ◦ **적당량**

* 모(Meaux) : 일 드 프랑스 지역에 위치한 소도시로,
  무타드 드 모라는 홀그레인 머스터드와 브리 드 모라는
  치즈의 생산지로 유명하다.

01.

닭고기

1 소형 토치로 닭다리 윗부분을 그을린다. **2** 칼로 껍질을 긁어서 남은 털을 제거한다. **3** 닭다리 윗부분의 양쪽 뼈 주위에 칼집을 내서 뼈와 핏줄을 제거한다. **4** 요리용 냄비에 닭다리를 깔고 타임 1줄기를 넣고 소금과 후추로 간을 한 다음 닭 뼈 육수를 붓고 뚜껑을 덮어 한차례 끓인다. **5** 불을 낮춰 약하게 끓을 정도로 15분 동안 익히고 닭다리 살을 뒤집어서 다시 15분 동안 더 익힌다.

02.

1 닭 날개는 관절을 잘라 닭봉과 날개를 분리한다. **2** 날개 끝 부위를 자르고 소형 토치로 그을린 다음 칼로 긁어 남은 털을 제거한다. **3** 가위로 뾰족한 끝부분을 다듬는다. **4** 닭봉을 세우고 살을 아래로 밀어 작은 뼈가 드러나게 한다. **5** 닭봉을 뒤집어 같은 방식으로 아랫부분의 살을 밀어내 작은 뼈 2개를 제거한다. **6** 닭봉 상태로 다시 모양을 만들고 나머지 닭봉도 같은 방식으로 손질한다. **7** 요리용 냄비에 익힌 닭다리 살을 꺼내 접시에 담고 실온에서 식힌 다음 최소 1시간 동안 냉장 보관한다.

03.

1 샬롯은 껍질을 벗기고 곱게 다진다. **2** 모든 허브(처빌, 이탤리언 파슬리, 마조람, 타라곤, 바질, 세이지)는 씻어서 잎을 떼어내 말린다. **3** 프라이팬에 올리브유 1큰술을 두르고 샬롯을 넣어 소금, 후추로 간을 한 다음 2분 동안 중불에서 볶는다. **4** 손질한 모든 허브를 넣고 1분 동안 섞은 다음 불에서 내린다. **5** 손질한 닭봉에 모카 스푼을 이용해 볶은 샬롯 허브를 채운다.

모카 스푼은 커피 스푼보다 크기가 훨씬 작아서 볶은 샬롯 허브를 닭봉에 채울 때 살이 손상되지 않게 해줍니다.

04.

1 랩을 펼쳐 닭봉 4개를 올리고 소금, 후추로 간을 한다. **2** 랩을 들어서 닭봉을 뒤집고 반대편에도 간을 한다. **3** 랩을 평평하게 펴 닭봉을 2번 정도 말고 랩을 끊는다. **4** 여러 번 굴려서 일정한 굵기로 만들고 양 끝을 매듭짓는다.

06.

05.

1 랩에 싼 닭봉을 10㎝ 길이로 자른다. **2** 자른 부분의 닭봉을 다시 랩으로 말아 단단히 묶는다. **3** 다른 닭봉도 같은 방식으로 손질한다. **4** 냄비에 물을 채우고 약하게 끓을 정도가 되면 랩에 싼 닭봉을 넣고 뚜껑을 덮은 채 15분 동안 익힌다. **5** 랩에 싼 닭봉을 꺼내 접시에 놓는다.

―――

랩에 싼 닭봉 위에 컵 받침이나 작은 접시를 얹어 닭봉이 충분히 잠기게 합니다.

1 코팅 프라이팬에 올리브유 1큰술을 두른다. **2** 닭다리 살에 소금 간을 하고 껍질 면이 프라이팬 바닥에 가도록 놓는다. **3** 닭다리 살 위에 유산지를 덮고 그 위에 물이 든 냄비를 놓는다. **4** 3분 동안 강불에서 익힌 다음 다시 12분 동안 약불에서 익힌다. **5** 양상추는 잎을 뜯어서 깨끗이 씻고 물기를 제거한다. **6** 물이 든 냄비와 유산지를 치우고 닭다리 살을 뒤집어서 다시 3분 동안 익힌다. **7** 익힌 닭다리 살을 키친타월에 놓고 소금, 후추 간을 한다.

―――

닭다리 껍질에 색을 골고루 내면서 닭다리 살을 평평하게 펴주는 가장 쉬운 방법입니다. 처음에는 강불로 시작했다가 잊지 않고 약불로 줄여야 껍질이 지나치게 타는 것을 막을 수 있습니다.

07.

08.

바비큐 소스

1 양파는 껍질을 벗기고 곱게 다진다. **2** 마늘은 반으로 잘라서 껍질을 벗기고 심을 제거한 다음 칼날로 으깬다. **3** 토마토는 꼭지를 따고 6등분해 씨와 심지를 제거한 다음 정사각형으로 자른다. **4** 작은 냄비에 설탕, 꿀, 셰리 와인 식초를 넣고 2분 동안 중불에서 끓여서 농도를 진하게 만든다. **5** 양파, 마늘, 토마토를 넣고 소금, 후추 간을 넉넉히 한다. **6** 닭고기 육수나 소고기 로스팅 육수를 붓고 20분 동안 꾸준히 저으면서 중불에서 졸인다.

마무리와 플레이팅

1 닭봉을 싼 랩의 끝부분을 자르고 반대편을 눌러서 닭봉을 빼낸다. **2** 닭다리 살은 껍질이 밑으로 향하도록 놓고 2등분한 다음 다시 각각 3등분한다. **3** 바비큐 소스를 불에서 내리고 머스터드를 넣어 잘 섞은 다음 라임즙을 넣고 섞는다. **4** 각각의 접시에 양상추 잎을 깔고 닭봉 1개와 등분한 닭다리 살 3개를 놓는다. **6** 닭봉 1개를 더 올리고 바비큐 소스를 바른다. **7** 양상추 잎을 더 깔고 플뢰르 드 셀을 뿌려 마무리한다.

고급 레시피

MICHEL GUÉRARD

미셸 게라르

1995년.

제가 가장 선호하는 닭은 목에 털이 없는 랑드산(産) 닭입니다.

그중 가장 좋아하는 부위는 바로 기름기 많은 다리살이고요.

구울 때 기름을 끼얹어 얇은 튀김막이 생기면 바삭하고 부드러우면서 맛 또한 일품이죠.

질 좋은 오리기름에 볶아서 졸인 두툼한 감자 슬라이스와 잘 어울립니다.

가슴살 부분은 너무 퍽퍽해서 그다지 좋아하지 않습니다.

하지만 어느 날 저는 제가 그다지 선호하지 않는 이 부위에 자비를 베풀기로 했습니다.

가슴살 껍질 밑에 향이 좋은 베이컨을 넣고 프로마주 블랑과 푸아그라를 섞어서

은밀하게 공들여 채워 화로에 천천히 구웠습니다.

마치 사라 베르나르라는 유명 여배우의 전성기 작품들처럼

이 요리는 1995년 이후로 제 요리에서 가장 중요한 위치를 차지하게 되었습니다.

숯불에 베이컨을 곁들여 요리한 랑드산(産) 닭 가슴살

La poitrine de volaille des Landes, cuisinée au lard sur la braise

---

4인분

준비 ○ 45분
조리 ○ 40분
휴지 ○ 1시간

도구

중심 온도계

닭고기
Volaille

내장을 제거한 랑드산(産) 닭 ○ 2마리
(마리당 1.6~1.8kg)

훈제 슬라이스 베이컨 ○ 4개

파르스와 마리네이드
Farce et marinade

이탤리언 파슬리 ○ 2큰술
타라곤 ○ 1큰술
부르생 치즈(후추 첨가) ○ 80g
프로마주 블랑(유지방 40%) ○ 20g
익힌 푸아그라 ○ 80g
소금 ○ 적당량
거칠게 간 후추 ○ 1꼬집

월계수 ○ 2잎
로즈마리 ○ 2줄기
올리브유 ○ 1큰술

플레이팅
Dressage

닭고기 육수 ○ 200mℓ(p.552 참고)
레몬 콩피 ○ 4조각(p.553 참고, 선택사항)

01.

닭고기

1 30분 전에 닭고기를 냉장고에서 꺼내 놓는다. **2** 가슴살 부위가 위를 향하도록 놓고 발과 날개 끝부분은 연골 부위에서 잘라낸다. **3** 꼬리 부위 살과 목을 제거한다. **4** 척추를 경계로 가슴살에 칼집을 넣고 이어서 다리 양쪽에 칼집을 내 껍질을 벗긴다. 껍질은 가슴살을 덮는 데 사용하기 전까지 잘 보관한다.

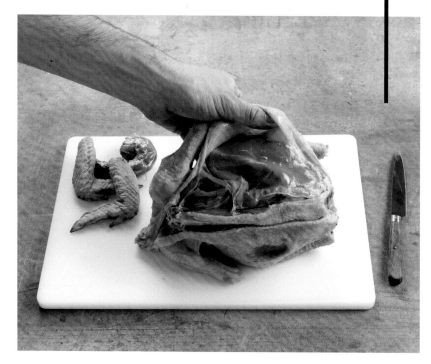

02.

1 다리살을 손상 없이 빼내기 위해 관절에서 다리 부분을 분리한다. **2** 뒤집어서 가슴살이 붙은 등 부위를 가위를 이용해 뼈째로 길게 자른다. **3** 키친타월로 모이주머니를 분리한다.

닭고기를 실온에 미리 꺼내두면 지방이 부드러워지고 껍질이 찢어지지 않아 쉽게 손질할 수 있습니다. 닭다리와 뼈는 따로 보관했다가 육수나 기타 용도로 사용할 수 있습니다.

03.

1 닭 목 부위의 A자형 작은 뼈인 쇄골을 제거한다. **2** 흉골을 따라 가슴살을 각각 분리한다.
이때 흉곽골(가슴우리뼈)은 닭 가슴살에 붙어있는 채로 손질해야 한다.

04.

1 손으로 가슴살의 껍질을 떼어내고 껍질
과 살코기 사이에 훈제 베이컨 1장을 넣는
다. **2** 가슴살 중간과 끝부분에 파르스를 채
울 공간을 만들기 위해 칼로 가슴살을 갈라
지갑 모양으로 펼친다. **3** 두 번째 가슴살도
같은 방식으로 손질한다.

가슴살에 뼈를 남겨두면 굽는 동안 고기
가 줄어들지 않습니다.

05.

파르스와 마리네이드

1 이탤리언 파슬리와 타라곤은 씻어서 잎을 떼어내 곱게 다진다. **2** 볼에 프로마주 블랑, 부르생 치즈, 곱게 다진 이탤리언 파슬리와 타라곤을 넣고 섞는다. **3** 익힌 푸아그라를 0.5㎜ 두께의 직사각형으로 자른다. **4** 닭 가슴살에 간을 한다. **5** 닭 가슴살의 사이에 ②를 얇게 채우고 그 위에 푸아그라를 얹는다.

06.

1 닭 가슴살을 접고 닭다리 껍질을 이용해 완전히 감싼다. **2** 남는 껍질은 잘라낸다.

07.

1 나무 이쑤시개로 3군데를 찔러 잘 덮어준다. **2** 닭 가슴살을 오목한 용기에 놓고 거칠게 간 후추, 월계수 잎, 로즈마리, 올리브유를 뿌려 1시간 동안 마리네이드 한다.

08.

굽기

1 그릴을 깐 화로에 닭 가슴살을 놓고 굽는다. **2** 중심 온도가 49~50℃가 되면 꺼내서 알루미늄포일이나 크기가 꼭 맞는 뚜껑을 덮어 그릴 옆에서 20분 동안 휴지시키면서 온도를 확인한다.

알루미늄포일 밑의 닭 가슴살은 58~59℃까지 올라갈 것입니다. 60℃을 넘지 않아야 부드럽고 촉촉한 상태를 유지할 수 있습니다.

09.

플레이팅

1 이쑤시개를 제거한다. **2** 칼로 가슴살의 살과 흉곽골을 분리한다. **3** 가슴살을 보기 좋게 둥글게 썰어 따뜻한 접시 위에 놓는다. **4** 숟가락을 이용해 가슴살에 닭고기 육수를 바른다. **5** 레몬 콩피를 얹고 로즈마리와 월계수 잎으로 작은 부케를 만들어 올린다.

오리기름에 튀긴 질 좋은 감자튀김과 함께 먹으면 좋습니다. 닭 가슴살은 바비큐로 먹거나 주물냄비에 오리기름 20g과 버터 10g을 섞어 구워 먹을 수도 있습니다.

양, 소, 돼지

중 급 레 시 피

그릴에 구운 양 꼬치, 피망 쿨리, 구운 미니양상추
Brochettes d'agneau grillées, coulis de poivron et sucrines rôties

---

4인분

준비 ◦ **40분**
조리 ◦ **45분**
휴지 ◦ **3분**

도구

슬라이스용 칼
과도
핸드블렌더
제과용 붓

소믈리에 추천 와인

프랑스 서남지방산(産) 레드와인 : 코토 뒤 랑그독
Coteaux-du-languedoc

양 윗넓적다리 또는 허리살 ◦ **600g**
(뼈를 제거하고 3×3㎝ 정사각형으로 자른 것)

홍피망 ◦ **1개**
녹색 호박 ◦ **1개**
양파 ◦ **160g** (달걀 크기)
블랙올리브 ◦ **20g** (작은 크기 10개)

올리브유 ◦ **적당량**
가는소금 ◦ **적당량**
후추 ◦ **적당량**
설탕 ◦ **적당량**
셰리 와인 식초 ◦ **적당량**
미니양상추 ◦ **4개**

01.

1 포크에 피망을 세로로 꽂아 규칙적으로 돌려가면서 3분 30초 동안 직화구이한다. **2** 구운 피망을 접시에 놓고 랩으로 싸서 3분 동안 휴지시킨다.

———

집에 가스가 없다면 오븐의 그릴 기능을 이용합니다. 그릴 기능도 없다면 프라이팬이나 주물로 만든 그릴팬에 바비큐용 꼬치를 꽂아 구워도 됩니다.

02.

1 호박은 깨끗이 씻어 슬라이스용 칼을 이용해 길이 방향으로 3㎝씩 6등분한다. **2** 자른 호박은 다시 껍질 4면을 잘라내고 약 5㎜ 두께의 직사각형 24개로 만든다. **3** 안쪽 씨 부분은 따로 보관했다가 다른 용도로 사용한다.

03.

1 양파는 껍질을 벗기고 1겹씩 떼어내 호박과 같은 두께로 자른다. 끝부분과 자투리 부분은 다진다. **2** 구운 피망은 과도를 이용해 껍질을 벗기고 2등분한 다음 꼭지, 씨, 흰 부분을 제거한다. **3** 손질한 피망을 길게 자르고 다시 정사각형 모양으로 자른다. **4** 올리브도 다른 채소와 비슷한 크기로 자른다.

04.

1 냄비에 올리브유 1큰술을 두르고 다진 양파와 피망을 넣은 다음 소금, 후추 간을 하고 설탕 1꼬집을 넣어 볶는다. **2** 뚜껑을 덮고 30분 동안 가끔씩 저으면서 약불에서 익히고 불이 너무 세면 물을 약간 넣는다. **3** 다 익으면 절반의 올리브와 셰리 와인 식초 1큰술, 올리브유 2큰술을 넣고 잘 섞는다.

05.

1 넉넉한 깊이의 용기에 볶은 양파와 피망을 넣고 핸드블렌더로 곱게 갈아 쿨리로 만든다. **2** 남은 절반의 올리브를 넣는다. **3** 오븐을 그릴 기능으로 예열한다.

06.

1 꼬챙이에 양고기, 양파, 호박을 번갈아 꽂고 마지막에는 양고기를 꽂는다. **2** 꼬치 양면에 소금, 후추 간을 골고루 하고 올리브유를 뿌린다. **3** 올리브유를 바른 오븐용 그릴에 꼬치를 놓고(열선에서 15㎝ 떨어진 거리) 3분 동안 익힌 다음 뒤집어서 3분 더 익힌다.

―――

금속재질의 꼬챙이를 사용하는 경우, 먼저 꼬챙이에 기름을 발라주세요. 오븐에서 꺼낼 때는 매우 뜨거우니 주의하세요.

07.

1 꼬치를 굽는 동안 미니양상추를 씻고 물기를 제거해 길이 방향으로 2등분한다. **2** 자른 단면에 올리브유를 바르고 소금, 후추 간을 한 다음 프라이팬에 2분 동안 굽는다. **3** 익히지 않은 면에도 올리브유를 바르고 소금, 후추 간을 한 다음 뒤집어서 2분 더 굽는다. **4** 접시에 옮기고 셰리 와인 식초를 뿌린다. **5** 오븐에서 양고기 꼬치를 꺼내 양상추 옆에 놓고 피망 쿨리를 곁들인다.

―――

미니양상추는 너무 많이 구우면 예쁜 색이 사라지게 되니 주의하세요.

중 급 레 시 피

프로방스 스타일로 구운 양 갈비와 채소 밀푀유
Côtelettes d'agneau grillées à la provençale, millefeuilles de légumes

---

2인분

준비 ○ 20분
조리 ○ 8분

도구

슬라이스용 칼
과도
절구와 절굿공이
스패튤러

양 갈비(등심) ○ 6대
이탈리언 파슬리 ○ 1줄기
마늘 ○ 1쪽
블랙올리브 ○ 10g
식빵으로 만든 빵가루 ○ 20g
양송이버섯 ○ 2개
토마토 ○ 2개

가지 ○ 1개
양파 ○ 1개
가는소금 ○ **적당량**
후추 ○ **적당량**
올리브유 ○ **적당량**
플뢰르 드 셀 ○ **적당량**

01.

1 이탈리언 파슬리는 깨끗이 씻어 잎을 떼어내고 슬라이스용 칼로 자른다. **2** 마늘은 과도를 이용해 껍질을 벗기고 2등분해 심을 제거한 다음 절구에 넣고 으깬다. **3** 절구에 이탈리언 파슬리 잎을 넣고 정성스럽게 빻는다. **4** 블랙올리브를 작게 잘라 절구에 넣고 살짝 으깬 다음 빵가루를 넣고 다시 잘 섞는다.

02.

1 양송이버섯은 흙 묻은 다리 부분을 잘라낸 다음 칼로 다리를 긁어내고 머리의 껍질을 벗긴다. **2** 토마토와 가지는 씻어서 꼭지를 따고 양파는 껍질을 벗긴다. **3** 버섯, 토마토, 가지, 양파를 5㎜ 두께로 둥글게 자른다. **4** 양파에 수평으로 나무 꼬챙이를 꽂아 분리되지 않게 한다.

03.

1 접시에 둥글게 자른 채소를 놓고 소금, 후추 간을 한 다음 올리브유를 뿌린다. **2** 그릴팬을 달구고 양파와 가지를 올려 15초 동안 강불에서 구운 다음 뒤집어서 15초 동안 더 굽는다. **3** 2번에 걸쳐 굽고 접시에 옮긴다.

04.

1 오븐을 100℃로 예열한다. **2** 토마토와 버섯은 그릴팬에 각각 40초씩 굽는다. **3** 스패튤러 위에 토마토, 양파, 가지, 버섯 순으로 채소 밀푀유를 쌓는다. **4** 양파에 낀 나무 꼬챙이를 제거한다. **5** 윗면에 토마토를 올려 마무리한다. **6** 같은 방식으로 밀푀유 3개를 더 만들어 오븐용 팬에 올린 다음 오븐에 넣어 따뜻하게 보관한다.

05.

1 절구 안의 내용물을 넓은 용기에 부어 양고기에 골고루 묻힌다. 이때 뼈에는 묻히지 않는다. **2** 양고기 위에 올리브유를 가볍게 뿌린다.

1 그릴팬에 올려 1분 30초 동안 중불에서 구운 다음 뒤집어서 다시 1분 30초 동안 굽는다. **2** 양고기를 세워 1분 30초 동안 더 굽고 반대편의 뼈가 있는 부분도 세워서 굽는다. **3** 접시에 놓고 플뢰르 드 셀과 후추로 간을 한 다음 채소 밀푀유를 곁들여 바로 먹는다.

06.

중 급 레 시 피

마늘을 곁들여 로스팅 한 양 윗넓적다리
Gigot d'agneau rôti et bonbons d'ail

6인분

준비 ◦ 30분
조리 ◦ 고기 kg당 20분 + 10~12분
휴지 ◦ 1시간

도구

과도
뜰채
명주실
고기 손질용 칼
온도계
체

소믈리에 추천 와인

프로방스산[産] 레드와인 : 코토 바루아
Coteaux-varois

양 윗넓적다리 [뒷다리] ◦ **1개** (1.4~1.6kg)
마늘 ◦ **2통**
우유 ◦ **300mℓ**
가는소금 ◦ **적당량**
후추 ◦ **적당량**
올리브유 ◦ **적당량**
작게 썬 버터 ◦ **25g**
타임 ◦ **3줄기**

01.

1 마늘은 양손으로 힘 있게 머리 쪽을 눌러 분리한 다음 과도를 이용해 마지막 1겹만 남도록 껍질을 벗긴다. **2** 냄비에 마늘과 우유를 넣고 중불에서 한차례 끓인 다음 5분 동안 약불에서 더 익힌다. **3** 뜰채를 이용해 마늘을 건진다.

02.

1 오븐을 200℃로 예열한다. **2** 고기 손질용 칼로 도장이 찍힌 비계와 지방 부분을 제거한다. **3** 명주실로 묶고 모든 면에 소금, 후추 간을 한다. **4** 로스팅 용기에 올리브유 3큰술을 둘러 달군 다음 양고기의 튀어나온 면이 바닥으로 가도록 놓고 1분 30초 동안 구워 색을 낸다. **5** 옆면으로 돌려 손으로 고기를 잡고 1분 동안 색을 낸다. **6** 반대편으로 뒤집어 고기를 익히면서 나온 기름을 끼얹어가며 1분 30초 동안 굽는다. **7** 마지막으로 옆면으로 돌려 1분 동안 색을 낸다.

03.

1 양고기에 올리브유를 넉넉히 뿌린 다음 오븐에 넣고 12분 동안 더 익힌다. **2** 오븐에서 꺼내지 않은 채 로스팅 용기에 있는 육즙을 고기에 끼얹은 다음 12분 동안 더 익힌다. **3** 버터를 넣고 녹으면 고기에 끼얹는다. **4** 타임과 마늘을 넣고 6분 동안 더 익힌다.

05.

1 마늘에 달라붙어 있는 껍질 1겹을 벗긴다. 2 로스팅 하면서 생긴 기름에 물 100㎖를 붓고 잘 저어서 바닥에 생긴 육즙 덩어리를 녹인다. 3 체를 이용해 작은 냄비에 걸러 담아 한차례 끓인 다음 원하는 농도가 될 때까지 졸인다. 4 타임과 마늘을 넣고 잘 섞은 다음 볼에 담는다.

04.

1 양고기의 온도가 52℃가 되면 오븐에서 꺼낸다. 2 알루미늄포일을 2번 접어서 뼈 부분을 감싼다. 3 접시에 익은 고기를 놓고 알루미늄포일을 덮는다. 4 오븐에서 구우면서 소요된 시간의 최소 절반 시간 동안 휴지시킨다.

양 윗넓적다리는 모양이 일정하지 않습니다. 때문에 각 부위에 가해지는 온도가 달라 웰던, 로제, 레어 등으로 구워집니다. 모든 이들의 취향을 만족시킬 수가 있죠.

06.

1 양고기의 알루미늄포일과 명주실을 제거한다. 2 200℃로 예열한 오븐에 넣고 5분 동안 데운다. 3 적당한 크기로 잘라 마늘과 함께 내놓는다.

마늘을 익힐 때 사용한 우유로 퓌레를 만들어 곁들이거나, 로스팅 용기에 고기와 함께 미니양파, 줄기 달린 작은 당근, 아티초크 바이올렛, 버섯 등 봄철의 어린 채소를 익혀서 곁들이면 좋습니다.

GUY SAVOY
기 사 부 아

여러분은 양의 어느 부위를 가장 좋아하시나요?
물론 허벅지 아랫부분인 정강이겠죠? 이 부위는 뼈가 붙어 있어야 제맛이죠.
특유의 맛과 텍스처의 적절한 조화 덕분에 양고기 가운데 가장 맛있는 부위지요.
또 한 사람 몫의 접시를 채우기에도 딱 맞는 크기와 형태를 갖추고 있답니다.
그런데 왜 마카로니 그라탱과 함께 내놓느냐고요?
그라탱 도피누아와 마카로니 그라탱 사이에서 오랫동안 망설인 끝에
결국 동전 던지기로 결정했답니다.

브레이징 한 양 정강이와 마카로니 그라탱
Souris d'agneau braisée, gratin de macaroni

4인분
준비 ◦ 45분
조리 ◦ 3분 + 2시간 7분
휴지 ◦ 12시간

도구
스패튤러
소스용 그릇

소믈리에 추천 와인
AOC 인증의 발레 뒤 론 남부지방산(産) 레드와인
: 바케이라스 Vacqueyras

마카로니 그라탱
Gratin de macaroni

마카로니 또는 펜노니 리가티 ◦ 400g
생크림(crème liquide) ◦ 600㎖
곱게 간 에멘탈 치즈 ◦ 100g
가는소금 ◦ 적당량
통후추 ◦ 적당량

양 정강이 부위
Souris d'agneau

양 정강이(뒷다리) ◦ 4개
올리브유 ◦ 50㎖
양파 ◦ 1개
당근 ◦ 1개
진한 소고기 육수 ◦ 1.5ℓ (p.557 참고)
월계수 ◦ 1줄기

타임 ◦ 1묶음
가는소금 ◦ 적당량
통후추 ◦ 적당량

01.

마카로니 그라탱

하루 전

1 소금을 넣은 끓는 물에 면을 3분 동안 익히고 건져 얼음물에 식힌다. **2** 그라탱 용기에 생크림, 에멘탈 치즈 절반, 면을 넣고 섞은 다음 소금, 후추 간을 한다. **3** 랩으로 잘 싸서 12시간 동안 냉장 보관한다. 이때 면이 생크림을 흡수해서 충분히 팽창하도록 가끔씩 저어준다.

마카로니를 초벌로 삶을 때는 덜 익은 상태가 되도록 합니다. 생크림을 흡수하면 면이 팽창하고 물러지기 때문입니다.

02.

양 정강이 부위

당일

양고기는 지방을 제거하고 기본 간을 한 다음 올리브유를 두른 주물냄비에 구워 색을 낸다.

03.

1 오븐을 180℃로 예열한다. **2** 양파와 당근은 껍질을 벗기고 큼지막하게 썬다. **3** 양고기에 충분히 색을 냈으면 당근과 양파를 넣고 양고기가 잠길 정도로 진한 소고기 육수를 붓는다. **4** 월계수 잎 1장, 타임 1줄기를 넣고 뚜껑을 덮어 1시간 30분 동안 오븐에서 브레이징 한다.

04.

1 양고기를 꺼낸다. **2** 육수를 체에 거르고 다시 끓여 졸인 다음 간을 보고 양고기를 다시 넣는다. **3** 뚜껑을 덮지 않은 채 오븐에 넣고 양고기 표면 이 코팅되도록 졸인 육수를 규칙적으로 끼얹으면 서 30분 동안 익힌다.

———

양고기를 오븐에서 익히는 동안 규칙적으로 졸 인 소스를 끼얹어주는 것은 매우 중요합니다. 그 래야 고기 표면이 캐러멜화되고 윤기가 생기기 때문이죠.

05.

1 오븐을 210℃로 예열한다. **2** 그라탱 용기에 마카로 니를 1겹 채운다. **3** 남은 에멘탈 치즈를 뿌리고 오븐에 넣어 그릴 기능으로 7분 동안 굽는다. **4** 바로 플레이팅 한다.

06.

플레이팅

1 월계수 잎 3장과 타임 1줄기로 작은 부케 가르니 4개를 만 든다. **2** 마카로니 그라탱을 직사각형으로 자르고 평평한 스패 튤러를 이용해 접시에 옮긴다. **3** 접시에 양고기와 부케 가르 니를 놓는다. **4** 양고기에 소스를 바르고 남은 소스는 전용 그 릇에 따로 담아 내놓는다.

———

마카로니를 냉장 보관하는 동안 생크림이 면에 전부 흡수되 었을 경우에는, 마카로니를 오븐에 굽기 전에 생크림을 2~3큰 술 더 넣어줍니다. 그래야 부드러운 그라탱이 되거든요.

RÉGIS & JACQUES MARCON

레 지 스 & 자 크 마 르 콩

우리 집안에 전통적으로 내려오는 레시피입니다.
어머니가 토끼를 이런 방식으로 요리하는 것을 보고 영감을 받았습니다.
또한 고인이 된 우리의 친구 제라르 트뤼셀레의 유명한 요리,
볏짚을 넣은 잠봉 요리에서 아이디어를 얻었습니다.
볏짚을 베어 말리는 계절인 초여름에 만든 레시피랍니다.

반죽 속에 짚과 함께 익힌 양 허리 살, 포르치니버섯을 곁들인 감자 퓌레, 루 향신료

Selle d'agneau en croûte de cistre, épices au loup, purée de pomme de terre aux cèpes

---

4인분

준비 ◦ 2시간
조리 ◦ 12시간 + 1시간

도구

채소 강판

양고기
Agneau

양 허리 살 ◦ **1개**(1.2kg)
빵 반죽 ◦ **300g**
짚(프랑스 메젱크산(山)의 건초) ◦ **1줌**
밀가루 ◦ **적당량**

루 향신료
Épices au loup

생강 ◦ **1조각**(3cm 크기)
마늘 ◦ **1쪽**
주니퍼 베리 ◦ **20개**
오렌지 제스트 ◦ **½개 분량**
소금 ◦ **적당량**

감자 퓌레
Purée de pomme de terre

감자(빈체*) ◦ **5개**(400g)
건조 포르치니버섯 ◦ **50g**
생크림(crème liquide entière) ◦ **150㎖**
버터 ◦ **60g**
소금 ◦ **적당량**
통후추 ◦ **적당량**

* 빈체(bintje) : 네덜란드에서 개량한 감자 품종으로 감자튀김용으로 적합하다. 네덜란드어로 초여름 에 나는 햇감자라는 뜻이다.

01.

루 향신료

하루 전

1 감자 퓌레에 사용할 건조 포르치니버섯을 미지근한 물에 담가 불린다. **2** 생강은 껍질을 벗기고 작게 자른다. **3** 마늘은 껍질을 벗기고 심을 제거해 슬라이스 한다. **4** 생강, 마늘, 주니퍼 베리, 오렌지 제스트를 50℃의 온도에서 12시간 동안 건조시킨다. **5** 건조가 끝나면 식힌 다음 함께 빻아서 분말로 만들어 밀폐용기에 보관한다.

02.

감자 퓌레

당일

1 감자는 찜기를 이용해 40분 동안 껍질째 익힌다. **2** 껍질을 벗기고 채소 강판에 곱게 간다.

03.

양고기

1 오븐을 220℃로 예열한다. **2** 프라이팬에 양고기를 넣고 모든 면에 색이 나도록 뒤집어가며 구운 다음 소금, 후추 간을 한다.

04.

1 빵 반죽을 펼쳐 짚을 깔고 양고기를 올린 다음 빵 반죽으로 잘 감싼다. **2** 반죽에 가볍게 물을 바르고 밀가루를 뿌린다. **3** 오븐에 넣고 20분 동안 굽는다.

05.

감자 퓌레

1 불린 포르치니버섯을 꺼내 물기를 제거한다. **2** 우려 낸 물은 체에 걸러 냄비에 붓고 ¾ 분량으로 졸아들 때까지 약불에서 끓인다. **3** 졸인 육수에 생크림을 넣고 한 차례 끓인 다음 다시 약불에서 졸인다.

1 05의 포르치니버섯을 잘게 다진다. **2** 프라이팬에 버터 20g을 녹이고 다진 버섯을 넣어 강불에서 볶는다.

06.

포르치니버섯은 해에 따라 다르지만 보통 5월에서 11월 사이에 채취합니다. 버섯 육수는 그 자체로도 맛있지만, 다른 음식과 섞을 경우 풍미를 더 깊게 해줍니다.

07.

1 05에서 졸인 크림에 다진 버섯 2큰술을 넣고 감자를 조금씩 넣으며 잘 섞는다. **2** 취향에 따라 버터를 넣고 소금, 후추 간을 약하게 한다.

나머지 다진 포르치니버섯은 따로 보관했다가 다른 레시피에 사용합니다.

08.

플레이팅

1 접시에 양고기를 넣어 구운 빵을 통째로 놓고 식사 테이블 위에서 자른다. **2** 감자 퓌레와 루 향신료를 곁들인다.

중 급 레 시 피

오렌지를 곁들인 소고기 스튜
Daube de bœuf à l'orange

4인분

준비 ◦ **45분**
조리 ◦ **4시간**

도구

명주실
에코놈 칼
주물냄비
제과용 붓
거품국자

소믈리에 추천 와인

프로방스산(産) 레드와인 : 보 드 프로방스
Baux-de-Provence

소고기
Daube

부챗살 ◦ **1.3㎏**
우둔살 ◦ **4조각**
양파 ◦ **1개**
당근 ◦ **4개**
염장 삼겹살 ◦ **150g**
마늘 ◦ **3쪽**
레드와인 ◦ **750㎖**
통후추 ◦ **적당량**
정향 ◦ **1개**
주니퍼 베리 ◦ **5개**
오렌지 ◦ **1개**
설탕 ◦ **75g**
포도씨유 ◦ **적당량**
소금 ◦ **적당량**

부케 가르니 (p.529 참고)
Bouquet garni

이탈리언 파슬리 ◦ **5줄기**
셀러리 잎 ◦ **적당량**
타임 ◦ **1줄기**
월계수 ◦ **1잎**
대파 녹색 부분 ◦ **3~4개** (각 10㎝)

01.

1 양파는 껍질을 벗기고 2등분한 다음 칼끝으로 단단한 뿌리 부분을 자른다. 2 각 반쪽을 1cm 두께로 둥글게 썰고 다시 큼지막한 정사각형으로 썬다. 3 당근은 껍질을 벗기고 3등분한 다음 다시 직사각형 4개로 자른다. 4 대파의 녹색 부분 안쪽에 이탈리언 파슬리, 셀러리, 타임, 월계수 잎을 넣고 명주실로 묶어 부케 가르니를 만든다.

02.

1 염장 삼겹살은 껍질과 연골을 제거한 다음 1cm 폭으로 자른다. 2 부챗살은 표면의 지방과 근막을 제거한 다음 3cm 두께로 슬라이스 하고 다시 3조각으로 자른다. 3 주물냄비에 포도씨유 1큰술을 두르고 소금, 후추 간을 한 우둔살 4조각을 넣어 색이 날 때까지 2~3분 동안 강불에서 굽는다. 4 우둔살을 꺼내고 소금, 후추 간을 한 부챗살을 넣어 모든 면에 색이 나도록 3~4분 동안 굽는다.

03.

1 주물냄비에 작게 자른 염장 삼겹살과 당근 그리고 마늘을 껍질째 넣는다. 2 물을 묻힌 붓으로 주물냄비 안쪽을 닦는다. 3 주걱으로 저으면서 3분 동안 강불에서 볶는다.

04.

1 03의 주물냄비에 우둔살과 부챗살을 넣고 고기가 충분히 잠길 정도로 레드와인을 붓는다. 2 부케 가르니, 통후추 1작은술, 정향, 주니퍼 베리를 넣는다. 3 물을 묻힌 붓으로 냄비 안쪽을 닦는다. 4 끓어오르면 표면에 뜨는 거품을 거품국자로 떠낸다. 5 뚜껑을 덮고 약 3시간 동안 약불에서 익힌다. 이때 가끔씩 주걱으로 저으면서 물을 묻힌 붓으로 냄비 안쪽을 닦는다.

물을 묻힌 붓으로 주물냄비 안쪽 벽면에 눌어붙은 음식물을 닦아주는 건 매우 중요합니다. 그대로 두면 냄비 벽에 붙은 채 타서 음식에 좋지 않은 냄새를 유발할 수 있습니다.

05.

1 오렌지는 깨끗이 씻고 물기를 제거한 다음 에코놈 칼로 제스트를 벗긴다. 이때 껍질 바로 밑의 흰 부분은 포함되지 않도록 주의한다. **2** 나머지 오렌지 과육은 즙을 짜 사용한다.

06.

1 찬물이 담긴 냄비에 오렌지 제스트를 넣고 끓인 다음 건져서 찬물에 담가 식힌다. **2** 같은 방법으로 1번 더 데친다. **3** 냄비에 오렌지즙, 설탕, 오렌지 제스트를 넣고 끓인다. **4** 끓어오르면 약불로 내려 뚜껑을 덮지 않은 채 30분 동안 졸인다.

07.

1 고기가 다 익었으면 물을 묻힌 붓으로 주물냄비의 안쪽을 문질러 달라붙은 육즙 덩어리를 떼어낸다. **2** 06의 오렌지 제스트를 건져낸다. **3** 냄비를 불에서 내린 다음 뚜껑을 덮고 5분 동안 우려내 간을 본다. **4** 부케 가르니를 건져내고 고기는 개인 접시에 옮겨 담는다. **5** 고기가 담긴 접시에 가니시와 오렌지 제스트를 담는다.

———

이 소고기 스튜는 면, 뇨끼, 감자 퓌레와 곁들여 드실 수 있습니다.

중급 레시피

파프리카를 곁들인 쿠스쿠스와 향신료를 넣은 소고기 완자
Semoule de blé au paprika et boulettes de bœuf épicées

4인분

준비 ○ **40분**
조리 ○ **45분**
휴지 ○ **1시간 10분**

도구

슬라이스용 칼
에코놈 칼
주물냄비
쿠스쿠스용 냄비
고운체

완자 만들기
Boulettes

다진 소고기(지방 15%) ○ **600g**
식빵 ○ **40g**
우유 ○ **100㎖**
홍피망 ○ **1개**
이탤리언 파슬리 ○ **½묶음**
고수 ○ **½묶음**
양파 ○ **1개**
달걀 ○ **1개**

소금 ○ **2작은술**
파프리카가루 ○ **1.5작은술**
큐민가루 ○ **1작은술**
계핏가루 ○ **1꼬집**
밀가루 ○ **적당량**
토마토 ○ **3개**
올리브유 ○ **적당량**
소고기 부이용 ○ **500㎖**(p.546 참고)
소금 ○ **적당량**
통후추 ○ **적당량**

파프리카 쿠스쿠스
Semoule au paprika

쿠스쿠스 ○ **400g**
소금 ○ **4g**
올리브유 ○ **60㎖**
파프리카가루 ○ **3작은술**
소고기 부이용 ○ **500㎖**(p.546 참고)
하리사* 분말 ○ **적당량**

* 하리사(harissa) : 중동이나 아프리카에서 주로
  사용하는 고추 양념 페이스트

01.

완자 만들기

1 식빵을 우유에 담근다. **2** 피망은 씻어서 에코놈 칼을 이용해 껍질을 벗긴 다음 길게 자르고 다시 정사각형으로 자른다. **3** 이탤리언 파슬리와 고수는 씻어서 말린 다음 잎만 떼어내 곱게 다진다. **4** 양파를 곱게 다져 피망, 다진 소고기와 함께 볼에 넣는다.

―――

허브류를 씻고 나서 물기를 제거할 때는 잎을 짜지 말고 허브의 머리를 밑으로 놓고 흔들어 주거나 샐러드용 탈수기를 이용합니다.

1 우유에 담가놓은 식빵을 건져서 과도한 수분을 제거한다. **2** 다진 소고기가 담긴 볼에 식빵, 거품기로 푼 달걀, 소금 2작은술, 파프리카가루 1작은술, 큐민가루, 계핏가루를 넣는다. **3** 통후추를 2번 갈아 넣어 간을 하고 다진 이탤리언 파슬리와 고수를 넣어 포크 2개로 잘 섞는다. **4** 맛을 보고 간이 부족하면 보충한다.

―――

포크 2개를 사용하면 식빵이 잘 으깨져서 골고루 섞을 수 있습니다. 효율성과 부드러움을 동시에 만족시키죠.

02.

03.

1 손에 밀가루를 묻히고 완자 혼합물을 1큰술씩 덜어 양손으로 동그랗게 굴린다. **2** 재료가 소진될 때까지 완자를 만들고 랩에 싸서 1시간 동안 냉장 휴지시킨다.

04.

1 냄비에 물을 넣어 끓인다. **2** 토마토는 꼭지를 따고 뒤집어서 十자로 가볍게 칼집을 낸다. **3** 끓는 물에 토마토를 10초 동안 담갔다가 꺼내 바로 얼음물에 넣고 식힌다. **4** 껍질을 벗기고 반으로 잘라 씨를 제거한 다음 슬라이스용 칼로 곱게 다진다.

1 주물냄비에 올리브유를 두른다. **2** 완자를 넣고 주물냄비를 계속 흔들면서 3분 동안 익혀 접시에 보관한다. **3** 주물냄비에 토마토, 파프리카가루 ½작은술, 소금 2꼬집을 넣고 통후추를 2번 갈아 넣은 다음 5분 동안 강불에서 졸인다. **4** 소고기 부이용을 넣고 15분 동안 중불에서 졸여 소스를 완성한다. **5** 소스와 완자를 쿠스쿠스용 냄비에 옮긴다.

05.

파프리카 쿠스쿠스

1 볼에 쿠스쿠스를 넣고 찬물을 넉넉히 붓는다. **2** 가볍게 흔들어서 쿠스쿠스를 헹구고 고운체에 걸러 물기를 제거한다. **3** 쿠스쿠스를 다시 볼에 옮기고 올리브유를 뿌려 잘 섞은 다음 10분 동안 그대로 둔다. **4** 양 손바닥으로 쿠스쿠스를 3분 동안 골고루 비빈다.

1 냄비에 소고기 부이용과 남은 파프리카가루를 넣고 한차례 끓인 다음 쿠스쿠스 위에 붓는다. **2** 랩을 덮어서 10분 동안 충분히 부풀어 오르게 한다. **3** 쿠스쿠스용 찜기에 쿠스쿠스를 깐다. **4** 소스와 완자가 담긴 쿠스쿠스용 냄비 위에 찜기를 올리고 한차례 끓인다. **5** 뚜껑을 덮고 10분 동안 더 익힌다. **6** 하리사 분말을 곁들여 바로 내놓는다.

파프리카는 고운 분말보다 거칠게 빻은 제품이 쿠스쿠스에 색을 낼 때 더 좋습니다. 매운 음식을 좋아하는 사람에게는 부이용에 하리사 분말 1큰술을 따로 넣어 내주세요.

06.

07.

MICHEL GUÉRARD

미 셸 게 라 르

2012년.
화로에 멋지게 구운 이 요리는 어릴 적 대장간이 있던
시골 동네에서 영감을 얻었습니다.
이 레시피는 원래 돼지 귀와 고슴도치를 구워서 만드는 고기 파이였는데,
버섯과 허브 그리고 달팽이를 채워 넣었죠.
요리사들은 이렇게 굽는 방식을 아주 좋아합니다.

낙엽과 나무로 구운 안심, 소고기 육수와 포도주 육수, 크리미한 감자 퓌레와 감자 수플레

Le filet de bœuf sur le bois et sous les feuilles, jus de viande et jus de raisin, pommes crémeuses et pommes soufflées

---

4인분

준비 ○ 40분
조리 ○ 1시간 30분

도구

쿠스쿠스용 냄비
채소용 강판
스패튤러
거품기
핸드블렌더
고운 시누아
제과용 붓

레드와인에 익힌 샬롯 콩피
Échalotes confites au vin rouge

샬롯 ○ 6개
레드와인 ○ 150㎖
비트즙 ○ 150㎖
타임 ○ 1줄기
월계수 ○ 1줄기

감자 퓌레
Purée de pomme de terre

감자(아그리아* 또는 빈체*) ○ 250g
우유 ○ 60㎖
생크림(crème fraîche liquide) ○ 15㎖
무염버터 ○ 100g
소금 ○ 적당량
후추 ○ 적당량

졸인 레드와인
Réduction de vin rouge

레드와인 ○ 100㎖
레드와인 식초 ○ 50㎖
설탕 ○ 10g

빵가루를 이용한 검은색 재 만들기
Chapelure de cendre

일본식 빵가루(판코) ◦ **125g**
버터 ◦ **120g**
오징어 먹물 ◦ **20g**
곱게 간 커피 분말 ◦ **2g**

소고기
Bœuf

안심 ◦ **4조각** (개당 150g)
올리브유 ◦ **4작은술**
에스플레트 고춧가루 또는 훈제 고춧가루 ◦ **1꼬집**
간장 ◦ **2작은술**
마른 플라타너스 잎 또는 밤나무 잎 ◦ **20장**
소고기 육수 ◦ **100㎖** (p.553 참고)
소금 ◦ **적당량**

후추 ◦ **적당량**
흰자 ◦ **3개** (90g)
밀가루 ◦ **50g**

* 아그리아(agria) : 감자튀김에 적합하도록
  개량시킨 독일 품종 감자로 전분기가 많고
  노란색이다.

* 빈체(bintje) : 네덜란드에서 개량한 감자 품종으로
  감자튀김용으로 적합하다. 네덜란드어로
  초여름에 나는 햇감자라는 뜻이다.

01.

레드와인에 익힌 샬롯 콩피

1 샬롯은 껍질을 벗기고 길이 방향으로 2등분한다. 이때 필요하면 1겹씩 더 벗겨내 모든 샬롯의 크기를 맞춘다. **2** 냄비에 레드와인, 샬롯, 비트 즙을 넣고 뚜껑을 덮어 약불에서 천천히 익힌다. **3** 소금, 후추 간을 하고 타임과 월계수 잎을 넣는다. **4** 칼끝으로 찔러 샬롯이 익었는지 확인한다. 이때 칼끝이 부드럽게 잘 들어가야 한다. **5** 냄비째 찬물에 담가 빠르게 식힌다.

02.

감자 퓌레

1 감자는 껍질을 벗기고 쿠스쿠스용 냄비에 넣어 증기로 익힌다. **2** 촘촘한 채소용 강판에 갈아 새로운 냄비에 넣는다. **3** 감자 위에 우유와 끓인 생크림을 붓고 작게 자른 차가운 버터를 넣은 다음 모든 재료가 골고루 섞이고 윤기가 날 때까지 거품기로 잘 섞는다. **4** 소금, 후추 간을 하고 중탕으로 보관한다.

03.

졸인 레드와인

작은 냄비에 레드와인, 와인 식초, 설탕을 넣고 10~15분
동안 졸여서 시럽과 같은 농도로 만든다.

04.

빵가루를 이용한 검정색 재 만들기

1 새로운 중탕 용기에 버터를 넣고 녹여서 표
면에 뜬 단단한 불순물을 숟가락으로 걷어낸
다. **2** 고운 시누아에 정제된 버터를 걸러 최소
110g 이상을 준비한다.

05.

1 깊은 볼에 정제버터를 넣고 중심 온도를 56℃까지 데운 다음 오징어 먹물을 넣어 핸드블렌더로 골고루 섞는다. **2** 일본식 빵가루와 커피 분말을 넣고 다시 섞어 검은색 재를 만든다.

소고기

1 붓을 이용해 소고기에 올리브유를 골고루 바르고 소금, 후추 간을 한 다음 에스플레트 고춧가루와 간장을 약간 뿌린다. **2** 화로를 강불로 지피고 소고기를 숯불에서 약간 떨어뜨려 굽는다. **3** 소고기 위에 마른 낙엽을 얇게 덮어서 나무 훈연 냄새가 배도록 한다. 이때 취향에 따라 숯불과의 거리를 조절해 약한 불에서 천천히 익힐 수도 있다.

06.

이 레시피는 바비큐 방식으로 구워도 됩니다.

07.

1 거품기로 흰자를 세게 휘핑해 무스 상태로 만들고 오목한 접시에 담는다. **2** 밀가루와 05의 검은색 재 분말을 다른 오목한 접시에 각각 담는다. **3** 소고기에 밀가루, 흰자 무스, 검은색 재 분말을 차례로 묻힌다. **4** 3겹으로 옷을 입힌 소고기를 오븐의 열선 밑에 두고 양면을 각각 2분씩 굽는다.

08.

플레이팅

1 소고기를 조심스럽게 잘라 따뜻하게 데운 각각의 접시에 놓고 붓을 이용해 소고기 육수를 바른다. **2** 접시에 따뜻하게 데운 샬롯 콩피를 올리고 졸인 레드와인을 뿌린다. **3** 숟가락을 이용해 접시 왼쪽에 감자 퓌레를 커넬 모양으로 올린다.

———

저희 레스토랑 외제니(Eugénie)에서는 소고기에 감자 수플레를 곁들여 제공하는 구성을 좋아합니다.

PIERRE SANG BOYER

피에르 상 부아예

외할아버지와 함께 종종 스키를 타러가곤 했습니다.
그곳에서 야생 과일과 허브를 따오곤 했죠.
시간이 지나면서 제가 사는 지역의 강점에 대해 생각하게 되었습니다.
메젱크 지역의 고기가 AOC 등급을 얻기 훨씬 이전부터
섬세한 지방을 함유한 그 고기를 먹어왔으니까요.
지역의 훌륭한 생산물을 골라 활용하려는 다양한 시도들을 하고 있답니다.

메젱크산(産) 소갈비, 쌈장, 식초에 마리네이드 한 버섯, 얇고 긴 감자튀김

Côte de bœuf du Mézenc, sauce ssamjang, champignons au vinaigre et fils de pomme de terre

4인분

준비 ◦ 30분
조리 ◦ 45분
휴지 ◦ 12시간

도구

감자 튀김기

식초에 마리네이드 한 버섯
Champignons au vinaigre

자주 방망이버섯 ◦ 12개
느타리버섯 ◦ 4개
쌀 식초 ◦ 150㎖
유기농 슈냉 화이트와인 ◦ 50㎖
샬롯 ◦ 1개
마늘 ◦ 1쪽
정향 ◦ 2개
타임 ◦ 2줄기
월계수 ◦ 2잎
소금 ◦ 적당량
후추 ◦ 적당량

소고기 갈빗살
Côte de bœuf

소 갈빗살 ◦ 1개(1.2kg)
해바라기씨유 ◦ 적당량
마늘 ◦ 2쪽
타임 ◦ 2줄기
월계수 ◦ 2잎
버터 ◦ 20g
소금 ◦ 적당량
후추 ◦ 적당량

쌈장
Sauce ssamjang

된장 ◦ 150g
고추장 ◦ 150g
참기름 ◦ 적당량
유자즙 ◦ 적당량

감자 퓌레
Purée de pomme de terre

감자(블루 벨*) ○ **1kg**
생크림(crème liquide) ○ **200㎖**
버터 ○ **100g**
우유 ○ **200㎖**
소금 ○ **적당량**

실처럼 만든 감자
Fils de pomme de terre

큰 감자(블루 벨*) ○ **1개**
튀김유 ○ **적당량**
소금 ○ **적당량**
후추 ○ **적당량**

* 블루 벨(blue belle) : 껍질은 옅은 노란색이며, 군데군데 찍혀있는 보라색 반점이 웃는 표정을 떠올리게 하는 감자. 1990년대에 프랑스 브리타뉴 지방에서 처음 생산되어 2007년에 프랑스 감자 품종으로 정식 등록되었다.

01.

식초에 마리네이드 한 버섯

1 버섯은 물로 씻어 불순물을 제거하고 물기를 닦은 다음 다리 끝을 잘라낸다. **2** 소금을 넣은 끓는 물에 2분 동안 데친다. **3** 물기를 제거하고 다른 마리네이드 재료와 함께 볼에 넣어 랩에 싼다. **4** 냉장고에 넣고 최소 12시간 이상 마리네이드 한다.

포르니치버섯과 같은 다른 버섯으로 대체할 수 있습니다.

02.

소고기 갈빗살

1 소 갈빗살은 소금, 후추, 슬라이스 한 마늘로 간을 하고 해바라기씨유를 바른 다음 월계수 잎과 타임을 올린다. **2** 버터를 두른 프라이팬에 소고기를 올려 색이 날 때까지 강불에서 굽는다.

03.

쌈장
볼에 모든 재료를 넣고 섞는다.

04.

감자 퓌레

1 감자는 껍질을 벗기고 깍둑 썬다. **2** 냄비에 물, 소금, 감자를 넣고 끓여 익힌 다음 건져서 으깬다. **3** 볼에 우유, 생크림, 버터를 넣고 섞은 다음 으깬 감자에 넣어 잘 섞는다.

05.

실처럼 만든 감자

1 감자는 껍질을 벗겨 스파게티 면처럼 길게 자른다(스파이럴 양면 슬라이서나 얇게 써는 채소 강판을 이용한다). **2** 150℃로 예열한 튀김유에 넣고 색을 확인하면서 몇 분 동안 튀긴다. **3** 건져내 소금 간을 한다.

플레이팅

1 소 갈빗살을 세워서 적당한 두께로 두툼하게 잘라 쌈장과 함께 접시에 놓는다. **2** 감자 퓌레와 식초에 마리네이드한 버섯을 곁들이고 마지막으로 실처럼 길게 튀긴 감자를 올린다.

06.

STÉPHANIE LE QUELLEC

스테파니 르 켈렉

비스트로 한 구석에서 자주 먹게 되는 요깃거리,
크로크 무슈나 핫도그를 한 번도 맛있게 먹어본 적이 없는 사람이 과연 있을까요?
그래서 고민 끝에 본질은 손상시키지 않으면서 화려함을 좀 더 가미했답니다.
송로버섯은 이 크로크 마담을 더욱더 돋보이게 해줄 거예요.

크로크 마담
Croque-madame

6인분

준비 ○ 20분
조리 ○ 15분
휴지 ○ 3시간

도구

제과용 밀대

길이 방향으로 슬라이스 한 식빵 ○ 300g
뼈째 염장한 잠봉 또는 하몬 슬라이스 ○ 250g
보포르* 치즈 슬라이스 ○ 150g
정제버터 ○ 30g
메추리알 ○ 6개
검은 송로버섯 ○ 30g
어린 잎 샐러드 ○ 120g
소금 ○ 적당량
후추 ○ 적당량

모르네이 소스
Sauce mornay

버터 ○ 25g
밀가루 ○ 25g
우유 ○ 400㎖
곱게 간 보포르 치즈 ○ 150g
노른자 ○ 1개

* 보포르(beaufort) : 프랑스 사부아 지방의
단단한 치즈

01.

1 길이 방향으로 슬라이스 한 식빵의 테두리를 빵칼로 잘라낸다. **2** 유산지 2장 사이에 식빵을 놓고 제과용 밀대로 얇게 밀어편다.

———

식빵을 구입할 때 길게 슬라이스 해달라고 부탁해보세요.

02.

모르네이 소스

1 냄비에 버터를 녹이고 밀가루를 섞는다. **2** 차가운 우유, 곱게 간 보포르 치즈, 노른 자를 넣고 소금, 후추 간을 한다.

03.

1 얇게 민 식빵에 숟가락을 이용해 모르네이 소스를 바른다. **2** 식빵 위에 슬라이스 한 하몬과 보포르 치즈 슬라이스를 얹는다. **3** 치즈 위에 다시 모르네이 소스 를 바른다.

———

모르네이 소스는 베샤멜 소스를 변형한 것 중 하나 입니다. 19세기에 처음 만들기 시작했습니다.

04.

1 모든 재료를 올린 식빵을 촘촘하게 만 다음 랩으로 잘 싸서 모양을 유지시킨다. **2** 냉동실에 넣고 3시간 동안 휴지시킨다. **3** 양끝은 잘라내고 몸통을 3등분한다.

05.

1 오븐을 210℃로 예열한다. **2** 3등분한 롤의 모든 면에 실온에서 녹인 정제버터를 얇게 바른 다음 유산지를 깐 오븐팬에 올린다. **3** 오븐에 넣고 아랫면과 윗면을 각각 6분씩 골고루 익힌다.

정제버터를 만들려면 중탕 용기에 작게 자른 버터를 넣고 약불에서 녹입니다. 30분 동안 휴지시키고 표면에 뜬 하얀 거품을 건져낸 다음 밑에 가라앉은 작은 우유 덩어리가 묻어오지 않도록 조심스럽게 옮겨 담습니다.

06.

1 크로크 마담을 익히는 동안 프라이팬에 메추리알을 익히고 샐러드에 간을 한다. **2** 가니시에 사용할 일부 송로버섯은 강판에 갈고, 샐러드에 사용할 일부 송로버섯은 작게 자른다. **3** 각 접시 가운데에 크로크 마담을 놓고 메추리알과 곱게 간 송로버섯을 올린 다음 샐러드를 곁들인다.

중 급 레 시 피

수돼지 삼겹살, 수제 식빵, 오이 요거트 콘디망
Poitrine de cochon, pain de mie condiment yaourt-concombre

4인분

준비 ◦ 25분
조리 ◦ 3시간 40분
휴지 ◦ 50분

도구

요리용 냄비
주물냄비
체
스탠드믹서
모양커터

소믈리에 추천 와인

발레 뒤 론산(産) 화이트와인 : 생-조셉
Saint-joseph
또는 보르도산(産) 레드와인 : 그라브
Graves

수돼지 삼겹살
Poitrine de cochon

수돼지 삼겹살 ◦ 1.5kg
셀러리 ◦ 1줄기
당근 ◦ 1개
양파 ◦ 1개
레몬그라스 ◦ 1개
작은 홍고추 ◦ 1개
토마토 ◦ 1개
올리브유 ◦ 2큰술
마늘 ◦ 2쪽
레드 커리 페이스트 ◦ 적당량
드라이 화이트와인 ◦ 100㎖
타이 바질 ◦ 1줄기
닭고기 부이용 ◦ 1ℓ
소금 ◦ 적당량
후추 ◦ 적당량

오이 요거트 콘디망
Condiment yaourt-concombre

오이 ◦ 2개
그리스식 요거트 ◦ 2개
고수 ◦ 2줄기
이탈리언 파슬리 ◦ 2줄기
마늘 ◦ 1쪽
생강 피클 ◦ 1큰술
굵은소금 ◦ 적당량
후추 ◦ 적당량

식빵
Pain de mie

밀가루 ◦ 250g
제빵용 이스트 ◦ 10g
우유 ◦ 25g
설탕 ◦ 5g
소금 ◦ 5g
물 ◦ 125g
버터 ◦ 30g
땅콩유 ◦ 50㎖

01.

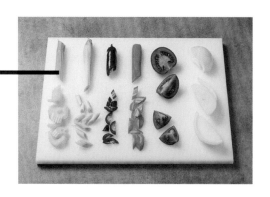

수돼지 삼겹살

1 모든 채소를 깨끗이 씻는다. **2** 셀러리, 당근, 양파는 껍질을 벗겨 슬라이스 하고 레몬그라스와 고추도 함께 슬라이스 한다. **3** 토마토는 8등분한다.

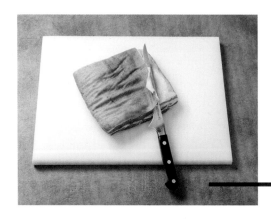

02.

03.

1 삼겹살은 껍질을 제거하고 소금 간을 한다. **2** 냄비에 올리브유를 두르고 삼겹살의 모든 면을 구워 색을 낸다.

1 냄비에 당근, 셀러리, 양파를 넣고 골고루 색을 낸다. **2** 홍고추, 레몬그라스, 토마토, 마늘, 레드 커리 페이스트를 넣고 볶는다. **3** 화이트와인으로 데글라세(p.567 참고) 하고 절반으로 졸인다. **4** 골고루 잘 섞고 타이 바질을 넣는다.

———

삼겹살 표면에 색을 쉽게 내려면 삼겹살 위에 무거운 물체를 올려놓으면 됩니다.

04.

1 냄비 속 채소 위에 삼겹살을 놓고 닭고기 부이용을 절반 높이까지 채운 다음 한차례 끓인다. **2** 뚜껑을 덮고 150℃로 예열한 오븐에 넣어 3시간 동안 익힌다. **3** 육수가 부족하면 부이용을 더 붓고 고기 표면이 건조해지지 않도록 국물을 끼얹는다. **4** 고기가 다 익었는지 확인하고 꺼내서 식힌 다음 냉장 보관한다. **5** 차가운 상태의 삼겹살을 4개로 슬라이스 한다. **6** 올리브유를 두른 프라이팬에 삼겹살을 놓고 모든 면에 골고루 색이 나도록 굽는다.

───

삼겹살을 익힐 때 사용한 닭고기 부이용은 시럽과 같은 농도가 될 때까지 졸이고 별도의 그릇에 담아 삼겹살과 함께 먹습니다. 다른 용도로도 사용이 가능한데, 그대로 마실 수도 있고 채소 드레싱으로도 어울립니다.

06.

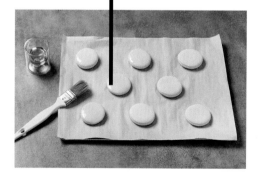

05.

오이 요거트 콘디망

1 오이는 씻어서 껍질을 벗기고 정사각형으로 자른 다음 굵은소금을 뿌려 30분 동안 체에 받쳐둔다. **2** 물에 헹구고 가볍게 짜서 물기를 뺀 다음 요거트와 섞는다. **3** 고수와 이탤리언 파슬리는 씻어서 잎을 떼어내 곱게 썬다. **4** 마늘은 껍질을 벗기고 심을 제거해 곱게 다진다. **5** 생강 피클은 곱게 다진다. **6** 오이 요거트에 손질한 재료를 모두 넣고 간을 본 다음 냉장 보관한다.

식빵

1 스탠드믹서에 버터와 땅콩유를 제외한 모든 식빵 재료를 넣고 3분 동안 섞는다. **2** 버터를 넣고 8분 동안 섞는다. **3** 반죽을 얇게 밀고 모양커터를 이용해 자른 다음 20분 동안 휴지시킨다. **4** 붓에 땅콩유를 묻혀 반죽에 바르고 180℃ 오븐에서 10분 동안 구워 바로 내놓는다. **5** 접시에 삼겹살을 놓고 오이 요거트 콘디망과 식빵은 따로 내놓는다.

중 급 레 시 피

캐러멜리제 한 송아지 갈빗살
Travers de veau caramélisés

4인분

준비 ○ 1시간 45분
조리 ○ 2시간 30분
휴지 ○ 12시간

도구

감귤 스퀴저
절구와 절굿공이
주물냄비
제과용 붓
모양커터(지름 5㎝)

소믈리에 추천 와인

프로방스산(産) 레드와인 : 보 드 프로방스
Baux-de-Provence

마리네이드
Marinade

설탕 ○ 100g
셰리 와인 식초 ○ 100㎖
레몬 ○ 2개
오렌지 ○ 1개

송아지 갈빗살
Travers de veau

뼈가 붙어있는 갈빗살 슬라이스 ○ 4개(개당 350g)
로즈마리 ○ 2줄기
통후추(마리네이드용) ○ 3작은술
송아지 육수 ○ 150㎖(p.548 참고)
올리브유 ○ 적당량
소금 ○ 적당량
통후추 ○ 적당량

감자 퓌레
Purée de pommes de terre

감자 ○ 800g
버터 ○ 50g
플뢰르 드 셀 ○ 적당량

01.

마리네이드

1 냄비에 설탕을 넣고 강불에서 익혀 캐러멜을 만든다. **2** 캐러멜 위에 셰리 와인 식초를 부으면서 냄비를 흔들어준다. **3** 레몬과 오렌지의 즙을 짜 넣고 시럽 농도가 될 때까지 절반 분량으로 졸인 다음 식힌다.

설탕을 캐러멜로 만들 땐 스패튤러나 숟가락으로 젓지 말고 냄비를 계속 흔들어주세요.

02.

송아지 갈빗살 마리네이드

1 로즈마리는 잎을 떼어내 칼로 다진다. **2** 통후추는 절구에 넣어 거칠게 으깨고 1작은술만 따로 덜어 접시에 담을 때 사용한다. **3** 용기 바닥에 로즈마리 절반, 으깬 후추 절반을 깔고 그 위에 슬라이스 한 송아지 갈빗살을 놓는다. **4** 남은 로즈마리와 으깬 후추로 송아지 갈빗살을 덮는다. **5** 01의 마리네이드 즙을 뿌리고 랩으로 잘 싸서 12시간 동안 냉장 휴지시킨다.

1 오븐을 150℃로 예열한다. **2** 올리브유를 두른 주물 냄비에 송아지 갈빗살의 절반 분량을 넣고 3분 동안 강불에서 앞뒤를 뒤집어 굽는다. **3** 나머지 송아지 갈빗살도 같은 방식으로 굽는다. **4** 주물냄비에 갈빗살을 다시 모두 넣고 02에서 사용한 마리네이드 즙, 송아지 육수, 물 500㎖를 붓는다. **5** 소금, 후추 간을 하고 뚜껑을 덮어 한차례 끓인 다음 오븐에서 1시간 30분 동안 익힌다.

———

송아지 육수가 없다면 따뜻한 물 100㎖에 분말로 된 송아지 육수 10g을 풀어 사용해도 됩니다.

03.

04.

1 오븐에 기름받이용 오븐팬을 깔고 그 위에 그릴을 올려 가볍게 기름칠을 한다. **2** 송아지 갈빗살이 다 익으면 오븐의 그릴 기능을 켜고 갈빗살을 그릴 위에 놓는다. **3** 주물냄비에 들어 있는 소스를 체에 거르고 절반 분량이 될 때까지 강불에서 졸인다. **4** 붓을 이용해 갈빗살 모든 면에 소스를 골고루 바르고 2분 동안 오븐에서 굽는다. **5** 다시 갈빗살에 소스를 바르고 30분 동안 오븐에서 구워 색을 낸다. **6** 송아지 갈빗살을 꺼내 플뢰르 드 셀과 거칠게 간 후추를 뿌린다.

———

구울 때 오븐 문을 살짝 열어 주의 깊게 살펴보세요. 열선에 가까운 송아지 갈빗살은 단 몇 초 사이에도 탈 수 있습니다.

감자 퓌레

1 갈빗살을 굽는 동안 감자는 껍질을 벗기고 큼지막하게 잘라 소금 간을 한다. **2** 찜기용 냄비에 물 750㎖를 넣고 감자를 찜기에 올려 9분 동안 강불에서 익힌다. **3** 익힌 감자는 볼에 옮겨 포크로 으깬다. **4** 버터와 플뢰르 드 셀을 약간 넣는다. **5** 각 접시에 지름 5㎝ 모양커터를 놓고 감자 퓌레를 채운다. **6** 감자 퓌레 위에 송아지 갈빗살을 올리고 남은 소스를 뿌려 바로 내놓는다.

05.

중급 레시피

PAUL BOCUSE

폴 보퀴즈

프랑스 요리의 위대한 유산 가운데 하나로, 쌀을 곁들이는 것이 일반적입니다.
이 요리는 아주 다양하게 응용되는데, 한 가지 필수조건은 고기는 부드럽고
소스는 진해야 한다는 것입니다.

송아지 고기 스튜(블랑케트 드 보)
Blanquette de veau à l'ancienne

6인분

준비 ∘ 45분
조리 ∘ 1시간 40분

도구

요리용 냄비
명주실
거품국자
주물냄비

소믈리에 추천 와인

샤토 데 자크 물랭 아 방 레드와인
: 클로 드 로셰그레 2005,
Moulin-à-vent 2005 Clos de Rochegrés,
domaine du château des jacques

송아지 옆구리 살 ∘ 1.5kg
이탈리언 파슬리 ∘ 6줄기
월계수 ∘ 1잎
큰 양파 ∘ 2개
당근 ∘ 4개
정향 ∘ 1개
치킨 스톡 ∘ 2개
대파 ∘ 1개

버터 ∘ 10g
밀가루 ∘ 10g
크렘 에페스(crème épaisse) ∘ 500g
처빌 ∘ 3줄기
가는소금 ∘ 적당량
통후추 ∘ 적당량

* 크렘 에페스(crème épaisse) : 파스퇴르 살균을
거친 후 첨가제를 넣어 농도를 높인 크림

01.

1 송아지 옆구리 살을 각각 50g씩 잘라 냄비에 넣는다.
2 고기가 잠길 만큼 물을 채워 강불에서 한차례 끓인다. **3** 표면에 떠오르는 불순물을 거품국자로 건져낸다.

———

고기를 같은 크기와 모양으로 자르는 이유는 균일하게 익히기 위해서입니다. 시간을 아끼려면 정육점에 부탁하면 됩니다.
표면에 뜬 불순물을 거품국자로 모두 제거하는 작업을 여러 번 반복해야 맑은 국물을 얻을 수 있습니다.

02.

1 대파의 녹색 부분을 펼쳐 월계수 잎과 이탈리언 파슬리 3줄기를 넣고 명주실로 묶는다. **2** 양파는 껍질을 벗기고 8등분한다. **3** 당근은 껍질을 벗기고 3등분으로 슬라이스 하고 다시 각각 2등분한다. **4** 송아지 옆구리 살이 담긴 냄비에 ①의 부케 가르니, 손질한 양파와 당근, 정향, 치킨스톡을 넣고 약하게 끓을 정도로 40분 동안 익힌다.

03.

1 대파는 뿌리와 녹색 부분을 제거하고 반으로 잘라 첫 번째 껍질을 벗겨낸 다음 2~3cm 길이로 어슷하게 썰어 깨끗이 씻는다. **2** 냄비의 고기와 채소를 뜰채로 건져낸다. **3** 부케 가르니와 정향은 건져서 버리고 손질한 대파를 넣어 17분 동안 익힌다.

———

송아지 고기 스튜(블랑케트 드 보)는 고기가 으깨지지 않으면서도 숟가락으로 자를 수 있을 만큼 익어야 합니다.

04.

대파를 건져내고 부이용이 2국자 분량 정도로
졸아들 때까지 끓인다.

05.

1 버터를 풀어서 포마드 상태로 만들고 밀가루를 조심
스럽게 섞어 뵈르 마니에(Beurre manié)를 만든다.
2 국자에 뵈르 마니에를 약간 넣고 부이용을 조금씩 넣
고 풀어서 다시 부이용이 담긴 냄비에 넣는다. **3** 나머
지 뵈르 마니에도 같은 방법으로 조금씩 풀어서 부이
용에 넣는다.

———

재료와 함께 익힌 육수를 졸이면 맛이 농축됩니다. 이
농축된 맛이 모든 소스의 베이스가 됩니다.

06.

1 냄비에 크렘 에페스를 붓고 잘 저으면서 2~3분 동안
끓인다. **2** 05의 냄비에 고기를 넣고 10분 동안 졸인다.
3 남은 이탈리언 파슬리와 처빌의 잎을 떼어낸다. **4** 소
금과 후추 간을 한다. **5** 모든 채소를 다시 고기가 담긴
냄비에 넣고 몇 분 동안 졸인다. **6** 크렘 에페스가 담긴
따뜻한 주물냄비에 고기와 채소를 옮기고 그 위에 소스
를 뿌린 다음 이탈리언 파슬리와 처빌 잎으로 장식한다.

———

허브는 손상되기 쉬우니 주의해서 손질하세요.

고급 레시피
ALAIN DUCASSE
알 랭 뒤 카 스

요리는 너그러움입니다. 요리는 함께 나눌 때 더 맛있습니다.
요리는 여럿이서 기쁨을 즐기는 것입니다. 즐겁게 먹으려면
우선 좋은 식탁에서, 좋은 친구들과 마주하고, 흥미로운 대화가 오가야겠죠.
여기, 한껏 으스대며 테이블에 내놓고 즐거움을 나눌만한
넉넉하고 훌륭한 요리가 있습니다. 저는 식사시간의 심오한 의미를 잘 구현한
이 거침없는 음식을 좋아합니다. 식사시간은 잔치와 다름없으니까요.

송아지 갈빗살과 마늘을 곁들여 익힌 어린 채소
Côte de veau de lait, jeunes légumes fondants à l'ail nouveau

2인분

준비 ◦ 35분
조리 ◦ 1시간 5분
휴지 ◦ 15분

도구

주물냄비
체
고운 시누아

소믈리에 추천 와인

부르고뉴산(産) 레드와인 : 볼네이
Volnay
또는 루아르산(産) 레드와인 : 시농
Chinon

송아지 갈빗살과 육수
Veau(côte et jus)

갈빗대가 2개 달린 송아지 갈빗살 ◦ 1개(1.2kg)
올리브유 ◦ 50㎖
버터 ◦ 20g
세이지 ◦ 5잎
마늘 ◦ 2쪽
닭 뼈 육수 ◦ 250㎖
송아지 육수 ◦ 80㎖

가니시
Garniture

스노 피 ◦ 100g
줄기 달린 작은 당근 ◦ 8개
쪽파 ◦ 12개
햇감자 ◦ 12개
마늘 ◦ 8쪽
이탈리언 파슬리 ◦ ⅓단
곱게 간 파마산 치즈 ◦ 80g

버터 ◦ **적당량**
굵은소금 ◦ **적당량**
통후추 ◦ **적당량**
플뢰르 드 셀 ◦ **적당량**

01.

송아지 갈빗살

1 갈빗대가 2개 달린 갈빗살에서 첫 번째 갈비 뼈를 제거한 다음 4㎝ 두께로 자르고 명주실로 묶는다. **2** 손질하고 남은 뼈와 자투리 고기를 일정한 크기로 자른다. **3** 주물냄비에 올리브유 를 두른다. **4** 갈빗살에 소금 간을 하고 주물냄 비에 양면을 구워 색을 낸다. **5** 갈빗살 옆면을 익히고 불을 줄인 다음 버터, 으깬 마늘 1쪽, 세 이지 잎 3장을 주물냄비에 넣는다.

02.

1 160℃로 예열한 오븐에 송아지 갈빗살을 넣고 흘러나온 기름을 규칙적으 로 끼얹어주면서 익힌다. **2** 중심 온도가 56℃가 되면 오븐에서 꺼내 그릴 위 에 놓고 명주실을 제거한다. **3** 15분 동안 휴지시키면서 5분마다 갈빗살을 뒤 집어서 육즙이 고기 내부에 골고루 퍼지게 해준다.

———

고기가 들어갈 알맞은 크기의 주물냄비를 골라야 굽는 작업이 수월하고 좋은 결과물을 얻을 수 있습니다.

송아지 육수

1 송아지 갈빗살을 구운 주물냄비의 기름기를 완전히 제거한 다음 올리브유를 두른다. **2** 송아지 자투리 고기를 넣고 표면이 익을 때까지 볶는다. **3** 숟가락을 이용해 주물냄비 바닥에 붙은 갈색 덩어리를 긁어낸다. **4** 불을 줄이고 자투리 고기가 잠길 정도로 차가운 닭 뼈 육수를 채운다.

03.

04.

1 끓이면서 표면에 뜨는 거품을 제거한다. **2** 세이지와 으깬 마늘 1쪽을 넣고 시럽 농도가 될 때까지 약불에서 졸인다. **3** 다시 자투리 고기가 잠길 정도로 차가운 닭 뼈 육수를 붓고 ⅔ 분량이 될 때까지 졸인다. **4** 송아지 육수를 붓고 시럽 농도가 될 때까지 졸인다. **5** 졸인 소스를 체에 거르고 다시 고운 시누아에 걸러 작은 냄비에 보관한다.

120℃의 온도에서 버터가 달궈지고 까맣게 되는 것은 순식간입니다. 때문에 송아지 갈빗살을 익힐 때는 항상 주의해야 합니다.

05.

가니시

1 스노 피는 꼭지를 따 소금을 넣은 끓는 물에 익힌다. **2** 당근은 씻어서 녹색 줄기 부분이 잘리지 않도록 주의하면서 돌려 깎아 일정한 길이로 자른다. **3** 쪽파는 깨끗이 씻어 다듬은 다음 흰 부분과 녹색 부분이 2:1 비율이 되도록 자른다. **4** 감자는 굵은소금으로 문질러 껍질을 정리하고 잘 씻은 다음 2등분한다.

———

채소는 껍질을 먼저 벗기고 잘라도 됩니다. 그럴 경우엔 물을 묻힌 키친타월로 감싸놓아야 마르지 않습니다.

1 주물냄비에 올리브유를 두르고 당근을 볶은 다음 감자를 넣어 볶는다. **2** 버터를 넣고 감자에 간을 한 다음 마늘과 쪽파를 넣어 몇 분 동안 익힌다. **3** 이탈리언 파슬리를 넣는다. **4** 칼끝으로 당근을 찔러 부드럽게 익었는지 확인한 다음 스노 피를 넣는다. **5** 닭 뼈 육수 1큰술을 넣어 데글라세 (p.567 참고) 한다.

06.

마무리와 플레이팅

1 접시 위에 원형틀을 놓고 익힌 채소를 볼륨감 있게 채운다. **2** 파마산 치즈를 뿌리고 오븐의 열선 밑에 넣어 표면에 약간 색이 나도록 굽는다.

07.

1 180℃로 예열한 오븐에 송아지 갈빗살을 넣고 5분 동안 데운다. **2** 송아지 육수 소스를 약불에서 데운다. **3** 송아지 갈빗살을 길이 방향으로 2등분하고 색을 낸 부분을 위로 해 채소 위에 1조각을 얹는다. **4** 갈빗살에 데운 소스를 약간 바른다.

나무 도마를 사용하는 경우, 이따금씩 포도씨유를 발라두면 수분에 대한 저항력을 키울 수 있습니다.

08.

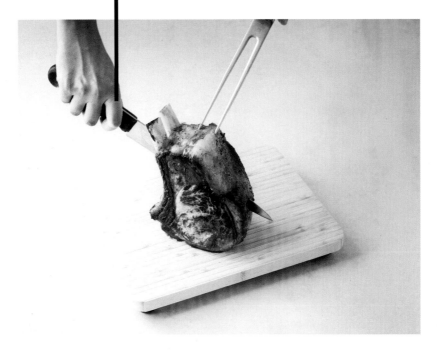

부 록

필 수 기 본 레 시 피

채소 부이용
Bouillon de légumes

준비 ○ 15분
조리 ○ 50분

| 큰 양송이버섯 ○ 3개
| 샬롯 ○ 1개
| 양파 ○ 1개
| 마늘(껍질째) ○ 2쪽
| 부케 가르니 ○ 1개(p.529 참고)
| 셀러리 ○ 3줄기
| 굵은소금 ○ 10g
| 물 ○ 1.5ℓ
| 올리브유 ○ 적당량

채소 부이용이란?
채소에 향신료를 곁들여 끓인 육수입니다.

용도
고기를 익히거나 리소토, 포토푀, 채소 스튜 등을 만들 때
사용합니다.

도구
에코놈 칼, 슬라이스용 칼, 명주실, 주물냄비 또는
요리용 냄비, 체, 고운 시누아 또는 고운체

응용 레시피
페스토 수프(p.40),
차가운 부이용과 잠두를 곁들인 바닷가재(p.236)

01

1 모든 채소는 깨끗이 씻는다. **2** 양
송이버섯은 얇은 껍질을 벗기고 얇
게 슬라이스 한다. **3** 샬롯과 양파
는 껍질을 벗기고 얇게 슬라이스 한
다. **4** 마늘은 칼집을 낸다.

02

셀러리도 얇게 슬라
이스 한다.

03

1 주물냄비나 요리용 냄비에 올
리브유를 두르고 슬라이스 한 모
든 채소와 마늘을 넣어 뚜껑을 덮
고 5분 동안 약불에서 서서히 익
힌다. 이때 재료에 색이 나지 않도
록 주의한다. **2** 부케 가르니, 물, 소금을 넣고 한차례 끓인다. **3** 40분 동
안 약불에서 익힌다.

04

볼 위에 체를 얹고 거른 다음 다시
고운 시누아나 고운체에 거른다.

부케 가르니
Bouquet garni

준비 ○ 2분

대파 녹색 부분 ○ **4장**(각 10cm)
월계수 ○ **1잎**
타임 ○ **적당량**
셀러리 잎 ○ **적당량**
이탈리언 파슬리(줄기째) ○ **적당량**

부케 가르니란?
육수 등을 우려낼 때 사용하는 허브류를 한데 묶은 것을
말합니다.

용도
음식이나 소스의 맛을 돋울 때 사용합니다.

도구
명주실

응용 레시피
라타투이 파마산 치즈 타르트(p.172),
오렌지를 곁들인 소고기 스튜(p.486)

01 녹색의 대파 2장을 살짝 겹쳐 손으로 잡는다.

02 대파 위에 월계수 잎, 타임, 셀러리 잎, 이탈리언 파슬리 줄기를 놓고 나
머지 2장의 대파로 덮는다.

03 대파가 잘라지지 않도록 주의하면서 명주실로 아래위를 2번씩 묶는다.

필 수   기 본   레 시 피

비네그레트
Vinaigrette

준비 ○ 1분

| 셰리 와인 식초 ○ **3큰술**
| 발사믹 식초 ○ **1큰술**
| 홀그레인 머스터드 ○ **2큰술**
| 올리브유 ○ **9큰술**
| 소금 ○ **적당량**
| 통후추 ○ **적당량**

01

볼에 셰리 와인 식초, 발사믹 식초, 소금, 후추를 넣고 섞는다.

비네그레트란?
올리브유와 식초를 주재료로 한 소스입니다.

용도
샐러드나 익히지 않은 재료, 생선에 간을 할 때 사용합니다.

도구
거품기

응용 레시피
니스식 샐러드(p.20)

02

홀그레인 머스터드를 넣고 거품기로 저으면서 올리브유를 넣는다.

타프나드
Tapenade

준비 ○ 5분

마늘 ○ 1쪽
블랙올리브 ○ 400g
올리브유에 절인 엔초비 ○ 5개
케이퍼 ○ 50g
바질 ○ 1묶음
올드 빈티지 와인 식초 ○ 30㎖
올리브유 ○ 60㎖

타프나드란?

올리브와 엔초비, 케이퍼를 주재료로 하는 프로방스식
음식을 말합니다.

용도

빵에 발라먹거나 음식에 간을 할 때 사용합니다.

도구

블렌더, 스패튤러

01

1 마늘은 반으로 잘라 껍질을 벗기고 심을 제거한다. **2** 블렌더에 마늘,
블랙올리브, 엔초비, 케이퍼를 넣는다.

02

1 바질은 깨끗이 씻어 물
기를 제거하고 잎을 떼어
낸다. **2** 01의 블렌더에 바
질 잎, 와인 식초, 올리브유
를 넣는다.

03

1 블렌더의 순간 작동
(pulse) 모드로 몇 초
씩 끊어서 곱게 간다.
2 믹서볼 옆면을 스패
튤러로 훑어 잘 섞는다.

필수 기본 레시피

마요네즈
Mayonnaise

준비 ○ 3분

| 와인 식초 ○ **1큰술**
| 소금 ○ **적당량**
| 통후추 ○ **적당량**
| 노른자 ○ **1개**
| 머스터드 ○ **1큰술**
| 해바라기씨유 ○ **250㎖**

마요네즈란?

오일과 노른자를 주재료로 한 차가운 소스의 일종입니다.

용도

앙트레, 샐러드, 생선, 또는 갑각류에 곁들입니다.

도구

거품기

01

1 볼에 와인 식초, 소금 1꼬집, 통후추를 4~5번 갈아 넣고 충분히 녹도록 잘 섞는다. **2** 노른자와 머스터드를 넣고 섞는다.

02

윤이 나는 매끄러운 상태가 될 때까지 섞는다.

03

1 거품기로 계속 저으면서 해바라기씨유를 조금씩 붓는다. **2** 농도가 되직해지기 시작하면 해바라기씨유를 좀 더 빠르게 붓는다.

칵테일 소스
Sauce cocktail

준비 ◦ 5분

| 레몬즙 ◦ **1개 분량**
| 가는소금 ◦ **적당량**
| 백후추 ◦ **적당량**
| 노른자 ◦ **1개**
| 디종 머스터드 ◦ **1작은술**
| 포도씨유 ◦ **500㎖**
| 핫소스 (타바스코®) ◦ **4~5방울**
| 우스터소스® ◦ **1큰술**
| 케첩 ◦ **1큰술**
| 코냑 ◦ **1작은술**

칵테일소스란?

마요네즈, 토마토, 케첩, 코냑으로 만든 소스입니다.

용도

일반적으로 차가운 앙트레에 곁들일 때 사용합니다.

도구

거품기

응용 레시피

자몽, 새우, 여름 아보카도로 만든 티앙(p.28)

01

1 볼에 레몬즙을 붓고 소금, 후추 간을 한 다음 소금이 녹도록 10초 동안 둔다. **2** 노른자와 머스터드 를 넣고 윤이 나는 매끄러운 상태 가 될 때까지 섞는다.

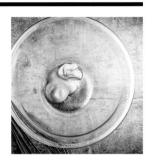

02

1 거품기로 계속 저으면서 포도씨 유를 조금씩 붓는다. **2** 농도가 되 직해지기 시작하면 포도씨유를 좀 더 빠르게 붓는다.

03

1 핫소스, 우스터소스, 케첩 을 넣고 거품기로 세게 섞는 다. **2** 마지막으로 코냑을 넣 는다. **3** 밀폐용기에 담아 냉 장 보관한다.

필수 기본 레시피

정제버터
Beurre clarifié

준비 ○ 1분
조리 ○ 10분
휴지 ○ 10분

정제버터란?

버터를 이용해 조리할 때 탁해지거나 타지 않도록 불순물을
제거한 버터입니다.

용도

감자 등을 볶거나 튀기거나 오븐에 구울 때 사용합니다.

도구

과도, 거품국자, 고운체

응용 레시피

다이어트 베아네즈 소스, 셀러리액,
래디시, 감자를 곁들인 연어(p352),
막심 감자와 비가라드 소스를 곁들인
어린 오리 가슴살 로스팅(p.420)

01

찬물에 담가놓은 과도를 이용해
버터를 정사각형으로 자른다.

02

1 작은 냄비에 버터를 넣고 버터 구성물이 분리될 때까지 약불에서 녹인
다. **2** 작은 우유 조각들은 바닥에 가라앉고, 순수한 버터는 중간층에 위
치하며, 불순물은 가볍기 때문에 표면에 뜨게 된다. **3** 거품국자를 이용해
표면에 뜬 불순물을 건져내고 10분 동안 휴지시킨다.

버터 구성물을 분리할 때 가장 중요한 것은 젓지 않아야 한다는 것
입니다. 그래야만 하얀 덩어리의 우유 침전물을 제거할 수 있습니다.

03

1 작은 국자를 이용해 버터와
작은 우유 덩어리를 분리한다.
2 분리한 맑은 버터를 고운체
에 거른다.

뵈르 블랑 (뵈르 몽테)
Beurre blanc (beurre monté)

10인분

준비 ∘ 10분
조리 ∘ 15분

| 버터 ∘ 400g
| 샬롯 ∘ 80g
| 뮈스카데 화이트와인 ∘ 100㎖
| 화이트와인 식초 ∘ 50㎖
| 가는소금 ∘ **적당량**
| 백후추 ∘ **적당량**

뵈르 블랑이란?

버터와 화이트와인을 유화(에멀션)시킨 소스입니다.

용도

생선에 곁들일 때 사용합니다.

도구

소퇴즈(곡선형 프라이팬)

01

기본 재료 졸이기

1 샬롯은 껍질을 벗기고 씻어 곱게 다진다. **2** 작은 냄비에 다진 샬롯, 화이트와인, 화이트와인 식초를 넣고 시럽 농도가 될 때까지 졸인다.

02

유화(에멀션)시키기

1 아주 차가운 버터를 작은 정사각형으로 자른다. **2** 기본 재료가 담긴 01의 냄비를 강불에 놓고 버터를 넣으면서 거품기로 세게 젓는다. **3** 버터가 완전히 섞여 유화되면 불에서 내리고 기본 간을 한다.

필 수 기 본 레 시 피

푀이테 반죽
Pâte feuilletée

준비 ○ **30분**
휴지 ○ **1시간 45분**

밀가루 ○ **200g**
덧가루용 밀가루 ○ **50g**
찬물 ○ **100g**
가는소금 ○ **4g**
버터 ○ **150g**

푀이테 반죽이란?

얇은 반죽을 여러 번 밀어 접은 바삭거리는 반죽입니다.

용도

밀푀유 또는 가벼운 타르트에 사용합니다.

도구

스탠드믹서, 제과용 밀대

응용 레시피

라타투이 파마산 치즈 타르트(p.172),
엔다이브와 치커리를 곁들인 타르트 앵베르세 (p.184),
방울토마토와 페스토를 곁들인 타르트 타탱(p.188)

01

1 찬물에 소금을 풀어 녹인다. **2** 후크를 끼운 스탠드믹서에 소금을 푼 물과 밀가루를 넣어 반죽한다. 이때 반죽을 오래 하면 탄성이 강해지므로 주의한다. **3** 완성된 반죽을 10~15분 동안 휴지시킨다.

02

1 제과용 밀대로 버터를 두드려 부드럽게 만든다. **2** 유산지 2장 사이에 버터를 놓고 높이 1㎝의 직사각형으로 만든다. **3** 반죽을 약 1㎝ 두께로 밀어 펴고 반죽 가운데에 직사각형으로 만든 버터를 놓는다. **4** 반죽을 편지봉투 접듯이 접는다.

03

반죽을 긴 직사각형으로 조심스럽게 밀어 편다.

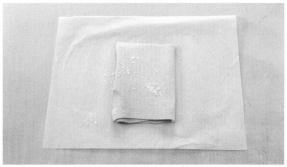

04

1 길게 민 반죽을 정확히 3등분으로 나눠 접는다. **2** 접은 반죽을 다시 밀어 긴 직사각형 반죽으로 만들고 30분 동안 냉장 휴지시킨다. **3** 앞의 동작을 2번 더 반복해 반죽을 총 6번 접는다.

필 수 기 본 레 시 피

브리제 반죽
Pâte brisée

준비 ○ 10분
조리 ○ 25분
휴지 ○ 35분

밀가루 ○ 250g
덧가루용 밀가루 ○ 50g
버터 ○ 125g
틀칠용 버터 ○ 25g
가는소금 ○ 5g
찬물 ○ 63g

브리제·반죽이란?

쉽고 빠르게 만들 수 있는 퐁세 반죽*입니다.

용도

과일 타르트

도구

스탠드믹서, 제과용 밀대,
타르트 틀 또는 원형틀(지름 8㎝)

응용 레시피

연어 커리 키슈(p.160),
키슈 포레스티에르(p.164),
당근, 양파, 머스터드 타르트(p.168),
호박, 훈제 베이컨, 헤이즐넛 타르트(p.180)

* 퐁세 반죽(pâte à foncer) : 다양한 형태의 용기 바닥이나
  옆면에 두르는 반죽입니다.

01

1 차가운 버터를 작은 정사각형
으로 자른다. **2** 잎사귀형 비터를
끼운 스탠드믹서에 밀가루와 버
터를 넣는다. **3** 사블레 상태(모래
알 같은 점도의 상태)가 될 때까
지 빠르게 섞는다.

02

---

1 찬물에 소금을 풀어 01의 스탠드믹서에 넣고 균일한 상태가 될 때까지 반죽한다. **2** 손으로 반죽을 둥글게 뭉쳐 랩으로 싼 다음 30분 동안 냉장 휴지시킨다.

03

---

1 오븐을 180℃로 예열한다. **2** 덧가루를 뿌린 작업대에 반죽을 놓고 밀대로 밀어 편다. **3** 버터를 바른 타르트 틀에 반죽을 채운다. **4** 집게나 손가락 끝으로 반죽의 테두리 부분에 모양을 내거나 여분을 잘라낸다. **5** 포크로 반죽 바닥을 찔러 구멍을 내고 몇 분 동안 냉장 휴지시킨다.

04

---

1 유산지를 큰 원형으로 잘라 테두리에 촘촘하게 칼집을 낸다. **2** 자른 유산지를 반죽 위에 깔고 그 위에 콩을 채운다. **3** 오븐에 넣고 15분 동안 초벌구이 한다.

05

콩과 유산지를 제거하고 오븐 온도를 170℃로 낮춰 다시 10분 동안 굽는다.

필 수 기 본 레 시 피

슈 반죽
Pâte à choux

반죽 ◦ 700g 분량
준비 ◦ 15분
조리 ◦ 20분

우유 ◦ 125㎖
물 ◦ 125㎖
버터 ◦ 125g
소금 ◦ 4g
T45 밀가루 ◦ 140g
달걀 ◦ 4개

슈 반죽이란?

슈를 만들 수 있는 반죽으로, 가볍고 잘 부풀어 오르며
만들기가 쉽고 간단합니다.

용도

슈크림, 에클레르, 를리지외즈, 슈케트, 파리 브레스트를
만들 때 사용합니다.

도구

스패튤러, 실리콘매트, 짤주머니(원형깍지 10호)

응용 레시피

구게르(p.118)

01

1 컨벡션오븐의 경우 150℃, 일반 오븐의 경우 170℃로 예열한다. **2** 냄비에 우유, 물, 작게 자른 버터, 소금을 넣고 버터가 충분히 녹도록 약불에서 끓인다.

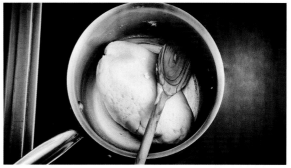

02

1 불에서 내린 01의 냄비에 체 친 밀가루를 한꺼번에 넣고 주걱으로 세게 섞는다. **2** 냄비를 다시 불에 올려 반죽이 둥글게 뭉쳐지고 냄비 안쪽에 달라붙지 않게 될 때까지 1분 동안 세게 젓는다.

03

1 반죽을 볼에 옮긴다. **2** 달걀 3개를 하나씩 넣으면서 골고루 섞일 때까지 세게 젓는다. **3** 다른 볼에 나머지 1개의 달걀을 넣고 포크로 풀어준다. **4** 푼 달걀을 반죽에 조금씩 넣으면서 반죽이 주걱에 달라붙었다가 다시 떨어지는 점도로, 윤기 나는 상태가 될 때까지 섞는다.

04

짤주머니(원형깍지 10호)에 반죽을 채우고 실리콘매트에 슈를 짜 오븐에서 20분 동안 굽는다.

필 수 기 본 레 시 피

갑각류 퓌메(비스크)
Fumet de crustacés(bisque)

1.5ℓ 분량

준비 ○ 10분
조리 ○ 1시간
휴지 ○ 1시간 10분

갑각류 ○ 1.5kg
통후추 ○ 10알
긴 후추 ○ 5개
양파 ○ 1개
펜넬 ○ 1개
토마토 ○ 6개
마늘 ○ 4개
건조 펜넬 스틱 ○ 2개
드라이 화이트와인 ○ 200㎖
닭 뼈 육수 ○ 2.5ℓ(p.545)
코냑 ○ 적당량
버터 ○ 200g
올리브유 ○ 적당량

01

1 갑각류를 잘게 자른다. **2** 넓은 냄비에 올리브유를 두르고 갑각류를 넣어 8분 동안 강불에서 볶는다. **3** 절반 분량의 버터를 넣고 불을 줄여서 3분 동안 색이 날 때까지 둔다.

갑각류 퓌메란?

갑각류를 구울 때 나오는 소스를 졸여서 만든
부이용을 말합니다.

용도

비스크* 같은 음식을 만들 때 사용합니다.

도구

주물냄비, 스패튤러, 체

* 비스크(bisque) : 갑각류와 채소, 토마토 페이스트를 볶아 만든
   포타주의 일종

02

1 양파와 펜넬은 껍질을 벗기고 씻어서 슬라이스 한다. **2** 마늘은 칼집을 낸다. **3** 갑각류를 넣은 냄비에 양파와 펜넬, 마늘을 껍질째로 넣고 뚜껑을 덮어 5분 동안 약불에서 서서히 익힌다. **4** 후추, 건조 펜넬 스틱, 남은 버터를 넣고 뚜껑을 덮은 채 5분 동안 더 익힌다.

03

1 화이트와인 ⅓을 넣어 데글라세(p.567 참고) 하고 완전히 졸인다. **2** 나머지 화이트와인을 2번에 걸쳐 데글라세 한다. **3** 코냑과 토마토를 넣고 뚜껑을 덮어 5분 동안 익힌다.

04

1 주걱으로 평평하게 정리하고 재료가 잠길 만큼 닭 뼈 육수를 채운다. **2** 약하게 끓을 정도로 20분 동안 익힌다. **3** 불에서 내려 10분 동안 휴지시킨다.

05

1 체에 받쳐 가볍게 누르면서 10분 동안 거른다. **2** 고운체에 다시 거른다. **3** 냉장고에 45분~1시간 동안 넣어두어 식히고 그대로 냉장 보관한다.

필 수 기 본 레 시 피

생선 퓌메
Fumet de poisson

1ℓ 분량

준비 ○ 10분
조리 ○ 30분
휴지 ○ 1시간 10분

흰살 생선의 머리와 뼈 ○ 1kg
마늘 ○ 1쪽
펜넬 ○ 1개
양파 ○ 1개
올리브유 ○ 적당량
건조 펜넬 스틱 ○ 2개
백후추 ○ 15알
닭 뼈 육수 ○ 1.5ℓ(p.545 참고)

생선 퓌메란?

생선뼈를 익히면서 나온 소스를 졸여서 만든
육수나 부이용을 말합니다.

용도

소스의 베이스로 사용합니다.

도구

주물냄비, 고운 시누아

응용 레시피

토마토, 올리브, 바질을 곁들인 노랑촉수구이(p.328)

01

전처리

1 생선의 눈과 아가미를 제거한
다. **2** 생선뼈와 머리를 흐르는 물
에 깨끗이 씻는다.

02

1 채소는 껍질을 벗기고 씻는다.
2 마늘은 껍질째로 으깨고, 양파
와 펜넬은 얇게 슬라이스 한다.

03

생선 퓌메 익히기

1 주물냄비에 올리브유를 두르고
양파, 펜넬, 으깬 마늘을 넣어 색
이 나지 않도록 5분 동안 볶는다.
2 건조 펜넬 스틱, 후추, 생선뼈와
머리를 넣고 잘 저으면서 5분 동
안 볶는다.

04

1 닭 뼈 육수를 붓고 20분 동안
약불에서 익힌다. **2** 불에서 내려
10분 동안 휴지시키고 고운 시누
아에 거른다. **3** 냉장고에서 45분
~1시간 동안 식히고 그대로 냉장
보관한다.

닭 뼈 육수
Fond blanc de volaille

준비 ◦ **10분**
조리 ◦ **9시간**

닭 뼈 ◦ **10kg**
큰 양파 ◦ **1개**
당근 ◦ **1개**
대파 ◦ **1개**
찬물 ◦ **10 ℓ**
굵은소금 ◦ **30g**
백후추 ◦ **10g**

닭 뼈 육수란?

닭 뼈와 채소를 함께 넣고 오랫동안 끓여 우려낸 것을
말합니다. 닭고기 부이용도 같은 방법으로 2~3시간 동안
끓여 만듭니다.

용도

소스나 수프의 베이스로 사용합니다.

도구

거품국자, 고운 시누아

응용 레시피

파르망티에 포타주(p.44), 하몽과 검은 송로버섯,
하몽, 검은 송로버섯, 소고기 로스팅 육수를 곁들인
코키예트 파스타(p.130), 그린아스파라거스 리소토(p.148),
엔다이브와 치커리를 곁들인 타르트 앵베르세(p.184),
버섯, 아티초크, 돼지고기 타르트(p.192), 얇게 저민
오리 가슴살과 비가라드 소스(p.416), 막심 감자와 비가라드
소스를 곁들인 어린 오리 가슴살 로스팅(p.420),
사프란, 골든레이즌, 아몬드를 곁들인 닭고기 쿠스쿠스(p.440),
허브를 곁들인 바삭하고 부드러운 닭고기(p.452)

01

1 닭 뼈 중 기름이 많은 부위나 피가 섞인 부분은 잘라낸다. **2** 양파와 당
근은 껍질을 벗기고 대파는 반으로 자른다.

02

1 깊은 냄비에 닭 뼈를 넣고 찬
물 10 ℓ를 채워 한차례 끓인다.
2 표면에 떠오르는 거품을 제거
한다. **3** 준비한 모든 채소와 굵은
소금, 후추를 넣는다.

03

1 9시간 동안 90℃
로 끓이면서 표면에
뜨는 거품을 가끔씩
제거한다. **2** 고운 시
누아에 거른다.

필 수 기 본 레 시 피

송아지 부이용
Bouillon de veau

1ℓ 분량

준비 ◦ **20분**
조리 ◦ **2시간 30분**
휴지 ◦ **1시간**

송아지 꼬리 ◦ **1kg**
송아지 양지살 ◦ **200g**
당근 ◦ **150g**
양파 ◦ **100g**
셀러리 ◦ **50g**
대파 녹색 부분 ◦ **50g**
월계수 ◦ **적당량**
타임 ◦ **적당량**
이탤리언 파슬리(줄기째) ◦ **20g**
백후추 ◦ **10g**
굵은소금 ◦ **10g**

송아지 부이용이란?

송아지고기를 몇 시간 동안 물에 곤 다음 체에 걸러 만드는
부이용입니다. 송아지 대신 소고기의 자투리 부위를
사용하면 소고기 부이용을 만들 수 있습니다.

용도

소스나 포타주의 베이스로 쓰거나 음식을 조리할 때 물 대신
사용합니다.

도구

고운 시누아

응용 레시피

파프리카를 곁들인 쿠스쿠스와 향신료를 넣은
소고기 완자(p.490)

01

예비 작업

1 송아지 꼬리의 겉껍질을 벗겨내 두툼하게 자르고, 꼬리뼈 속 연골도 두툼하게 자른다. **2** 양지살을 크게 자른다.

02

1 채소는 껍질을 벗겨 씻는다. **2** 대파를 펼쳐서 당근, 셀러리, 월계수, 타임, 이탤리언 파슬리를 싸고 명주실로 묶어 부케 가르니를 만든다. **3** 양파는 반으로 자른다.

03

부이용 끓이기

1 깊은 냄비에 소고기, 부케 가르니, 양파, 후추, 소금, 물 1.5 ℓ 를 넣고 한차례 끓인다. **2** 표면에 뜬 거품을 조심스럽게 제거한다. **3** 약하게 끓을 정도로 2시간 30분 동안 익히면서 표면에 뜨는 기름과 거품을 주기적으로 제거한다.

04

1 송아지고기와 채소를 건져내고 고운 시누아에 거른다. **2** 최소 1시간 이상 냉장고에서 식히고 그대로 냉장 보관한다.

부이용을 더 빨리 식히려면 큰 용기에 얼음물을 넣고 부이용이 담긴 용기를 담가 냉장고에서 30분 동안 보관합니다.

필 수 기 본 레 시 피

송아지 육수
Jus de veau

150~200㎖ 분량

준비 ○ 20분
조리 ○ 1시간 30분

뼈를 포함한 송아지 업진살 ○ 1kg
양파 ○ 1개
버터 ○ 150g
마늘 ○ 8쪽
세이지 ○ 2줄기
통후추 ○ 10g
닭 뼈 육수 ○ 2ℓ (p.545 참고)
올리브유 ○ 적당량

송아지 육수란?

송아지고기에 채소 및 다른 재료들을 곁들여
오랫동안 끓인 다음 체에 걸러서 만든 육수를 말합니다.

용도

송아지고기 요리나 채소에 곁들이거나
라구 재료로 사용합니다.

도구

주물냄비, 체, 작은 체, 고운 시누아

응용 레시피

감자 라비올리(p.64),
하몬, 검은 송로버섯, 소고기 로스팅 육수를 곁들인
코키에트 파스타(p.130),
호박과 바삭한 삼겹살을 곁들인 리소토(p.144),
캐러멜리제 한 송아지 갈빗살(p.512)

01

1 송아지 업진살은 4×4cm 크기로 자른다. **2** 양파는 껍질을 벗기고 4등분한다. **3** 주물냄비에 올리브유를 두르고 소고기를 넣어 살코기와 뼈에 색이 날 때까지 굽는다. **4** 버터, 양파, 껍질째 으깬 마늘, 세이지, 후추를 넣는다. **5** 불을 줄여서 색 내기를 멈춘다.

02

1 주물냄비 안에 고인 기름 절반을 제거한다. **2** 닭 뼈 육수를 1국자 떠 넣어 바닥에 눌어붙은 갈색 덩어리를 떼어내고 고기가 잠길 만큼 다시 닭 뼈 육수를 채워 졸인다. **3** 남은 닭 뼈 육수를 3번에 걸쳐 넣는다.

03

1 1시간 동안 익힌 다음 큰 체에 받쳐 5분 동안 거른다. **2** 다시 고운 시누아에 거른다. **3** 불에 올려 원하는 농도가 될 때까지 졸인다.

소고기 육수
Jus de bœuf

150~200㎖ 분량

준비 ○ 20분
조리 ○ 1시간 30분

소고기 업진살 ○ 1kg
양파 ○ 1개
마늘 ○ 8쪽
타임 ○ 2줄기
통후추 ○ 10알
버터 ○ 150g
닭 뼈 육수 ○ 2ℓ (p.545 참고)
올리브유 ○ 적당량

소고기 육수란?

소고기를 주재료로 오랫동안 끓인 다음 체에 걸러서 만든 육수를 말합니다.

용도

소고기나 채소 요리에 넣거나 라구 재료로 사용합니다.

도구

주물냄비, 체

응용 레시피

호박과 바삭한 삼겹살을 곁들인 리소토(p.144)

01

1 소고기 업진살은 4×4㎝ 크기로 자른다. **2** 양파는 껍질을 벗기고 4등분한다. **3** 주물냄비에 올리브유를 두르고 소고기를 넣어 살코기와 뼈에 색이 날 때까지 굽는다. **4** 버터, 양파, 으깬 마늘, 타임, 후추를 넣는다. **5** 불을 줄여서 색내기를 멈춘다.

02

1 주물냄비 안에 고인 기름 절반을 제거한다. **2** 닭 뼈 육수를 1국자 떠 넣어 바닥에 눌어붙은 갈색 덩어리를 떼어내고 고기가 잠길만큼 다시 닭 뼈 육수를 채워 졸인다. **3** 남은 닭 뼈 육수를 3번에 걸쳐 넣는다.

03

1 1시간 동안 익힌 다음 큰 체에 받쳐 5분 동안 거른다. **2** 다시 고운 시누아에 거른다. **3** 불에 올려 원하는 농도가 될 때까지 졸인다.

셰프들의 기본 레시피

프레데릭 앙통
Frédéric Anton

닭고기 부이용

Recipe :

미모사 달걀, 엔초비, 호박을 이용한 샐러드[p.24]

닭 ∘ 1마리[1.2kg]

당근 ∘ 300g

양파 ∘ 300g

대파 ∘ 1줄기

셀러리 ∘ 1줄기

부케 가르니 ∘ 1개[p.529 참고]

통후추 ∘ 10알

고수 씨앗 ∘ 10개

정향 ∘ 1개

굵은소금 ∘ 적당량

찬물 ∘ 3ℓ

1 주물냄비에 닭고기, 찬물 3ℓ, 소금을 넣고 한차례 끓인 다음 거품을 제거한다. **2** 양파는 2등분해서 표면이 까맣게 되도록 프라이팬에 강불로 굽는다. **3** 당근은 껍질을 벗기고 정사각형으로 썬다. **4** 대파와 셀러리는 씻어서 토막으로 썬다. **5** 주물냄비에 손질한 채소, 부케 가르니, 후추, 고수 씨앗, 정향을 넣고 약불에서 3시간 동안 익힌다. **6** 30분 동안 휴지시키고 시누아에 거른다.

아르노 동켈레
Arnaud Donckele

돼지고기 육수

Recipe :

포르치니버섯과 페루진을 곁들인 타르트[p.202]

돼지고기 자투리 ∘ 1㎏

땅콩유 ∘ 1큰술

버터 ∘ 60g

샬롯 ∘ 150g

당근 ∘ 1개

코냑 ∘ 200㎖

1 샬롯과 당근은 껍질을 벗기고 큼지막하게 썬다. **2** 돼지고기는 작게 썬다. **3** 주물냄비에 땅콩유를 두르고 돼지고기를 넣어 색이 나도록 굽는다. **4** 버터, 샬롯, 당근을 넣고 캐러멜색이 될 때까지 굽는다. **5** 기름을 걷어내고 코냑으로 데글라세[p.567 참고] 한 다음 재료가 모두 잠길 만큼 물을 채운다. **6** 약하게 끓을 정도로 1시간 동안 익히면서 주기적으로 기름을 걷어낸다. **7** 시누아에 거른다.

토마토 콩피

Recipe :

포르치니버섯과 페루진을 곁들인 타르트[p.202]

노란색과 빨간색 방울토마토 ∘ 10개

로마 토마토* ∘ 3개

파인애플 토마토 ∘ 3개

그린 제브라 토마토 ∘ 3개

크림 반도산[産] 흑토마토 ∘ 3개

올리브유 ∘ 200㎖

유자즙 ∘ 100㎖

곱게 간 유자 제스트

마조람 ∘ 50잎

소금

후추

* 로마 토마토[tomate roma] : 세로 길이가 긴 이탈리아 토마토 품종

1 오븐을 60℃로 예열한다. **2** 방울토마토를 제외한 모든 토마토는 4등분하고 씨와 물기를 제거해 과육만 남긴다. **3** 평평한 접시에 토마토 과육과 방울토마토를 깔고 소금, 후추, 올리브유, 유자의 즙과 제스트를 골고루 뿌린 다음 마조람을 토마토 과육 위에 얹는다. **4** 오븐에서 40분 동안 익힌다.

양파, 토마토 마멀레이드

Recipe :

포르치니버섯과 페루진을 곁들인 타르트[p.202]

양파 ∘ 500g

토마토 ∘ 500g

올리브유 ◦ **1큰술**
야생타임 ◦ **2줄기**
소금 ◦ **적당량**
통후추 ◦ **적당량**

1 양파는 껍질을 벗기고 아주 얇게 슬라이스 한다. **2** 토마토는 껍질을 벗기고 4등분한 다음 과육만 남도록 손질한다. **3** 주물냄비에 올리브유를 두르고 양파를 볶은 다음 토마토 과육과 야생타임을 넣어 뚜껑을 덮은 채 수분이 완전히 없애질 때까지 졸인다. **4** 간을 본다.

조개 육수

Recipe :
타르부리에슈 굴의 베리에이션(p.262)

홍합 ◦ **400g**
대합 ◦ **300g**
꼬막 ◦ **300g**
샬롯 ◦ **2개**
버터 ◦ **40g**
화이트와인 ◦ **150㎖**
이탈리언 파슬리 ◦ **1줄기**

1 조개류는 껍질을 긁어서 손질한다. **2** 샬롯은 곱게 다진다. **3** 주물냄비에 버터를 두르고 샬롯을 넣어 볶은 다음 조개류, 화이트와인, 이탈리언 파슬리를 넣는다. **4** 뚜껑을 덮고 가끔씩 저으면서 강불에서 익힌다. **5** 조개류가 확실히 익어 입을 벌렸는지 확인한 다음 고운 시누아에 거른다.

알랭 뒤카스
Alain Ducasse

소고기 로스팅 육수

Recipe :
오트-로제르산(産) 포르치니버섯 리소토(p.152)

베이스 재료
소고기 자투리 ◦ **2kg**
양파 ◦ **80g**
버터 ◦ **100g**
마늘 ◦ **1쪽**
닭 뼈 육수 ◦ **1.5ℓ**
올리브유 ◦ **적당량**

소고기 로스팅 육수 재료
소고기 자투리 ◦ **500g**
샬롯 ◦ **2개**
버터 ◦ **50g**
마늘 ◦ **1쪽**
타임 ◦ **1줄기**
통후추 ◦ **10g**
닭 뼈 육수 ◦ **150㎖**
송아지 육수 ◦ **1ℓ**
소금 ◦ **적당량**
통후추 ◦ **적당량**

육수 베이스 만들기
1 고기는 4×4cm 크기로 자른다. **2** 양파는 껍질을 벗기고 4등분한다. **3** 주물냄비에 올리브유를 두르고 고기를 넣어 표면에 색이 진하게 날 때까지 굽는다. **4** 버터, 양파, 으깬 마늘을 넣고 더 이상 고기가 타지 않도록 불을 줄인다. **5** 기름기를 제거하고 닭 뼈 육수를 3번에 걸쳐 넣어 데글라세(p.567 참고) 한다. **6** 남은 닭 뼈 육수를 모두 붓고 3시간 동안 약불에서 익힌다. **7** 큰 체에 거르고 다시 시누아에 거른 다음 식혀서 냉장 보관한다.

소고기 로스팅 육수 만들기
1 고기는 4×4cm 크기로 자른다. **2** 샬롯은 껍질을 벗기고 8mm 두께로 둥글게 썬다. **3** 주물냄비에 올리브유를 두르고 고기를 넣어 노릇하게 익을 때까지 굽는다. **4** 버터, 샬롯, 으깬 마늘, 타임, 후추, 소금 1꼬집을 넣고 10~15분 동안 천천히 익힌다. **5** 기름기를 제거하고 닭 뼈 육수를 3번에 걸쳐 넣어 데글라세 한다. **6** 앞서 만든 육수 베이스를 넣고 걸쭉한 농도가 되도록 1시간~1시간 15분 동안 졸인다. **7** 체에 거르고 다시 고운 시누아에 거른다. **8** 버터 20g과 후추를 넣고 식혀서 냉장 보관한다.

비둘기 뼈 육수

Recipe :
감자와 살미 소스를 곁들여 구운 어린 비둘기(p.434)

200㎖ 분량
비둘기 뼈 ◦ **800g**
포도씨유 ◦ **20㎖**
버터 ◦ **30g**
마늘 ◦ **3개**
샬롯 ◦ **2개**
레드와인 ◦ **80㎖**
닭 뼈 육수 ◦ **1ℓ**

1 비둘기 뼈는 작게 자르고 샬롯은 둥글게 썬다. **2** 주물냄비에 포도씨유를 두르고 비둘기 뼈를 넣어 일정하게 색이 나도록 저으면서 15~20분 동안 중불에서 볶는다. **3** 큰 체에 걸러 과도한 기름을 제거한다. **4** 주물냄비에 버터, 샬롯, 마늘과 함께 볶은 뼈를 옮겨 담고 계속 저으면서

5분 동안 강불에서 볶는다. **5** 레드와인으로 데글라세[p.567 참고] 하고 충분히 졸인다. **6** 닭 뼈 육수 500㎖를 붓고 약간 걸쭉한 농도가 될 때까지 졸인다. **7** 남은 닭 뼈 육수를 모두 넣고 걸쭉하면서 맑은 색이 될 때까지 35~40분 동안 약불에서 졸인다. **8** 불에서 내려 시누아에 거르고 기름과 함께 보관한다.

미셸 게라르
Michel Guérard

채소 부이용 나주

Recipe :
작은 화로에 구운 바닷가재[p.242],
텃밭 채소로 만든 소스를 곁들인 자연산 농어[p.286]

펜넬 ◦ 250g
당근 ◦ 250g
양파 ◦ 150g
대파 ◦ 150g
셀러리 ◦ 152g
샬롯 ◦ 75g
드라이 화이트와인 ◦ 200㎖

아로마 가니시

마늘 ◦ 25g
팔각 ◦ 1.5개
소금 ◦ 7g
설탕 ◦ 10g
거칠게 간 후추 ◦ 1꼬집
이탈리언 파슬리 ◦ 5줄기
타임 ◦ 1줄기
월계수 ◦ 1잎
오렌지 제스트 ◦ 1개 분량
둥글게 자른 오렌지 과육 ◦ 60g
둥글게 자른 레몬 과육 ◦ 20g
생강 ◦ 15g
찬물 ◦ 2 ℓ

1 채소는 껍질을 벗기고 얇게 슬라이스 한다. **2** 마늘과 생강은 껍질을 벗기고 얇게 슬라이스 한다. **3** 요리용 냄비에 오렌지와 레몬 과육, 생강을 제외한 모든 재료를 넣고 찬물 2ℓ를 부어 한차례 끓인다. **4** 뚜껑을 열고 약하게 끓을 정도로 2시간 동안 익혀 절반 분량까지 졸인다. **5** 오렌지와 레몬 과육, 생강을 넣고 뚜껑을 덮은 채 불에서 내려 30분 동안 우려낸다. **6** 고운 시누아에 거른다.

마늘 칩

Recipe :
텃밭 채소로 만든 소스를 곁들인 자연산 농어[p.286]

큰 마늘 ◦ **적당량**
우유 ◦ **적당량**
기름류 ◦ **적당량**
[올리브유, 땅콩유, 포도씨유, 정제버터 등]

1 마늘은 껍질을 벗기고 1㎜ 두께의 길이 방향으로 슬라이스 한다. 이때 마늘 심은 제거한다. **2** 냄비에 우유 또는 물을 넣고 슬라이스 한 마늘을 데친다. **3** 마늘을 건져 키친타월에 놓고 물기를 제거한다. **4** 냄비에 취향껏 고른 기름류를 부어 데우고 데친 마늘을 넣어 타지 않도록 노르스름하게 튀긴다. **5** 거품국자를 이용해 건져내고 키친타월에 올려 기름기를 제거한다. **6** 붓에 올리브유를 약간 묻혀서 튀긴 마늘에 얇게 바른다[생략 가능]. **7** 오븐팬에 마늘을 펼치고 120℃로 예열한 오븐에 넣어 노릇해질 때까지 굽는다. **8** 금속 밀폐용기에 완성한 마늘 칩을 넣고 눅눅해지지 않도록 보관한다. 최대한 빨리 사용한다.

닭고기 육수

Recipe :
숯불에 베이컨을 곁들여 요리한 랑드산(産) 닭 가슴살[p.456],
텃밭 채소로 만든 소스를 곁들인 자연산 농어[p.286]

닭 날개 또는 닭 뼈 ◦ 600g
샬롯 ◦ 3개
마늘(껍질째) ◦ 4개
버터 ◦ 60g
타임 ◦ 1줄기
닭고기 부이용 분말 ◦ 1작은술
밀가루 ◦ 1꼬집
거칠게 간 후추 ◦ 1꼬집
간장 ◦ 적당량

1 오븐을 200℃로 예열한다. **2** 닭 날개의 경우 가위를 이용해 3~4조각으로 자르고, 닭 뼈의 경우 작게 자른다. **3** 주물냄비에 자른 닭 날개를 깔고 껍질을 벗겨 2등분한 샬롯, 껍질째인 마늘, 작게 자른 버터를 넣고 소금 간을 한다. **4** 오븐에 넣고 골고루 캐러멜색이 나도록 가끔씩 포크로 저으면서 익힌다. **5** 타임과 밀가루를 뿌리고 몇 분 동안 다시 오븐에 굽는다. **6** 오븐에서 꺼내 찬물 1ℓ를 붓고 숟가락을 이용해 주물냄비 바닥에 붙은 갈색 덩어리를 긁어낸다. **7** 닭고기 부이용 분말과 후추를 넣고 다시 오븐에 넣어 10분 동안 익힌다. **8** 고운 시누아에 꾹꾹 눌러 거른다. **9** 간장을 넣고 간을 본다. **10** 기름기를 제거하지 않은 채 식히고 별도의 용기에 옮겨 보관한다.

레몬 콩피

Recipe :
숯불에 베이컨을 곁들여 요리한 랑드산(産) 닭 가슴살(p.456)

레몬 ◦ 1개
설탕 ◦ 150g
물 ◦ 200㎖
강황 ◦ 1꼬집
큐민 씨앗 ◦ 1꼬집

1 오븐을 90℃로 예열한다. **2** 냄비에 설탕 100g과 물을 넣고 끓여 시럽을 만든다. **3** 남은 설탕, 강황, 큐민 씨앗을 넣고 2분 동안 더 끓인다. **4** 레몬을 증기오븐이나 찜기에 넣어 10분 동안 익힌 다음 4등분해 씨를 제거한다. **5** 시럽에 레몬을 넣고 2분 동안 약하게 끓을 정도로 익힌다. **6** 24시간 동안 실온 보관한다. **7** 만약 레몬이 완전한 콩피(절임) 상태가 되지 않았으면 ⑤의 과정을 다시 반복해 완성한다. **8** 시럽과 함께 레몬을 유리병에 넣고 냉장 보관한다.

소고기 육수

Recipe :
낙엽과 나무로 구운 안심, 소고기 육수와 포도주 육수,
크리미한 감자 퓌레와 감자 수플레(p.494)

송아지 갈빗살 또는 양지살 ◦ 1㎏
당근 ◦ 1개
양파 ◦ 1개
샬롯 ◦ 100g
마늘 ◦ 4쪽
밀가루 ◦ 1꼬집
버터 ◦ 60g
찬물 ◦ 800㎖
부케 가르니 ◦ 1개(p.529 참고)
거칠게 간 흑후추 ◦ 1꼬집
간장 ◦ 적당량

1 오븐을 220℃로 예열한다. **2** 가위로 갈빗살을 작게 자른다. **3** 당근, 양파, 샬롯은 껍질을 벗기고 1×1㎝의 정사각형으로 자른다. **4** 마늘은 손바닥으로 껍질째 으깬다. **5** 기름을 두르지 않은 주물냄비에 갈빗살을 넣고 구운 다음 냄비째 오븐에 옮겨 15분 동안 익힌다. **6** 오븐에서 꺼내 손질한 채소와 밀가루를 넣고 잘 섞은 다음 오븐 온도를 200℃로 낮춰 5분 동안 더 익힌다. **7** 체에 걸러 고기에서 나온 과도한 기름을 제거한다. **8** 고기와 채소를 다시 주물냄비에 넣고 버터, 찬물, 부케 가르니, 후추, 간장을 함께 넣어 1시간 동안 끓인다. **9** 불에서 내려 30분 동안 휴지시키고 고운 시누아에 거른다. 육수는 ⅓ 분량으로 졸아들고 시럽 농도가 되어야 한다.

마르크 에베를랑
Marc Haeberlin

푀이테 반죽

Recipe :
신선한 삿갓버섯을 곁들인 아스파라거스 푀이테(p.100)

밀가루 ◦ 500g
소금 ◦ 15g
버터 ◦ 500g
물 ◦ 150㎖
달걀 ◦ 1개

1 밀가루는 체에 거르고 소금과 함께 볼에 넣는다. **2** 전자레인지에 버터 200g을 넣고 짧게 돌려 부드러운 상태로 만든다. **3** 밀가루와 소금이 든 볼에 버터를 넣고 섞어 사블레 상태(잘 부서지는 가루 형태)로 만든다. **4** 다른 볼에 물과 달걀을 넣고 섞은 다음 사블레 상태의 밀가루 위에 부어 골고루 섞는다. 이때 너무 오래 반죽하지 않는다. **5** 반죽을 둥글게 뭉쳐 45분 동안 냉장 휴지시킨다. **6** 제과용 밀대로 90°씩 돌려가며 5㎜ 두께로 밀어 편다. **7** 남은 버터 300g을 얇게 잘라서 사각형으로 밀어 편 반죽 위에 골고루 올린다. **8** 4개의 귀퉁이를 접어 버터를 완전히 덮는 작은 사각형이 되도록 만든다. **9** 밀대로 다시 얇게 밀어 펴 폭보다 길이가 2배 긴 직사각형으로 만든다. **10** 반죽을 3번 접어 사각형으로 만든 다음 90° 돌린다. **11** ⑨~⑩의 과정을 반복해 4절 1회 접기를 마친다. **12** 냉장고에 반죽을 넣고 20분 동안 휴지시킨다. **13** 4절 1회 접기를 2번 더 반복하고 각 동작이 끝날 때마다 냉장고에서 20분 동안 휴지시킨다. 4절 1회 접기가 3회 끝나면 준비가 끝난다.

레지스 마르콩
Régis Marcon

닭고기 부이용

Recipe :
꾀꼬리버섯 부야베스와 질경이 페스토(p.94)

닭 뼈 또는 닭 날개 ◦ 1㎏
양파 ◦ 1개
당근 ◦ 1개
마늘 ◦ 2쪽
부케 가르니 ◦ 1개(p.529 참고)
(셀러리 잎, 타임, 대파, 이탈리언 파슬리 줄기로 구성)

정향 ○ **1개**
생강 슬라이스 ○ **2개** [선택사항]

하루 전
1 양파, 마늘, 당근은 껍질을 벗겨 슬라이스 한다. **2** 냄비에 모든 재료를 넣고 찬물을 부어 한차례 끓인다. **3** 약불로 줄이고 가끔씩 거품을 걷어내면서 2시간 동안 익힌다. **4** 불에서 내려 10분 동안 휴지시킨 다음 냉장 보관한다.

당일
5 표면에 떠 있는 단단한 기름을 제거한다. **6** 바로 사용하거나 냉동한다.

2ℓ 분량
당근 ○ **2개**
양파 ○ **1개**
대파 ○ **1줄기**
셀러리 ○ **1줄기**
정향 ○ **1개**
고수 씨앗 ○ **5개**
물 ○ **2.5ℓ**

1 채소는 껍질을 벗겨 깨끗이 씻고 큼지막하게 자른다. **2** 요리용 냄비에 모든 재료를 넣고 40분~1시간 동안 끓여 충분히 우려낸다. **3** 불에서 내리고 바닥에 가라앉은 채소는 그대로 둔 채 국자를 이용해 부이용을 떠내 체에 거른다. 이때 익힌 채소가 으깨지지 않도록 주의한다. **4** 부이용을 바로 사용하지 않을 경우 밀폐용기에 담아 냉동 보관한다.

티에리 막스
Thierry Marx

셀러리액 쿠스쿠스

Recipe :
고깔 모양 메추리 (p.412)

셀러리액 ○ **300g**
아스코르브산 ○ **2g**
버터 ○ **150g**
완두콩 ○ **100g**
건포도 ○ **50g**
아몬드 ○ **100g**

1 셀러리액은 껍질을 벗기고 작게 자른 다음 아스코르브산을 3분 동안 발라두어 갈변을 막는다. **2** 셀러리액을 깨끗한 천에 놓고 물기를 제거한다. **3** 냄비에 버터를 넣고 누아제트 버터(연한 갈색이 될 때까지 가열한 버터)로 만든 다음 셀러리액, 완두콩, 건포도, 아몬드를 넣고 섞는다.

안-소피 픽
Anne-Sophie Pic

채소 부이용

Recipe :
갑각류 버터로 구운 딱새우 그리고 그린아니스와 계피로 향을 낸 부이용 (p.226)

장-프랑수아 피에주
Jean-François Piège

닭고기 부이용

Recipe :
푸른 바닷가재 (p.246),
민물가재, 꾀꼬리버섯, 아몬드를 곁들인 껍질 없는 달걀 (p.378)

닭 뼈 ○ **1마리** (3kg), (또는 닭 1마리)
양파 ○ **3개**
당근 ○ **5개**
셀러리 ○ **2줄기**
대파 ○ **2줄기**
양송이버섯 ○ **150g**
이탈리언 파슬리 ○ **1묶음**
굵은 바다소금 ○ **10g**
통후추 ○ **5g**
타임 ○ **1줄기**
월계수 ○ **1잎**
닭고기 부이용 분말 ○ **20g**

1 채소는 껍질을 벗기고 깨끗이 씻는다. **2** 대파를 펼쳐 타임, 월계수, 이탈리언 파슬리, 셀러리 줄기를 넣고 한데 묶어 부케가르니를 만든다. **3** 큰 냄비에 닭 뼈를 넣고 찬물을 채워 강불에서 끓인다. **4** 물이 끓으면 불에서 내려 닭 뼈와 냄비를 찬물로 헹군 다음 다시 냄비에 닭 뼈를 넣고 찬물을 채워 강불에서 끓인다. **5** 물이 끓기 시작하면 준비한 채소, 닭고기 부이용 분말, 소금, 후추를 넣고 2시간~2시간 30분 동안 거품을 제거하면서 끓인다. **6** 완성된 닭고기 부이용을 고운 시누아에 거르고 최대한 빨리 식혀서 냉장 보관한다.

체리 식초

Recipe :
푸른 바닷가재(p.246)

2ℓ 분량

체리(서양 앵두) ○ **1kg**
화이트식초 ○ **1ℓ**
통후추 ○ **30g**
고수 씨앗 ○ **30g**
레몬 제스트 ○ **2개 분량**

1 체리는 꼭지를 따고 깨끗한 물로 씻어 유리병에 담는다. **2** 냄비에 화이트식초, 통후추, 고수 씨앗, 레몬 제스트를 넣고 1분 동안 강불에서 끓인 다음 체리가 담긴 유리병에 담는다. **3** 병뚜껑을 단단히 닫고 서늘한 곳에서 식혀 냉장 보관한다.

엠마뉘엘 르노
Emmanuel Renaut

세이보리 비네그레트

Recipe :
채소 밀푀유(p.84)

화이트식초 ○ **250㎖**
설탕 ○ **100g**
세이보리 ○ **1묶음**
옥수수전분 ○ **20g**

1 냄비에 설탕과 화이트식초를 넣고 한차례 끓인다. **2** 세이보리를 넣고 1시간 동안 우려낸 다음 체에 거른다. **3** 다시 한차례 끓여서 옥수수전분을 풀어 넣고 완성한다.

푀이테 반죽

Recipe :
야생타임즙을 곁들인 포르치니버섯 푀이타주(p.90)

500g 분량

데트랑프 (밀가루 반죽)
물 ○ **100g**
소금 ○ **6g**
버터 ○ **25g**
밀가루 ○ **160g**

뵈르 마니에 (접기용 버터)
버터 ○ **160g**
밀가루 ○ **60g**

1 잎사귀형 비터를 끼운 스탠드믹서에 데트랑프 재료와 뵈르 마니에 재료를 각각 넣어 반죽한다. **2** 냉장고에 넣고 몇 분 동안 휴지시킨다. **3** 밀대를 이용해 뵈르 마니에를 긴 직사각형으로 밀어 편다. **4** 데트랑프는 뵈르 마니에의 ⅔ 크기의 직사각형으로 밀어 편다. **5** 뵈르 마니에 가운데에 데트랑프를 얹고 데트랑프가 완전히 덮이도록 양끝을 접고 다시 1번 접는다. **6** 깨끗한 천에 놓고 20분 동안 냉장 휴지시킨다(4절 접기 1회). **7** 반죽을 90° 돌리고 밀대로 밀어 펴 긴 직사각형으로 만든다. **8** 양끝을 접고 다시 1번 접은 다음 깨끗한 천에 놓아 20분 동안 냉장 휴지시킨다(4절 접기 2회).

야생타임즙

Recipe :
야생타임즙을 곁들인 포르치니버섯 푀이타주(p.90)

닭 날개 또는 닭 뼈 ○ **400g**
해바라기씨유 ○ **1작은술**
당근 ○ **1개**
양파 ○ **½개**
작은 토마토 ○ **1개**
이탈리언 파슬리(줄기째) ○ **적당량**
야생타임 ○ **적당량**

1 닭 날개를 작게 자른다. **2** 주물냄비에 해바라기씨유를 두르고 닭 날개를 구워 색을 낸다. **3** 당근과 양파는 껍질을 벗기고 토마토는 깨끗이 씻는다. **4** 당근, 양파, 토마토를 정사각형으로 잘라 닭 날개가 든 냄비에 넣고 익힌 다음 캐러멜색이 될 때까지 볶는다. **5** 물을 조금 부어 바닥에 눌어붙은 갈색 덩어리를 긁어내고 졸이면서 이탈리언 파슬리 줄기를 넣는다. **6** 내용물이 잠길 만큼 물을 붓고 한차례 끓인 다음 1시간 동안 익히면서 표면에 뜨는 기름을 제거한다. **7** 불에서 내리고 야생타임을 넣어 우려낸 다음 고운 시누아에 거른다.

채소 부이용

Recipe :
양파 부이용과 병꽃풀을 곁들인 비스킷 형태의
아귀와 곤들매기(p.316)

당근 ◦ 5개
이탤리언 파슬리(줄기째)

1 당근은 씻고 아주 얇게 썬다. **2** 냄비에 당근과 이탤리언 파슬리 줄기를 넣고 물 2ℓ를 채운다. **3** 뚜껑을 덮어 20분 동안 끓이고 1시간 정도 우려낸 다음 시누아에 거른다.

민물가재 비스크

Recipe :
양파 부이용과 병꽃풀을 곁들인 비스킷 형태의
아귀와 곤들매기(p.316)

민물가재 ◦ 300g
올리브유 ◦ 30g
당근 ◦ 2개
양파 ◦ 2개
오렌지 ◦ ½개
이탤리언 파슬리(줄기째) ◦ **적당량**
잘 익은 토마토 ◦ 3개
코냑 ◦ 10g
통후추 ◦ 5g
팔각 ◦ 1개
토마토 페이스트 ◦ 30g

1 민물가재는 작게 자른다. **2** 주물냄비에 올리브유를 두르고 작게 자른 민물가재를 볶아 색을 낸다. **3** 볶는 동안 양파와 오렌지는 껍질을 벗기고 당근과 함께 정사각형 모양으로 자른다. **4** 토마토는 껍질을 벗기고 4등분한다. **5** 볶은 민물가재에 코냑을 부어 플랑베 한다. **6** 손질한 채소, 과일, 허브류를 넣고 내용물이 충분히 잠길 만큼 물을 부은 다음 통후추, 팔각, 토마토 페이스트를 넣는다. **7** 1시간 30분 동안 약불에서 익힌 다음 시누아에 거른다.

식빵(뺑드미)

Recipe :
양파 부이용과 병꽃풀을 곁들인 비스킷 형태의
아귀와 곤들매기(p.316)

밀가루 ◦ 1㎏
이스트 ◦ 30g
소금 ◦ 20g
설탕 ◦ 4g
물 ◦ 575g

버터 ◦ 100g

1 후크를 끼운 스탠드믹서에 모든 재료를 넣고 반죽이 믹서볼에 들러붙지 않게 될 때까지 반죽한다. **2** 25×10㎝ 식빵 틀에 버터(분량 외)를 칠한다. **3** 반죽은 220g으로 분할해 둥글게 뭉친다. **4** 버터를 칠한 틀에 반죽 3개를 넣고 45분 동안 따뜻한 곳에서 발효시킨다. **5** 180℃로 예열한 오븐에 넣고 반죽이 틀보다 높이 부풀어 오른 시점부터 35분 동안 더 굽는다.

비둘기 육수

Recipe :
감자 수플레와 콜라비 헤이즐넛 퓌레를 곁들인 훈제 비둘기
(p.428)

비둘기 날개 또는 비둘기 뼈 ◦ 400g
해바라기씨유 ◦ 1작은술
당근 ◦ 1개
양파 ◦ ½개
작은 토마토 ◦ 1개
이탤리언 파슬리(줄기째) ◦ **적당량**

1 비둘기 날개를 작게 자른다. **2** 주물냄비에 해바라기씨유를 두르고 뜨겁게 달궈지면 비둘기 뼈를 넣고 구워 색을 낸다. **3** 당근과 양파는 껍질을 벗기고 토마토는 깨끗이 씻는다. **4** 당근, 양파, 토마토를 정사각형으로 자른다. **5** 주물냄비에 손질한 채소를 넣고 충분히 익혀 캐러멜색이 될 때까지 볶는다. **6** 물을 약간 붓고 졸인 다음 이탤리언 파슬리를 넣고 내용물이 잠길 만큼 물을 붓는다. **7** 약하게 끓을 정도로 1시간 동안 익히면서 표면에 뜨는 기름을 제거한다. **8** 시누아에 거른다.

조엘 로뷔숑
Joël Robuchon

마요네즈

Recipe :
게살 토마토 밀푀유(p.214),
컬리플라워 크림을 곁들인 캐비아 즐레(p.282)

노른자 ◦ 1개
머스터드 ◦ 1작은술
식초 ◦ **적당량**
포도씨유 ◦ 250㎖
소금 ◦ 1꼬집
백후추 ◦ 1꼬집

1 볼에 노른자, 머스터드, 소금, 후추, 식초를 넣는다. **2** 핸드믹서 또는 거품기로 세게 젓는다. 이때 볼을 약간 기울이면 유화(에멀션)가 더 쉽게 된다. **3** 계속 세게 저으면서 포도씨유를 아주 적은 양부터 점점 늘려가며 넣는다. **4** 마요네즈 농도가 되면 남은 포도씨유를 모두 넣고 계속 세게 젓는다.

닭고기 부이용

Recipe :
컬리플라워 크림을 곁들인 캐비아 즐레(p.282)

작게 자른 닭 뼈와 자투리 살코기 ◦ **1kg**
당근 ◦ **1개**
정향을 꽂은 양파 ◦ **1개**
대파 ◦ **1개**
셀러리 ◦ **1줄기**
마늘 ◦ **1쪽**
부케 가르니 ◦ **1개**
소금 ◦ **1작은술**
찬물 ◦ **2ℓ**

1 큰 냄비에 닭 뼈와 자투리 살코기를 넣고 물을 채워 끓인다. **2** 닭 뼈와 살코기를 건져내 찬물로 헹군다. **3** 다시 냄비에 닭 뼈, 살코기와 함께 찬물 2ℓ, 소금을 넣고 한차례 끓이면서 거품을 제거한다. **4** 모든 채소는 껍질을 벗기고 부케 가르니와 함께 닭이 담긴 냄비에 넣어 2시간 동안 익힌다. **5** 키친타월을 깔아 놓은 큰 체에 거른다. **6** 냉장 또는 냉동 보관하면서 소스, 크림이 들어간 재료, 벨루테에 사용한다.

피에르 상 부아예
Pierre Sang Boyer

적양파 마리네이드

Recipe :
셀러리액 펜넬 크림과 조개 육수 에멀션(p.52)

적양파 ◦ **1개**
화이트 발사믹 식초 ◦ **100㎖**
타임 ◦ **1줄기**
월계수 ◦ **2잎**
소금 ◦ **적당량**

1 적양파는 껍질을 벗기고 4등분한다. **2** 볼에 모든 재료를 넣고 랩으로 싼다. **3** 하룻밤 동안 보관해 마리네이드 한다.

기 사부아
Guy Savoy

생선 퓌메

Recipe :
아이올리 소스와 채소를 곁들인 대구 통구이(p.312)

생선뼈 ◦ **500g**
양파 ◦ **1개**
버터 ◦ **20g**
물 ◦ **2ℓ**
이탈리언 파슬리(줄기째) ◦ **적당량**

1 생선은 눈, 아가미, 내장 등을 제거하고 뼈만 발라내 잘게 자른 다음 흐르는 찬물에 30분 동안 둔다. **2** 양파는 껍질을 벗겨 정사각형으로 자른다. **3** 냄비에 버터와 양파를 넣어 볶은 다음 작게 자른 생선뼈를 넣고 색이 나지 않도록 2~3분 동안 볶는다. **4** 내용물이 잠길 만큼 물을 채워 한차례 끓이면서 거품을 제거한다. **5** 이탈리언 파슬리를 넣고 약하게 끓을 정도로 30분 동안 익힌 다음 시누아에 거른다.

진한 소고기 육수

Recipe :
브레이징 한 양 정강이와 마카로니 그라탱(p.476)

송아지 뼈 ◦ **1.5kg**
소꼬리 ◦ **1개**
송아지 족 ◦ **1개**
당근 ◦ **3개**
양파 ◦ **3개**
토마토 페이스트 ◦ **80g**
송이 토마토 ◦ **4개**
물 ◦ **10ℓ**
이탈리언 파슬리(줄기째) ◦ **적당량**

1 오븐을 180℃로 예열한다. **2** 송아지 뼈와 소꼬리를 작게 잘라 오븐용 로스팅 팬에 놓고 색이 날 때까지 오븐에서 30분 동안 굽는다. **3** 당근은 껍질을 벗기고 두툼하게 자른다. **4** 양파는 껍질을 벗기고 2등분한 다음 프라이팬에 잘린 단면을 바닥으로 놓고 까맣게 색이 나도록 굽는다. **5** 큰 주물냄비에 송아지 뼈와 소꼬리, 송아지 족을 넣고 내용물이 잠길 만큼 물을 채워 끓이면서 거품을 제거한다. **6** 당근, 양파, 토마토 페이스트, 이탈리언 파슬리, 토마토를 넣고 3시간 동안 약하게 끓을 정도로 익힌다. **7** 시누아에 거르고 식혀서 보관한다.

재 료

레드 커리 페이스트
Pâte de curry rouge

칠리고추에 여러 가지 향신료를 섞어 만든 페이스트이다.

레몬 타임 (허브) Thym citron

교배로 만들어진 아로마 식물로 음식에 향을 낼 때 사용한다.

마다가스카르 후추
Poivre Voatsiperifery

마다가스카르 밀림에서 자생하는 야생 후추로 향은 풍부하나 생산량이 적다.

마르왈 치즈 (아르투아 플랑드르산 치즈)
Maroilles

프랑스 북부에서 생산되는 향이 진한 연질의 암소우유 치즈. AOC*와 AOP**를 획득했다.

* AOC(Appellation d'origine contrôlée) : 프랑스 원산지 명칭 통제. 식품 품질 보장 제도.

** AOP(Appellation d'origine protégée) : 유럽 원산지 명칭 보호

마리골드 Tagete

전륜화라고도 부르며 꽃대 끝에 많은 꽃이 뭉쳐 있는 두상화에 속한다. 패랭이꽃이나 공작초와 같이 꽃잎이 노랗거나 오렌지 빛을 띠고 향기가 난다.

백후추 Poivre blanc

익어서 적색이 된 후추의 껍질을 제거하고 소금물에 담근 다음 그늘진 곳에 보관해 만든다. 흑후추보다 부드러워 요리에 미각적 섬세함을 더하거나 자신만의 비법을 만들기 위해 유명 셰프들이 애용하는 향신료이다.

버팔로 모차렐라 치즈
Mozzarella di bufala

시골에서 전통적인 방식으로 제조하는 이탈리아 치즈로, 이탈리아종 어린 물소의 우유로 만든다. 부드럽고 칼로리가 적으며 생으로 먹기도 하고 익혀 먹기도 한다.

별꽃 (허브)
Mouron des oiseaux

유럽을 대표하는 허브로, 맛이 아주 부드러우면서 약간은 씁쓸해 샐러드에 사용하기 좋다. 프랑스어로는 '새들의 별꽃'이라 하는데, 새들이 이 허브의 씨를 좋아한다는 데서 유래한 이름이다. 국내에서는 제주도와 전남 등지에서 볼 수 있다.

병꽃풀 (야생 허브) Lierre terrestre

물풀과의 여러해살이 허브로, 땅 위로 둘러 자라는 줄기 때문에 쉽게 구별이 가능하며 1년 내내 볼 수 있다. 우려내는 동안 아주 독특한 향과 쓴맛을 배출하는 것이 특징이며, 양념으로 만들거나 익히지 않고 샐러드에 넣기도 한다.

분유 Poudre de lait

전지, 반탈지, 탈지 가루우유를 일컫는다. 요리할 때 덩어리가 엉겨 붙지 않게 하고, 페이스트리를 만들 땐 반죽에 황금색이 돌게 하며, 플랑(flan)을 만들 땐 반죽을 탱탱하게 지탱시키고 보존기간을 늘리는 역할을 한다.

붕장어 Congre

흔히 바다장어, 아나고라고도 부르며, 기름지고 단단한 살이 특징이다. 어획철은 1월부터 6월까지이다.

살구버섯 (샹트렐)
Chanterelle modeste

노랗고 가느다란 줄기와 주름이 나 있고 색이 선명한 머리 부분이 특징인 버섯이다.

생조르주버섯 Saint-georges

원래 이름은 생조르주 송이버섯이며, 흔히 느타리버섯이라고도 부른다. 봄에 자라며 지역에 따라 4월 말부터 6월 사이에 볼 수 있다.

세이보리(허브) Sarriette

프로방스 허브에 속하는 아로마 식물로, 후추를 대신해 매운 맛을 낼 때 사용한다.

소브라사다(초리조) Soubressade

스페인의 발레아레스 제도에서 기원한 육가공품. 스페인산 파프리카를 주재료로 만드는 초리조의 일종이다.

시소 Shiso

꿀풀과에 속하는 식물로 차조기나 소엽이라고도 하며 원산지는 남동아시아 지역이다. 잎은 샐러드로 먹거나 익혀서 양념의 재료로 쓰기도 하며 향을 낼 때 사용하기도 한다.

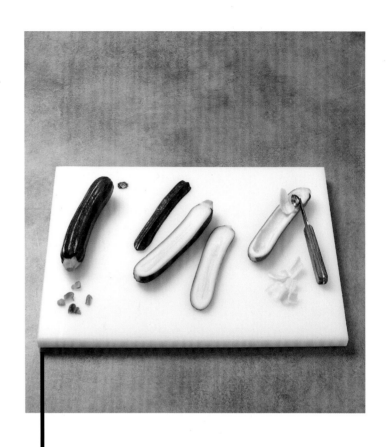

아스코르브산(비타민C) Acide ascorbique

향이나 색을 첨가하지 않은 알약 형태의 비타민으로 약국에서 판매하며 레몬즙으로도 대체할 수 있다.

아트시나 크레스(허브) Atsina cress

원산지가 북미인 허브. 팔각이나 감초 같은 단맛이 나고 잎이 작은 하트 모양이라 주로 디저트에 사용하거나 장식용으로 사용한다.

아티초크 Artichaut violet (arthichaut poivrade)

지중해 연안에서 수확이 활발한 엉겅퀴과 여러해살이 식물. 원뿔 모양이고 꽃봉오리 크기가 작으며 생으로도 먹을 수 있다.

애호박(의 일종) Courgette violon

크기가 작고 모양은 약간 휘었으며 밝은 초록색을 띤다. 부드러운 살과 은은한 헤이즐넛 맛이 특징이며 프랑스 남부와 이탈리아에서 재배한다.

야생루콜라 Riquette

루콜라보다 잎이 더 작고 가늘다.

야생치커리(바르브 드 카퓌생) Barbe de capucin

야생 치커리와 비슷한 식용식물로 주로 샐러드에 사용한다. 영어로는 치커리움 인티버스 (Cichorium intybus)라고 한다.

야생타임(허브) Serpolet

지중해가 원산지인 아로마 식물로, 잎은 작은 타원형이며 레몬향이 두드러져 흰 살코기나 사냥류 고기와 잘 어울린다.

에스플레트 고춧가루 Piment d'Espelette

스페인 북구의 바스크 지방에서 재배되는 고추로 만든다. 다른 품종보다 덜 맵고 향이 풍부하며 맛이 다소 진하다. AOC*와 AOP**를 획득했다.

오이풀 Pimprenelle

여러해살이 초본식물로 오이 향과 덜 익은 호두 향이 난다. 비타민C가 풍부하며 섬세한 맛을 내 다양한 요리에 잘 어우러진다.

오징어류 Chipiron

프랑스 남서부 지방에서 잡히는 칼라마리(오징어) 등의 연체동물을 통칭한다.

옥살리스 Oxalis

괭이밥이라고도 부르는 여러해살이 풀로 보편적으로 덩이줄기(괴경)에 속한다. 대부분 식용이 가능하며 섬세하고 신맛이 난다.

유자 Yuzu (yuja)

일본요리에서 자주 사용하는 감귤류 과일이다.

이스트 Levure de boulanger

반죽을 부풀어 오르게 하는 미생물로 이루어진 효모이다. 반죽을 휴지시키는 동안 밀가루의 당분을 이산화탄소로 변형시켜 구웠을 때 내부에 균일한 기공을 만든다.

일본식 빵가루 Chapelure japonaise

밀가루, 글루코오스, 이스트, 소금, 꿀, 콩가루, 레시틴으로 이루어졌다. 전통적인 빵가루보다 입자가 더 조밀하고 식감이 바삭하다. 판코라고도 부른다.

자주졸각버섯(보라색 식용버섯)
Laccaire amethyste

7월부터 10월까지 나무 밑부분의 축축한 곳에서 발견할 수 있는 보랏빛의 작은 버섯이다.

젤라틴 Gélatine

동물성 물질로 만들며 가루나 판 형태로 생산한다. 재료를 겔화시키는 역할을 한다.

청경채 Chou pak-choï

복초라는 이름으로도 알려진 중국 원산지의 채소로, 잎과 줄기는 생으로도 먹을 수 있다. 주로 8월부터 이듬해 1월까지 재배한다.

카르나롤리 쌀 Riz carnaroli

이탈리아의 포 평야에서 수확하는 중간 크기의 쌀 품종으로 쌀알이 길고 볼록하다. 전분 함량이 높아 리소토에 사용하기 좋다.

클로로필(엽록소) Chlorophylle

별도의 맛을 첨가하지 않은 천연 색소로, 특히 재료에 색을 낼 때 많이 사용한다.

타이 바질(허브) Basilic thaï

얇고 뾰족한 잎이 특징이며 타라곤이나 팔각보다 더 강한 향을 낸다.

타피오카 Tapioca

카사바(마니옥)의 뿌리로 만드는 전분. 수프나 디저트의 농도를 조절할 때 사용한다.

한천 Agar-agar

홍조류에서 추출한 천연 식물성 겔화제이다.

홍합 Moule de bouchot

영불해협이나 대서양 지역에서 바다에 나무 말뚝을 꽂아 양식하는 홍합을 일컫는다. 1년 정도 양식한 후 기계를 이용해 수확한다.

도 구

만돌린 채칼 Mandoline

재료를 얇고 일정하게 써는 데 사용하는 도구

명주실 Ficelle de cuisine

재료를 묶을 때 사용하는 가는 끈. 일반적으로 소가 삐져나오지 않게 하거나 부케 가르니*를 만들 때 사용한다.

* 부케가르니(bouquets garnis) : 본래는 결혼식 부케를 뜻하지만 요리에서는 여러 재료 및 향신료를 가는 끈을 이용해 꽃다발처럼 묶은 것을 말한다.

모양커터 Emporte-pièce

금속이나 플라스틱 재질이며, 반듯하거나 주름이 잡혀 있는 등 다양한 모양이 있다. 반죽을 특정한 모양으로 자르거나 접시에 내용물을 모양 잡아 깔끔하게 올릴 때 사용한다.

미니 스쿱(폼 파리지엔)
Cuillère à pomme parisienne

끝부분이 반구형으로 되어 있어 과일, 채소 및 다른 재료를 공 모양으로 파낼 때 사용한다.

ㅂ

바닷가재용 큐렛 Curette à homard

바닷가재를 먹을 때 포크로는 잘 닿지 않는 부분의 살을 수월하게 끄집어낼 수 있게 돕는 도구

붓 Pinceau

디저트 및 모든 종류의 음식 표면에 액체 등을 바르거나 적시고 장식할 때 사용하는 식품용 붓

블렌더 Blender

재료를 섞거나 갈거나 유화시켜 액체 또는 퓌레 상태로 만드는 도구

빵칼 Couteau-scie

톱니 모양의 날을 지녔으며 주로 빵을 자를 때 사용한다.

ㅅ

생선 집게 Pince à arêtes (à épiler)

생선뼈를 쉽게 제거하기 위한 도구로 털 뽑는 집게와 비슷한 모양이다. 생선살을 해치지 않고 뼈를 쉽게 잡을 수 있도록 끝부분에 경사가 져 있다.

소스용 그릇 Saucière

주둥이가 달려 있어 소스를 부을 때 유용한 도구

소퇴즈 Sauteuse

둘레가 높고 둥글며 약간 벌어진 프라이팬으로, 특히 즙을 우려내기 위해 재료를 오랜 시간 익힐 때 사용한다.

소트와르 Sautoir

둘레가 낮고 둥근 프라이팬으로 재료를 강불에 볶을 때 주로 사용한다.

스크레이퍼 Corne

유연성한 성질의 반달 모양 도구로 반죽덩어리를 자르거나 용기 안의 내용물을 긁어낼 때 사용한다.

스패튤러와 L자형 스패튤러
Spatule, Spatule coudée

스패튤러는 날이 평평하며 스테인리스 재질로 되어 있고 손잡이는 플라스틱으로 되어 있는 도구를 말한다. 일자형 스패튤러는 표면을 정리하거나 재료를 옮길 때 주로 사용하며, L자형 스패튤러는 날이 평평하면서도 L자 모양으로 굽어 앙트르메를 고르게 펼 때 유용하다.

슬라이스용 칼 Couteau éminceur

날이 30㎝ 정도 되는 칼로, 허브 및 채소, 과일, 고기 등을 편으로 자르거나 잘게 썰 때 사용한다.

시누아 Chinois

원뿔형 모양의 금속 재질로, 재료를 체 치거나 거를 때 사용한다. 영어로는 차이나 캡이라고 한다.

ㅇ

에코놈 칼 Couteau économe
채소나 과일 껍질을 벗길 때 껍질 두께를 최소한으로 깎을 수 있게 돕는 도구

오븐팬 Plaque à pâtisserie
함석 재질의 판으로, 오븐에 구울 반죽을 올려놓거나 짤주머니를 짤 때 밑에 놓고 사용한다.

온도계 Thermomètre (sonde)
재료나 음식을 익히는 동안 온도를 정확히 표시해주는 장치

요거트 메이커 Yaourtière
방부제 사용 없이 직접 요거트를 만들 수 있도록 고안된 작은 크기의 가정용 전자제품

요리용 냄비 Faitout
양쪽에 손잡이가 달려있고 뚜껑이 있으며 물을 끓이거나 재료를 익힐 때 사용한다.

웍 Wok
반구형 모양의 프라이팬으로, 재료를 튀기거나 강불로 재빨리 볶을 때 사용한다.

원형 체 Tamis
동그란 금속 망으로, 재료 혼합물을 곱게 거르거나 불순물을 제거할 때 사용한다.

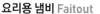

ㅈ

절구와 절굿공이 Mortier et pilon
재료를 으깨거나 분쇄해 반죽으로 만들거나 분말로 만들 때 사용하는 도구

제과용 밀대 Rouleau à pâtisserie
반죽을 밀어 펼 때 사용하는 도구로 원기둥 모양이며 끝부분에 손잡이가 달려 있다.

제과용 사각틀과 원형틀
Cadre et cercle à pâtisserie

일반적으로 스테인리스 재질이며 바닥면이 없고 가장자리가 높으며 정사각형, 직사각형, 원형 모양이다. 타르트, 제누아즈, 플랑 등의 반죽을 쉽게 구울 수 있으며 바바루아나 티라미수 같은 제품을 쉽게 채워 넣을 수 있다. 반죽양에 따라 크기를 조절할 수 있도록 틀을 늘리거나 고정시킬 수 있다.

주물냄비 Cocotte
바닥을 두꺼운 주물로 만든 냄비의 일종으로, 약불로 오랜 시간 익힐 때 주로 사용한다.

짤주머니 Poche à douille
원뿔형 끝에 깍지를 끼울 수 있게 만든 주머니. 탄력이 있고 방수 처리가 되어 있다.

찜기 Cuit vapeur
용기를 층층이 쌓아 조리하는 도구로, 지방 성분을 넣지 않고 증기로만 재료를 익힌다.

찜기(쿡팟) Cookpot

재료 자체의 수분을 이용해 음식을 조릴 때 사용하는 도구

체 Passoire et passette

크거나 작은 구멍이 촘촘하게 뚫려 있어 물기를 빼거나 액체를 거를 때 사용하는 도구

쿠스쿠시에 Couscoussier

북아프리카 마그레브 지방에서 쿠스쿠스를 익히기 위해 사용하는 찜기 형태의 도구

큰 용량의 냄비 Marmite

많은 양의 물을 넣어 재료를 익히거나 뚜껑을 덮은 채 약불로 오랜시간 익힐 때 사용하는 대형 용기

타르트용 원형 팬 Tourtière

타르트나 파이를 구울 때 사용하는 원형 팬

튀김기 Friteuse

음식물을 튀길 때 사용하는 도구로, 기름을 제거하기 위한 철제 바구니가 달려 있다.

파스타 반죽기 Machine à pâte

압연 롤러에 반죽을 통과시켜 생면을 만드는 수동, 또는 전동 기계. 반죽의 두께, 면의 굵기 등을 다양하게 조절할 수 있다.

푸드밀 Moulin à légumes

맷돌과 같은 원리의 금속 기구로, 익힌 재료를 촘촘한 구멍 위에 놓고 손잡이를 돌리면 퓌레가 된다.

푸드프로세서
Mixeur (robot ménager)

각종 재료를 섞거나 다질 때 사용하는 기계

퓌레 프레스 Presse-purée

손잡이가 달린 강판으로 감자와 같은 채소를 으깨서 퓌레 상태로 만들 때 사용한다.

프라이팬 Poêle

옆면이 약간 벌어지고 손잡이가 달린 팬으로, 재료를 익혀 색을 내거나 강불로 볶거나 튀길 때 사용한다.

피멘토 델 피키오
Pimiento del piquillo

스페인에서 생산하는 피망 품종으로, 구워서 유리병에 담아 저장한다.

필레 나이프 Couteau à filet de sole

날이 뾰족하고 폭이 좁으며 탄력이 있는 칼로, 생선을 손질할 때 손상 없이 살을 발라내는 용도로 사용한다.

핸드믹서 Batteur

흰자나 소스, 케이크 필링을 휘핑하거나 유화시킬 때 사용하는 전자 도구

핸드블렌더 Mixeur plongeant

수프를 만들거나 혼합물의 덩어리를 없애기 위해 사용하는 분쇄 기구. 긴 목 부분과 회전하는 칼날을 포함한 머리 부분으로 이루어졌다.

조 리 기 술 용 어

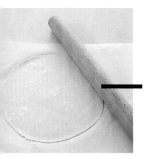

A

Abaisser 아베세

제과용 밀대나 압연 롤러를 이용해 반죽을 펴다.

À l'anglaise(cuire)
아 랑글레즈(퀴이르)

끓는 소금물에 재료를 익힌 다음 즉시 찬물에 담가 더 이상 익지 않게 하다.

Appareil 아파레일

음식을 구성하는 재료들을 한데 모아놓은 준비물을 말한다(마들렌을 예로 들면 굽기 직전 마들렌 재료들을 한데 섞어놓은 반죽).

B

Badigeonner 바디조네

채소나 과일의 표면에 액체류를 바르다.

Bain-marie (cuire au)
뱅 마리(퀴이르 오)

중탕. 끓는 물에 재료가 든 용기를 통째로 담가 천천히 익히다.

Beurre pommade 뵈르 포마드

포마드버터. 실온의 버터를 풀어서 부드럽고 윤이 나는 상태로 만든 것을 뜻한다.

Blanchir 블랑시르

과일, 채소, 허브나 잎을 몇 초 또는 몇 분 동안 끓는 물에 담가 익히다. 제과에서는 거품기나 스패튤러를 이용해 노른자와 설탕을 연한 색이 될 때까지 힘차게 섞는 것을 말한다.

Biseau (couper en) 비조(쿠페 앙)

재료를 비스듬하게 자르다. 어슷썰기 하다.

Brunoise (couper en)
브뤼누아즈(쿠페 앙)

재료를 작은 사각형 모양으로 자르다. 작게 깍둑썰기 하다.

C

Chemiser 슈미제

유산지나 준비된 재료를 틀 안쪽 면에 깔다.

Ciseler 시슬레

과도나 가위를 이용해 잎이나 채소(샬롯, 양파 등), 과일을 잘게 자르다. 생선이나 고기를 효율적으로 굽기 위해 표면에 칼집을 내다.

Clarifier 클라리피에

약불에 버터를 젓지 않고 데워서 버터 표면에 뜨는 흰색 무스인 카세인 단백질과 지방을 분리하다.

Compoter 콩포테

약불로 오랜 시간 끓여서 졸이다.

Concasser 콩카세

작게 또는 다소 큼지막하게 다지다.

Cuire de peur (faire)
퀴이르 드 푀르(페르)

조개나 갑각류, 생선 등을 아주 높은 온도에서 아주 짧은 시간 동안 익히다.

D

Décortiquer 데코르티케

새우와 같은 재료의 껍질을 벗기거나 떼어내다.

Dégazer 데가제

반죽을 만드는 동안 축적되거나 이스트에 의해 생긴 이산화탄소를 제거하기 위해 반죽을 힘 있게 때리다.

Déglacer 데글라세

냄비에 조리할 때 냄비 바닥에 생기는 캐러멜화된 덩어리들을 액체(물, 와인, 식초 등)를 이용해 녹이다.

Dégorger (faire) 데고르제(페르)

찬물에 담가 불순물을 제거하다.

Dégraisser 데그레세

익히면서 생기는 액체 표면의 기름기(즙, 기포 등)나 고기의 과도한 지방을 제거하다.

Délayer 델레예

농도가 짙은 재료에 액체를 넣어 묽게 하다.

Dénoyauter 데누아요테

과일의 씨를 제거하다.

Désarêter 데자레테

생선의 뼈를 제거하다.

Détailler 데타이예

과도를 이용해 채소, 과일, 고기, 생선 등을 편으로, 또는 둥글게 썰거나 정사각형, 일정한 막대 모양으로 썰다.

Détendre 데탕드르

물을 넣어 묽게 하다.

Déveiner 데베네

간에 혈액을 보내는 정맥을 제거하다.

Dresser 드레세

접시에 요리를 조화롭게 올리다.

E

Ébarber 에바르베

바닷가재나 딱새우, 민물가재, 대파 등의 작은 털을 가위로 제거하거나 생선의 지느러미를 자르다.

Écailler 에카이예

굴을 열거나 생선의 비늘을 벗기기 위해 생선 표면을 긁다.

Écaler (ou décoquiller)
에칼레(또는 데코키예)

삶은 달걀의 껍질을 제거하다.

Écosser 에코세

완두콩이나 잠두 등의 겉대를 떼어내거나 벗기다.

Écumer 에퀴메

거품국자를 이용해 액체 표면에 떠오른 거품을 제거하다.

Écussonner 에퀴소네

아스파라거스 몸통에 붙어있는 작은 삼각형 돌기를 제거하다.

Effeuiller 에푀이예

아로마 허브의 줄기에서 잎들을 떼어내다.

Effiler 에필레

견과류(아몬드, 피스타치오 등)를 아주 얇게 편으로 자르다.

Émincer 에맹세

작은 과도나 만돌린 채칼을 이용해 편으로 자르거나 얇게 썰다.

Émulsionner 에뮐지오네

공기를 넣기 위해 힘차게 섞다.

Épépiner 에페피네

채소나 과일의 씨를 제거하다.

Équeuter 에쾨테

과일이나 채소의 꼭지 또는 잎의 끝부분을 떼어내다.

Escaloper 에스칼로페

칼을 약간 기울여 고기, 생선, 갑각류, 채소 등을 얇게 썰다.

Étuver 에튀베

냄비나 프라이팬에 담긴 요리 재료에 약간의 지방을 넣고 뚜껑을 덮은 채 익히다.

Évider 에비데

사과와 같은 과일의 심을 파내다.

F

Filtrer 필트레

덩어리를 풀거나 불순물을 제거하기 위해 고운 체에 액체를 거르다.

Frire 프리르

끓고 있는 지방 성분(버터나 기름)에 재료를 담가 튀기다.

G

Glacer 글라세

구우면서 생긴 즙을 요리 재료의 표면에 입히다.

Griller (ou snacker)
그리예(또는 스나케)

고기나 채소, 생선 등을 팬이나 플란차(철판)에 강불로 빠르게 굽다.

H

Habiller 아비예

생선이나 가금류를 굽기 전에 손질하다. 생선은 다듬고 비늘을 벗기고 내장을 제거하고 씻어내는 것을 말하며, 가금류는 잔털을 태우고 다듬고 내장을 제거하고 끈으로 묶는 것을 말한다.

I

Infuser (faire) 앵퓌제(페르)

향이 나는 재료를 따뜻한 액체에 담고 뚜껑을 덮어서 재료에 향이 입혀지도록 우려내다.

J

Julienne (couper en) 쥘리엔(쿠페 앙)

재료를 채 썰다.

l

Lustrer 뤼스트레

재료에 소스, 나파주, 글라사주 등을 발라서 표면에 광택을 내다.

M

Macaronner 마카로네

반죽을 가볍게 떨어뜨렸을 때 리본 모양이 될 때까지 주걱을 이용해 윤이 나게 젓는다.

Mariner (laisser) 마리네(레세)

재료를 연하게 하고 안에 향이 배게 하기 위해 아로마 채소, 향신료, 허브, 기름, 레몬, 부이용(육수), 레드 와인 등과 함께 준비물을 몇 시간 동안 담가 놓다.

Marquer 마르케

재료를 익혀서 색을 입히다. 조리용어 르브니르
(Revenir), 세지르(Saisir)와 같은 개념이다.

Mijoter 미조테

뚜껑을 덮은 채 약불로 천천히 익히다.

Monder 몽데

끓는 물에 재료를 넣은 후 껍질을 벗겨내다.

Monter 몽테

부피를 늘리기 위해 공기를 넣으면서 휘핑하다.

Mouiller 무이예

액체(물, 부이용, 스톡, 와인 등)를 넣어 재료
를 익히다. 이후에 곁들이는 소스로 사용할 수
있다.

Nacrer 나크레

버터나 올리브유를 두르고 따뜻하게 달군 팬에
쌀알을 넣고, 광택이 나고 반투명하게 될 때까
지 익히다.

Parer 파레

고기, 생선, 채소나 반죽덩어리의 불필요한 부
분을 제거하다.

Parures 파뤼르

고기, 생선, 채소에 포함된 과도한 지방, 힘줄,
머리 부분, 뼈, 껍질 등 불필요해서 제거한 부분
을 뜻한다. 보통 즙을 만드는 데 사용한다.

Peler à vif 플레 아 비프

감귤류의 과육이 보일 때까지 작은 과도를 이용
해 껍질을 벗기다.

Pétrir 페트리르

반죽을 균일하고 윤이 나는 상태가 될 때까지
주무르다. 소요시간에 따라 손으로 하거나 기계
를 사용한다.

Piler 필레

절구를 이용해 재료를 빻고 찧거나 으깨서 가
루로 만들다.

Pocher 포셰

뜨거운 액체에 재료를 담가 익히거나 짤주머니
를 이용해 모양을 만들다.

Réduire (faire) 레뒤이르(페르)

액체 부피를 줄이기 위해 뚜껑을 열어 놓은 채
로 졸이다.

Réserver 레제르베

당장 사용하지 않는 준비물을 용기에 담아 냉동
고나 냉장고, 또는 실온에 보관하다.

Revenir (faire) 르브니르(페르)

재료나 음식을 지방 성분을 이용해 강불로 익혀
표면에 색을 내다.

Rissoler (faire) 리솔레(페르)

지방 성분을 이용해 강불로 익히다.

Rouelles (tailler en) 루엘(타이예 앙)

크고 둥글게 썰거나 두껍게 썰다.

Sabler 사블레

혼합된 재료를 가루로 만들거나 잘 부서지도록
만들다.

Saisir 세지르

강불에 살짝 익히다.

Suer (faire) 쉬에(페르)

재료 자체의 즙이 빠져나오지 않도록 지방 성분
을 이용해 약불로 서서히 익히다.

Tamiser 타미제

곱고 균일한 분말을 얻거나 덩어리를 제거하기
위해 체에 거르다.

Torréfier 토레피에

씨앗이나 견과류 자체의 수분을 제거하기 위
해 볶다.

Tourner 투르네

채소나 과일을 일정한 형태로 손질하다.

Zester 제스테

제스터나 강판, 혹은 작은 과도를 이용해 감귤
류의 껍질을 벗겨내다. 껍질 바로 밑에 붙어 있
는 흰색의 쓴맛이 나는 부분까지 벗겨내지 않도
록 주의한다.

레 시 피 목 차

쌀, 면, 밀가루

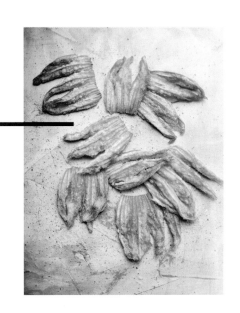

조개와 갑각류

생 선

달 걀 , 푸 아 그 라 , 가 금 류

양 , 소 , 돼 지

색 인
셰 프 별

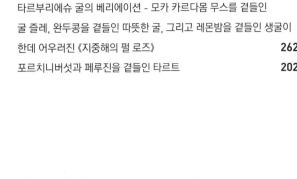

색 인
수 준 별

초 급 레 시 피

중 급 레 시 피

고 급 레시피

색인
준 비 시 간 별

레시피 전체 과정에 소요되는 준비, 조리, 휴지 시간을 토대로 정리하고 분류한 색인입니다. D는 Day의 줄임말로 레시피 완성에 필요한 일수를, H는 Hour의 줄임말로 필요한 시간을 나타냅니다. 예를 들어 D-1으로 표시되어 있는 레시피는 요리를 완성하고자 하는 날로부터 하루 전에 작업을 시작해야 합니다. 적어도 하룻밤 동안 휴지가 필요한 작업이 포함되어 있기 때문입니다.

H - 3

H - 2

H - 1

H - ½

색 인
재 료 별

효율적으로 작업을 도와 준 Mélanie Rousseaux에게 열렬한 감사를 보냅니다. 또한 사진을 맡은 Valéry Guedes, 푸드스타일링을 맡은 Johan Attali, 멋진 시연을 해준 Philippe Gollino에게도[레시피 p.12, 16, 20, 28, 40, 44, 56, 60, 64, 72, 76, 114, 118, 122, 140, 144, 218, 232, 236, 250, 254, 290, 294, 298, 338, 348, 368, 396, 400, 416, 424, 440, 452, 464, 468, 472, 486, 490, 512, 528~549) 감사를 드립니다. 마지막으로 Léa Delord의 도움에도 감사를 표합니다.

총괄 디렉터

Alain Ducasse

디렉터

Aurore Charoy

책임 에디터

Alice Gouget

에디터

Jessica Rostain

사진

Stéphane Bahic, Stéphane de Bourgies, Guillaume Czerw, Thomas Dhellemmes, Mathilde de l'Ecotais, Valéry Guedes, Pierre Monetta, Laurence Mouton, Loïc Nicoloso et Rina Nurra

아트&콘셉트

Soins graphiques : Pierre Tachon et Sophie Brice

제판

Nord Compo

교정

Karine Elsenet

마케팅/커뮤니케이션 책임

Camille Gonnet

프랑스 스타 셰프 15인의
퀴지니에 레시피 컬렉션

저　자 | 폴 보퀴즈 외 14인
발행인 | 장상원
편집인 | 이명원

초판 1쇄 | 2018년 10월 15일

발행처　 | (주)비앤씨월드 출판등록 1994.1.21 제 16-818호
서울시 강남구 선릉로132길 3-6 서원빌딩 3층
전화 02)547-5233
팩스 02)549-5235
홈페이지 www.bncworld.co.kr
블로그 http://blog.naver.com/bncbookcafe
인스타그램 www.instagram.com/bncworld

번　역 | 임 석
편　집 | 권나영
디자인 | 박갑경

ISBN | 979-11-86519-22-6 13590

이 도서의 국립중앙도서관 출판예정도서목록(CIP)은 서지정보유통지원시스템 홈페이지(http://seoji.nl.go.kr)와 국가자료공동목록시스템(http://www.nl.go.kr/kolisnet)에서 이용하실 수 있습니다. (CIP제어번호 : CIP 2018030377)

SECRETS DE PÂTISSIERS

프랑스 최고 파티시에 7인의
베스트 레시피 컬렉션

프랑스 최고 파티시에 7인의 시그니처 레시피북

피에르 에르메, 크리스토프 아담, 장-폴 에방, 필립 콩티치니,
크리스토프 미샬락, 피에르 마르콜리니, 클레르 에츨레르 등
세계적인 스타 셰프들의 대표 레시피를 모두 담았습니다.
따라하기 쉬운 40가지 기본 레시피부터 트렌디한 고급 레시피까지,
프랑스 파티스리의 세계를 만나보세요.

BEST RECIPE COLLECTION

FEUILLETÉ D'ASPERGES AUX MORILLES
FRAÎCHES GAMBAS DE PALAMOS
SIMPLEMENT RÔTIE, PETITS POIS À LA
FRANÇAISE GROS LIEU CUIT ENTIER ET
LÉGUMES COMME UN AÏOLI **L'ŒUF MOLLET**
FAÇON FLORENTINE, CRÈME DE COMTÉ
LA POITRINE DE VOLAILLE DES LANDES,
CUISINÉE AU LARD SUR LA BRAISE LE
CRABE PARFUMÉ AU CURRY, CRÈME
LÉGÈRE À L'ANETH, CAVIAR DE FRANCE,
ZESTE DE CITRON VERT LES LANGOUSTINES
AU CASIER SAISIES AU BEURRE DE
CRUSTACÉ, BOUILLON ÉMULSIONNÉ
À L'ANIS VERT ET À LA FEUILLE DE
CANNELIER **MACARONS CHÈVRE FRAIS,**
SAUMON ET POMME VERTE MACARONS
FOIE GRAS, FIGUE ET PAIN D'ÉPICES
MILLE-FEUILLE DE TOMATE AU CRABE
ŒUF FRIT, BACON, ASPERGES OMBLE
CHEVALIER CONFIT, PULPE DE CITRON,
CRUMBLE CORÉEN PIGEON FERMIER
FUMÉ, PURÉE CHOU-RAVE ET NOISETTE,
POMMES SOUFFLÉES PIZZA SOUFFLÉE